纺织服装高等教育“十三五”部委级规划教材

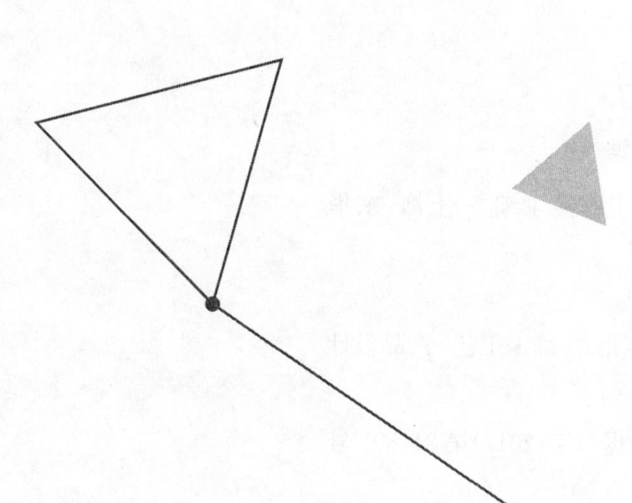

WEIBIAN GONGYI YU CHANPIN SHEJI

纬编工艺与产品设计

王秀燕　主编

東華大學出版社
·上海·

内 容 提 要

本书主要介绍了纬编与纬编针织物的基本概念，纬编针织机的基本构造与工作原理，纬编基本组织、变化组织及花色组织的结构特点、性能、用途及编织工艺，选针机构的工作原理与花型设计等内容。

本书可作为纺织院校纺织工程专业的主干课程教材，可供纺织企业、科研院所针织工程技术人员参考，也可作为纺织企事业单位的培训用书。

图书在版编目(CIP)数据

纬编工艺与产品设计/王秀燕主编.—上海：东华大学出版社，2018.4

ISBN 978-7-5669-1294-7

Ⅰ.①纬… Ⅱ.①王… Ⅲ.①纬编工艺–产品设计
Ⅳ.①TS184.4

中国版本图书馆 CIP 数据核字(2017)第 241891 号

责任编辑：杜燕峰
封面设计：魏依东

出　　版：东华大学出版社（上海市延安西路 1882 号，200051）
本 社 网 址：http://dhupress.dhu.edu.cn
天猫旗舰店：http://dhdx.tmall.com
营 销 中 心：021-62193056　62373056　62379558
印　　刷：句容市排印厂
开　　本：787 mm×1092 mm　1/16
印　　张：9.5
字　　数：238 千字
版　　次：2018 年 4 月第 1 版
印　　次：2018 年 4 月第 1 次印刷
书　　号：ISBN 978-7-5669-1294-7
定　　价：35.00 元

前言

近几年，随着纺织新原料的不断应用，以及计算机应用技术和针织设备机电一体化水平的提高，针织新工艺、新技术、新设备层出不穷，针织新产品不断涌现，针织产品越来越广泛地受到人们的青睐。纬编是针织技术的主要组成部分，纬编产品广泛地应用于服装、装饰及产业用领域。为了更系统地介绍纬编组织、编织工艺与产品设计、纬编针织机的结构与工作原理及纬编新技术，编写了《纬编工艺与产品设计》一书。

《纬编工艺与产品设计》系统地介绍了纬编与纬编针织物的基本概念，纬编针织物的表示方法，纬编针织机的基本构造与工作原理，纬编基本组织、变化组织及花色组织的结构特点、性能、用途及编织工艺，选针机构的结构组成、工作原理与花型设计等内容，书中提供了较多的织物组织设计实例，力求理论与实践结合，使学习者更好地理解和掌握本书知识。

作者在编写过程中，参阅了大量的针织技术相关的书籍、杂志，也得到了纺织企事业单位和院校专家的指导与同行的帮助，在此表示诚挚的谢意。

由于编写人员水平所限，难免存在不足和错误，欢迎读者批评指正。

编　者

目录

第一章 纬编概述

针织是利用织针把纱线弯曲成线圈，然后将线圈相互串套和连接而成为针织物的一门纺织加工技术。根据工艺原理的不同，针织生产可分为纬编和经编两大类，本书主要介绍纬编工艺。

第一节 纬编针织物的基本概念

一、纬编

纬编生产工艺中，一根或若干根纱线从纱筒上引出，喂入针织机的成圈区域，沿着纬向顺序地垫放在纬编针织机各相应的织针上形成线圈，并在纵向相互串套形成纬编针织物，如图 1-1所示。

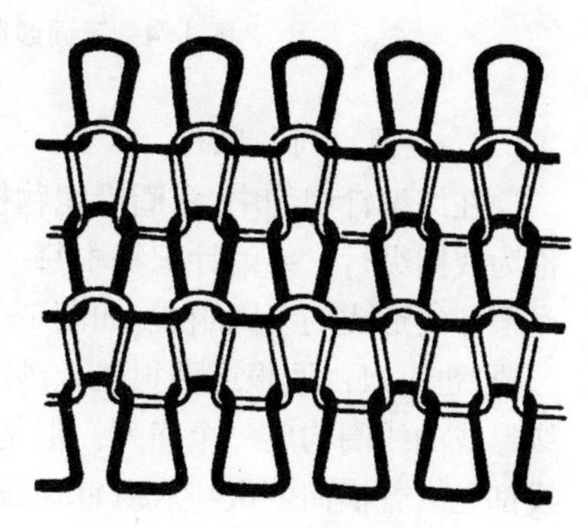

图 1-1 纬编针织物

二、线圈

1. 线圈的结构组成

线圈是组成纬编针织物的基本结构单元，在图 1-2 中，1—2—3—4—5—6—7 是一个线圈，线圈由圈干 1—2—3—4—5 和沉降弧 5—6—7 组成，圈干中直线部段 1—2 和 4—5 叫作圈柱，圆弧 2—3—4 部段叫作针编弧。针织物中由于纱线的覆盖关系，所以实际上线圈并不是平面结构，而是呈三维弯曲的空间曲线，如图 1-3 所示。

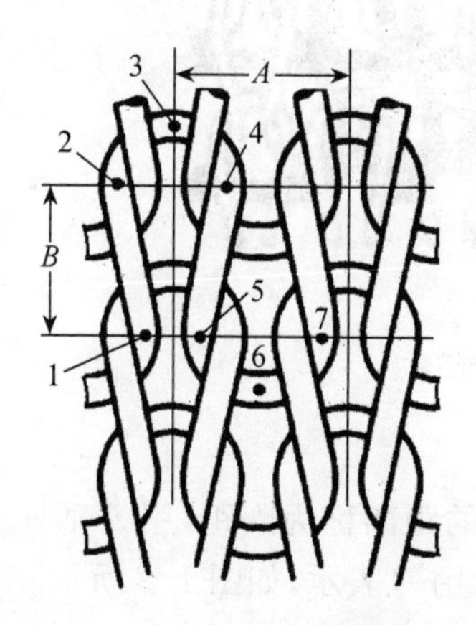

图 1-2 纬编线圈结构图

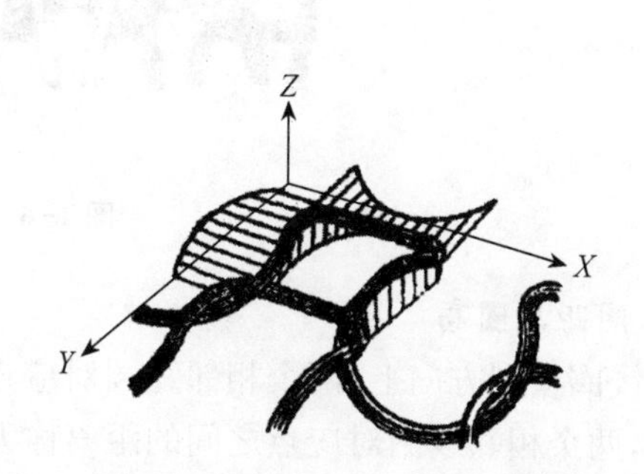

图 1-3 线圈的三维几何形态

2. 正面线圈与反面线圈

线圈有正面与反面之分。线圈圈柱覆盖在前一线圈圈弧之上的一面，称为正面线圈，如图1-4 所示；而圈弧覆盖在圈柱之上的一面，称为反面线圈，如图 1-5 所示。正反面线圈是相对的，对于同一个线圈，如果一面是正面线圈，则另一面就是反面线圈，反之亦然。

图 1-4 正面线圈

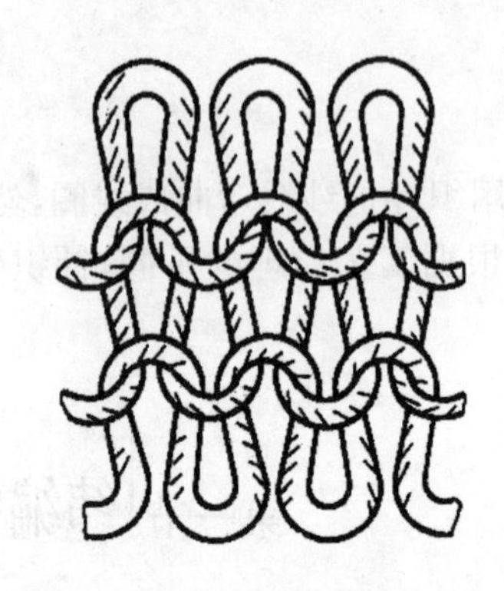

图 1-5 反面线圈

3. 线圈横列与纵行

在纬编针织物中，线圈沿织物横向组成的一行称为线圈横列，沿纵向相互串套而成的一列称为线圈纵行。纬编针织物中每一根纱线形成的线圈一般沿横向配置，一个线圈横列可以由一根纱线形成的线圈组成，如图 1-1 所示，一个横列的线圈是由一根纱线沿纬向依次编织连接形成；也可以由两根或两根以上纱线形成的线圈组成一个横列，如图 1-6 所示，由黑、白两根纱线形成的线圈构成一个横列。但是纬编针织物中，不论一个横列由几根纱线编织而成，每根纱线都是沿着横向依次喂入织针而成圈。

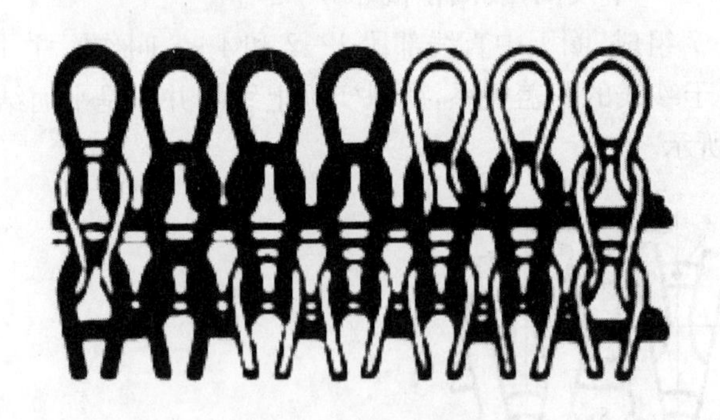

图 1-6 纬编针织物

4. 圈距与圈高

在线圈横列方向上，两个相邻线圈对应点之间的距离称为圈距，用 A 表示。在线圈纵行方向上，两个相邻线圈对应点之间的距离称为圈高，用 B 表示，如图 1-2 所示。

5. 单面、双面针织物

纬编针织物可分为单面和双面两类。单面针织物采用一个针床编织而成，特点是织物的一面全部为正面线圈，如图 1-4 所示，而另一面全部为反面线圈，如图 1-5 所示，织物两面具有显著不同的外观。双面针织物采用两个针床编织而成，其特征为针织物的任何一面都显示有正面线圈，即针织物的一面既有正面线圈又有反面线圈，如图 1-7 所示，纵行 1、3、5 为正面线圈，纵行 2、4 为反面线圈，后者在另一面即为正面线圈。

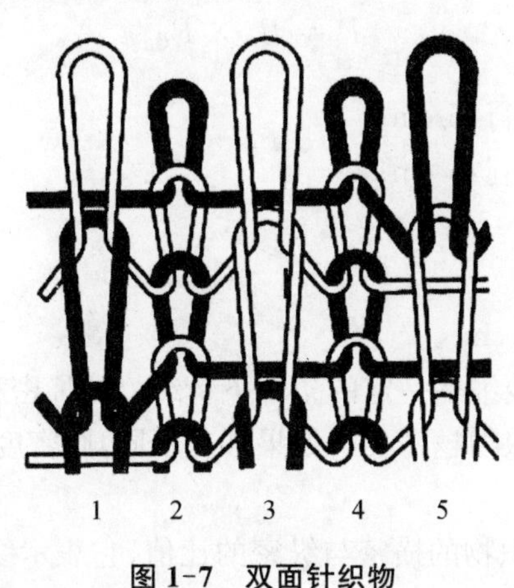

图 1-7 双面针织物

第二节 纬编针织物的主要参数与性能指标

一、线圈长度

线圈长度是指组成一个线圈的纱线长度，一般以毫米(mm)作为单位，常用符号 l 表示。线圈长度的大小在一定程度上决定了针织物的稀密程度。当织物组织结构一定、纱支一样时，线圈长度越长，织物越稀疏。线圈长度还对针织物的卷边性、歪斜性、线圈脱散性、延伸性、耐磨性、弹性、强力、抗起毛起球性、缩率和勾丝性等有重大影响，故为针织物的一项重要指标。

线圈长度可通过实验的方法测定并近似计算，如将三维线圈投影在平面上，根据平面投影近似地进行计算线圈长度；也可用拆散的方法，沿横列拆散一定数量的线圈，将拆得的纱段伸直后，测其长度，然后折算成一个线圈的纱线长度。线圈长度也可以通过一些经验公式计算求得，还可以在编织时用仪器直接测量喂入每枚织针上的纱线长度。

通过调节针织机上弯纱三角的位置可以调节线圈长度。线圈长度还受喂纱张力、喂纱速度等因素的影响。在针织机上可采用积极式给纱装置以固定速度进行喂纱，尽量保持喂纱过程中张力恒定来控制针织物的线圈长度，使其保持恒定，以稳定针织物的质量。

二、密度与密度对比系数

1. 密度

密度有横密、纵密和总密度之分。横密是沿线圈横列方向，以 5 cm 内的线圈纵行数来表示。纵密为沿线圈纵行方向，以 5 cm 内的线圈横列数来表示。总密度是横密与纵密的乘积，等于 25 cm^2 内的线圈数。横密、纵密和总密度可以按照以下公式计算：

$$P_A = \frac{50}{A} \tag{1-1}$$

$$P_B = \frac{50}{B} \tag{1-2}$$

$$P = P_A \times P_B \tag{1-3}$$

式中：P_A——针织物横密，纵行/5 cm；

P_B——针织物纵密，横列/5 cm；

A——圈距，mm；

B——圈高，mm；

P——总密度，线圈/25 cm^2。

密度可以用来表示在纱线细度一定的条件下针织物的稀密程度。如果针织物的组织结构和纱支一定，则密度越大，针织物越密实。如果纱支不同，则密度不能表示织物的稀密程度。

2. 密度对比系数

密度对比系数 C 是指针织物的横密与纵密的比值，它表示线圈在稳定状态下其纵横向尺寸的关系，可用下式计算：

$$C = \frac{P_A}{P_B} = \frac{B}{A} \tag{1-4}$$

密度对比系数反映了线圈的形态，C 值越大，线圈形态越是瘦高；该值越小，则线圈形态越是宽矮。

三、未充满系数和紧度系数

1. 未充满系数

未充满系数 δ 为线圈长度与纱线直径的比值，即：

$$\delta = \frac{l}{d} \tag{1-5}$$

式中：δ——未充满系数；

l——线圈长度，mm；

d——纱线直径，mm。

未充满系数表示针织物在相同密度条件下，纱线细度对其稀密程度的影响。线圈长度愈长，纱线愈细，未充满系数值就愈大，表明织物中未被纱线充满的空间愈大，织物愈稀疏。

2. 紧度系数

紧度系数的定义如下：

$$TF = \frac{\sqrt{\mathrm{Tt}}}{l} \tag{1-6}$$

式中：TF——紧度系数；

Tt——纱线线密度，tex；

l——线圈长度，mm。

紧度系数在表示针织物的稀密程度时与未充满系数相反，由上式可见，纱线越粗（Tt 越大），线圈长度越短，紧度系数越大，织物越紧密。

四、织物面密度

织物面密度用 1 m^2 干燥针织物的质量（g）来表示。如果已知针织物的线圈长度 l（mm）、纱线线密度 Tt（tex）、横密 P_A 和纵密 P_B、纱线的回潮率 W，织物的面密度 Q 可用下式求得：

$$Q=\frac{0.0004l\mathrm{Tt}P_AP_B}{1+W}(\mathrm{g/m^2}) \tag{1-7}$$

在织物分析中可以采用称重法测得织物面密度。取 10 cm×10 cm 的布样，放入预热的烘箱中，在 105～110 ℃下烘干，称量样品干燥质量，计算出织物面密度。

织物面密度是考核针织物的质量和成本的一项指标，该值越大，针织物越密实厚重，但是耗用原料越多，织物成本将增加。织物面密度应根据织物的结构、采用的纱支及产品的用途确定。

五、厚度

针织物的厚度取决于它的组织结构、线圈长度和纱线细度等因素，一般以厚度方向上有几根纱线直径来表示，也可以用织物厚度仪在试样处于自然状态下进行测量。

六、脱散性

脱散性指当针织物纱线断裂或线圈失去串套联系后，线圈与线圈的分离现象。纬编针织物的脱散性比较明显。当纱线断裂后，线圈沿纵行从断裂纱线处脱散开来，就会使针织物的强力与外观受到影响。针织物的脱散性与它的组织结构、纱线摩擦因数与抗弯刚度、织物的未充满系数等因素有关。

七、卷边性

针织物在自由状态下布边发生包卷的现象，叫作卷边性。这是由线圈中弯曲纱线段所具有的内应力试图使纱线段伸直所引起的。卷边性与针织物的组织结构、纱线弹性、细度、捻度和线圈长度等因素有关，如单面针织物较双面针织物容易卷边，纱线越粗，线圈长度越小，越容易卷边。针织物的卷边会对裁剪和缝纫加工造成不利影响。

八、延伸度

延伸度是指针织物受到外力拉伸时的伸长程度。由于针织物的结构单元是线圈，在受到拉伸时，线圈中的纱线容易发生转移，所以针织物具有较大的延伸度。延伸度可分为单向延伸度和双向延伸度两类，与针织物的组织结构、线圈长度、纱线细度和性质有关。

九、弹性

弹性指引起针织物变形的外力去除后，针织物形状回复的能力。弹性与针织物的组织结构、未充满系数、纱线的弹性和摩擦因数等因素有关。

十、断裂强力和断裂伸长率

在连续增加的负荷作用下，至断裂时针织物所能承受的最大负荷，称为断裂强力。断裂时的伸长与原始长度之比，称为断裂伸长率，用百分数表示。

十一、缩率

缩率指针织物在加工或使用过程中长度和宽度的变化程度。它可由下式求得：

$$Y=\frac{H_1-H_2}{H_1}\times 100\% \tag{1-8}$$

式中：Y——针织物缩率；

H_1——针织物在加工或使用前的尺寸，cm；

H_2——针织物在加工或使用后的尺寸，cm。

针织物的缩率有正值和负值，如在横向收缩而纵向伸长，则横向缩率为正，纵向缩率为负。缩率又可分为下机缩率、染整缩率、水洗缩率，以及在给定时间内弛缓回复过程的缩率等。

十二、勾丝与起毛起球

针织物中的纤维或纱线被外界物体勾出而在表面形成丝环，这就是勾丝。织物在穿着和洗涤过程中不断经受摩擦而使纤维端露出在表面，称为起毛。若这些纤维端在以后的穿着中不能及时脱落而相互纠缠在一起揉成许多球状小粒，称为起球。由于针织物由线圈组成，纱线比较松软，更容易被勾丝，造成起毛起球。影响针织物起毛起球的因素主要有原料的性质、纱线与织物的结构、染整加工方式、成品的服用条件等。

由于针织物在加工过程中会受到不同程度的拉伸而产生变形，针织物下机后，外力去除，针织物力图回复到拉伸前的状态，因此其尺寸不稳定，这种状态下测出的线圈长度、密度、面密度等参数不准确。在测量针织物的各项技术指标之前，应该先将试样进行松弛处理，使之达到平衡状态（即针织物的尺寸基本上不再发生变化），这样测得的数据才具有实际可比性。

针织物松弛处理方法有：

(1) 干松弛处理。指下机的坯布在无搅动、无张力状态下平放 24 h。一般经干松弛处理的织物，尺寸回复是有限的。

(2) 湿松弛处理。指在无搅动、无张力条件下，将织物在 30 ℃温水中浸湿，并在无张力状态下吸去过量的水，再在 40～60 ℃温度下烘 30 min。湿松弛处理的效果好于干松弛，这是由于水的浸润使纤维和纱线中的内应力得以释放，加速了弛缓回复过程。

(3) 条件平衡处理。指织物经过 5 次洗涤并在自由状态下干燥，这时织物尺寸基本不再发生变化。

(4) 全松弛处理。指织物经过滚筒式洗衣机洗涤和脱水后，再在滚筒式烘干机中以60～70 ℃温度烘 30 min。经全松弛处理的织物接近平衡状态。

为了减小针织物加工过程中的伸长变形，提高其尺寸稳定性，在针织生产全过程中尽量采用低张力的松式加工方式，后整理可以采用超喂湿扩幅、超喂烘干、超喂轧光技术，使针织物的变形回复。

第三节 纬编针织物分类与表示方法

一、纬编针织物分类

纬编针织物的组织一般可以分为基本组织、变化组织和花色组织三类。

(一) 基本组织

基本组织由线圈以最简单的方式组合而成,是针织物各种组织的基础。纬编基本组织包括平针组织、罗纹组织和双反面组织。在基本组织中,组成单元都是线圈,或者是正面线圈和反面线圈以一定规律配置,如图1-4、1-5所示。

(二) 变化组织

变化组织由两个或两个以上的基本组织复合而成,即在一个基本组织的相邻线圈纵行之间,配置着另一个或者另外几个基本组织的线圈纵行,以改变原来组织的结构与性能。纬编变化组织有变化平针组织、双罗纹组织等。

(三) 花色组织

采用以下几种方法,可以形成具有显著花色效应和不同性能的纬编花色组织。

1. 改变或取消成圈过程中的某些阶段

例如,在正常的退圈阶段,旧线圈应该从针钩内退至针杆上;若将退圈阶段改变为退圈不足(旧线圈虽然从针钩内向针杆上移动,但是没有退到针杆上),但是针钩仍然垫上纱线,脱圈后在旧线圈上形成了悬弧,这样就形成了集圈组织。构成集圈组织的结构单元不只有线圈,还有悬弧。若织针退圈阶段不上升,旧线圈不退圈,而且针钩上不垫纱线,新纱线在旧线圈后形成了浮线,织针不编织,浮线与线圈结合,便形成了提花组织。也可以将成圈、集圈、不编织复合,形成其他各种各样的花色组织。如图1-8所示,组成织物组织的结构单元除了线圈1外,还有浮线2和悬弧3。

2. 衬垫

图1-9所示为衬纬组织,它是在罗纹组织的基础上,编入了附加的衬纬纱线形成的。采用这种方法的还有添纱组织、衬垫组织、毛圈组织、长毛绒组织等。

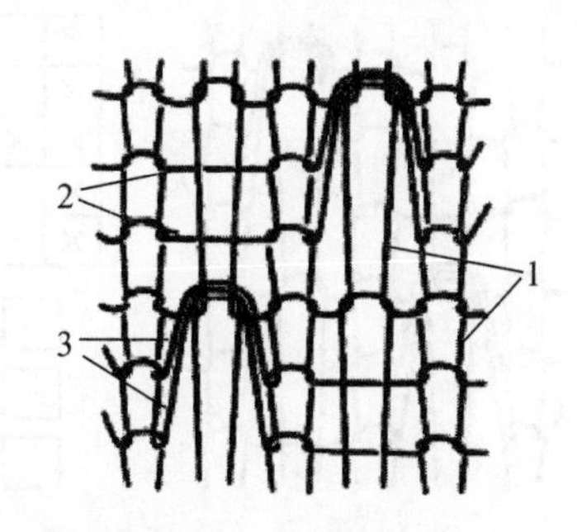

图1-8 线圈、悬弧、浮线组成的花色组织

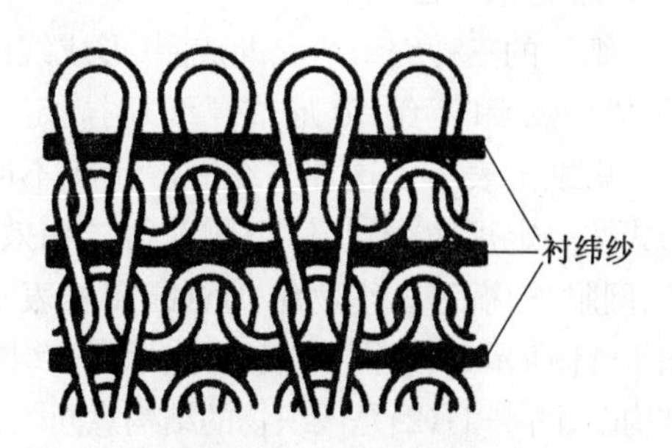

图1-9 衬纬组织

3. 移圈

可以将线圈的某个部段转移,形成花色组织。例如,将某枚织针上的针编弧转移到相邻的

织针上，就形成了纱罗组织，如图 1-10 所示。采用该方法的还有菠萝组织、波纹组织等。

4. 两种或两种以上组织复合

若将两种或两种以上的组织(包括基本组织、变化组织、花色组织)进行复合，就可以形成结构多样、花型多变的复合组织，如图 1-8 所示，它是由提花组织与集圈组织复合而成的花色组织。

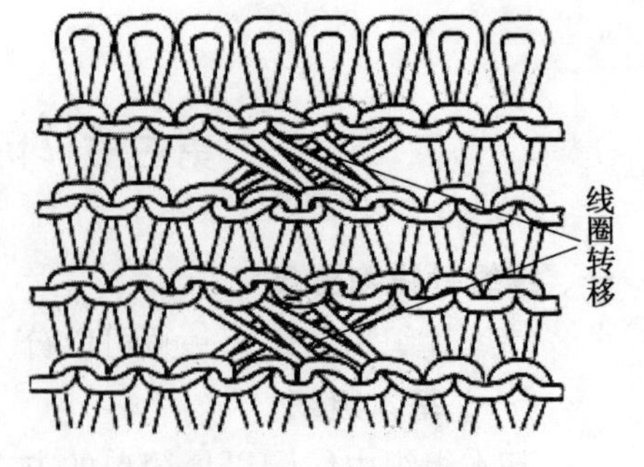

图 1-10 纱罗组织

二、纬编针织物组织的表示方法

针织物组织需要用专业的名称、图形、符号等来表示，以便于针织产品设计、加工和销售。目前常用的表示纬编针织物的方法有组织名称、线圈图、意匠图、编织图和三角配置图。

(一) 组织名称

组织名称可以表示针织物的组织结构或者组织类别。一些简单的针织物组织，只用织物名称，便可以清楚表示织物的组织结构，例如平针组织、1＋1 罗纹组织。但是有些组织变化多样，只能根据织物名称确定针织物组织的类别，不能准确地判断织物的结构，例如提花组织、集圈组织，因此需要进一步采用其他方法来表示织物的组织。

(二) 线圈图

线圈在织物内的形态用图形表示，称为线圈图或线圈结构图，如图 1-4 为平针组织正面的线圈图，图 1-5 为平针组织反面的线圈图，图 1-10 为纱罗组织的线圈图。

从线圈图上，可以清晰地看出针织物结构单元在织物内的连接与分布，有利于研究针织物的组织结构、性质和编织方法。但这种方法仅适用于较为简单的织物组织，复杂的结构和大型花纹绘制比较困难，而且不易将线圈结构表示清楚。

(三) 意匠图

意匠图是把针织结构单元组合的规律用人为规定的符号在小方格纸上表示的一种图形。方格中每一横行代表针织物的一个横列，每一竖行代表针织物的一个纵行。方格中的符号可以表示织针的编织情况，也可以表示织物的花型效果。方格中的符号意义要在意匠图中标注清楚，根据意匠图表示的意义不同，可以分为结构意匠图和花型意匠图。

1. 结构意匠图

将织针的三种编织情况即成圈(形成线圈)、集圈(形成悬弧)和不编织(形成浮线)用规定的符号在小方格纸上表示。这种组织一般是将不同的编织形式按一定规律配置，使织物获得结构效应，如凹凸、网眼、褶裥等。织物结构意匠图的表示方法如图 1-11 所示，其中图 1-11(1)表示某一织物的线圈结构图，图 1-11(2)是该织物的结构意匠图。

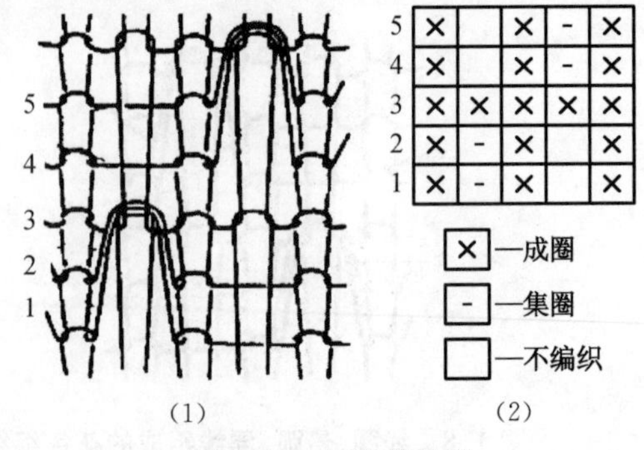

图 1-11 织物结构图

2. 花型意匠图

花型意匠图采用小方格来表示织物的花型与图案。每一方格均代表一个线圈，方格内的不同符号表示不同颜色的线圈。如图 1-12(1)为某两色提花织物的线圈结构图，图 1-12(2)为该织物的花型意匠图。

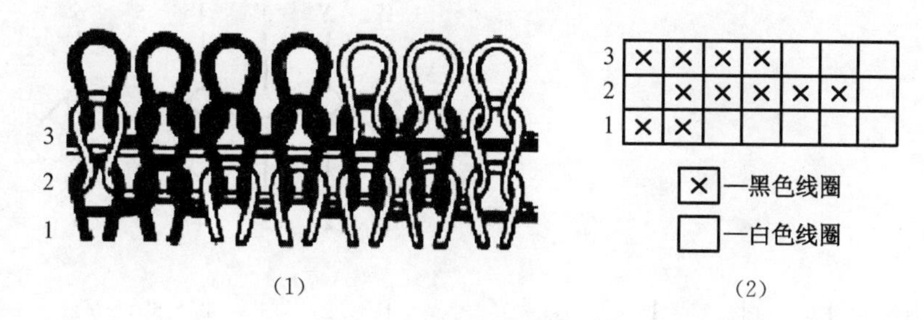

图 1-12 织物花型意匠图

(四) 编织图

编织图是将针织物的横断面形态按编织的顺序和织针的工作情况用图形表示的一种方法。表 1-1 列出了编织图中常用的符号,其中每一根竖线代表一枚织针,织针的上端或下端直线代表纱线,纱线在针端的不同形式代表不同的编织方式。

表 1-1 成圈、集圈、不编织和抽针表示方法

编织方法	织针	表示方法	备 注
成圈	针盘针		—
	针筒针		
集圈	针盘针		—
	针筒针		
不编织(浮线)	针盘针	1′ 2′ 3′	针筒针 2、针盘针 2′不参加编织
	针筒针	1 2 3	
抽针		1 2 3	符号○表示抽针,针 2 抽针

在绘制织物的编织图时,还需要考虑织针踵位的不同及双面针织机两个针床织针的对位情况。根据舌针针踵的位置不同可分为高踵针和低踵针,用长线表示高踵针,短线表示低踵针。织针的对位有相对和相错两种。图 1-13 是 1+1 罗纹组织的编织图,上针与下针相错配置;图 1-14 为 1+1 抽针双罗纹组织的编织图,上针与下针相对配置,上针、下针都采用高踵针和低踵针两种织针,针 1、3、5 是下针高踵针,2、6 是下针低踵针,4 是抽针;针 1′、3′、5′是上针低踵针,2′、4′、6′是上针高踵针。

编织图不仅表示了每一枚织针的编织情况,而且还显示了织针的配置与排列。这种方法适用于大多数纬编针织物,尤其用于表示双面纬编针织物比较方便。

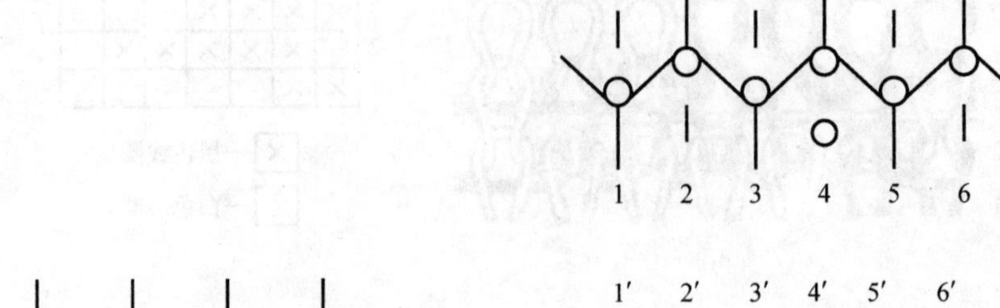

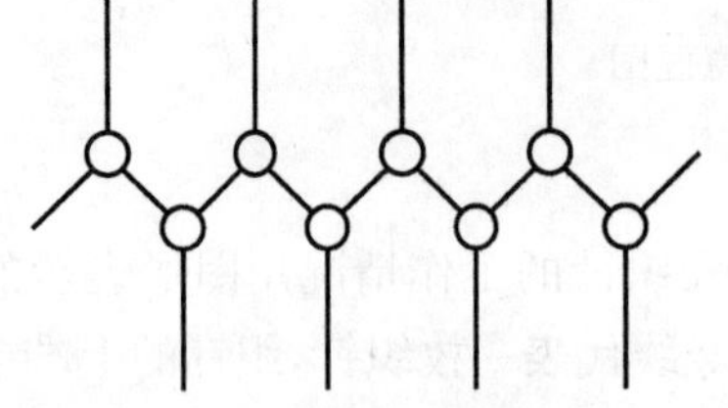

图 1-13 1+1 罗纹组织编织图

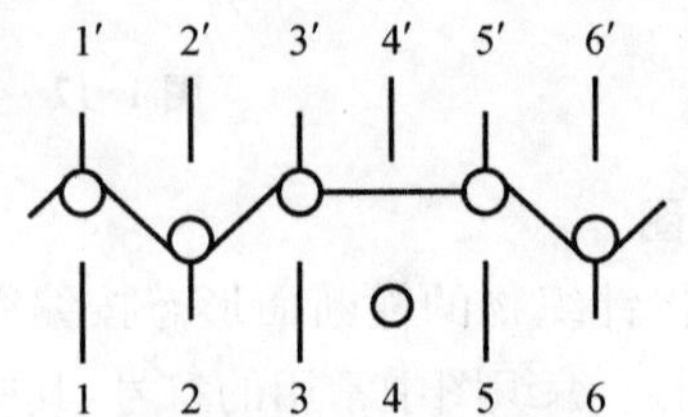

图 1-14 1+1 抽针双罗纹组织编织图

(五) 三角配置图

在舌针或槽针多三角纬编机上，织针成圈、集圈或不编织是由作用于织针的三角形式决定的。三角分为成圈三角、集圈三角和不编织三角，分别控制织针成圈、集圈和不编织，形成不同的织物组织。因此，可以用三角的配置图来表示织针的编织情况及织物的结构，特别是在制定织物的上机工艺时，需要绘制织物的三角配置图。表 1-2 列出了三角配置的表示方法。

表 1-2 成圈、集圈和不编织的三角配置表示方法

编织方法	配置三角名称	三角表示方法
成圈	针盘成圈三角	∨
	针筒成圈三角	∧
集圈	针盘集圈三角	◡
	针筒集圈三角	⌒
不编织	针盘不编织或浮线三角	—
	针筒不编织或浮线三角	—

为了更准确地表示针织物的组织结构和编织工艺，可以将几种织物表示方法结合使用。如用三角配置表示织物组织时，还需要画出针织机上织针的排列情况及色纱喂入情况，在后面章节讲述针织物组织时，结合针织物组织实例，再进一步掌握织物组织的表示方法。

第四节 针织用纱与织前准备

一、针织用纱的基本要求

针织用纱种类很多，有适合服用和装饰用的棉纱、毛纱、麻纱、真丝、黏胶丝、涤纶丝、锦纶丝、腈纶纱、丙纶丝、氨纶丝等，还有满足特种产业用途的玻璃纤维丝、金属丝、芳纶丝等，可以是仅含一种原料的纯纺纱，也可以是含两种以上原料的混纺纱线。

针织物的基本结构单元是线圈，相对于机织物中的纱线形态，针织物中纱线弯曲比较大，在针织物的生产过程中，纱线要受到拉伸、弯曲、扭转、摩擦等多种机械作用。为保证针织生产的正常进行及产品质量，针织用纱应满足以下要求：

1. 具有一定的强度和延伸性

纱线的强度是针织用纱的重要品质指标。由于纱线在准备和织造过程中受到一定的张力和载荷的反复作用，在编织成圈过程中还要受到弯曲和扭转变形，因此针织用纱必须具有一定的强度和延伸性，以便于编织过程中弯曲成圈，并减少纱线断头。

2. 捻度均匀且偏低

一般来说，针织用纱的捻度比机织用纱要低。若捻度过大，纱线的柔软性就差，织造时不易被弯曲、扭转，还容易产生扭结，造成织疵，织针也易受到损伤；此外，捻度过大的纱线会影响针织物的弹性，并使线圈产生歪斜。但针织用纱的捻度也不能过低，否则会影响其强度，增加织造时的断头率，且纱线膨松易使织物起毛起球，降低针织物的服用性能。

3. 条干均匀，纱疵少

条干均匀度是衡量纱线质量的一个重要指标。粗节和细节会造成编织时断纱或影响到布面的线圈均匀度。

4. 抗弯刚度低，柔软性好

抗弯刚度高，即硬挺的纱线难以弯曲成线圈，或弯纱成圈后线圈易变形。柔软的纱线易于弯曲和扭转，并使针织物中的线圈结构均匀、外观清晰美观，同时还可减少织造过程中纱线的断头，以及对成圈机件的损伤。

5. 表面光滑，摩擦因数小

表面粗糙的纱线会在经过成圈机件时产生较高的纱线张力，易造成成圈过程中纱线断裂。

二、络纱(丝)

进入针织厂的纱线多数是筒子纱，也有少量是绞纱。绞纱需要先卷绕在筒管上变成筒子纱才能上机编织。随着纺纱和化纤加工技术的进步，目前提供给针织厂的筒子纱一般都可以直接上机织造，无需络纱或络丝。但是，如果筒子纱的质量、性能和卷装无法满足编织工艺的要求，如纱线上杂质疵点太多，摩擦因数太大，抗弯刚度过高，筒子容量过小等，则需要重新进行卷绕即络纱(短纤维纱)或络丝(长丝)。络纱(丝)称为纬编针织前准备。

(一) 络纱(丝)的目的

一是使纱线卷绕成一定形式和一定容量的卷装，满足编织时纱线退绕的要求。采用大卷装可以减少针织生产中的换筒，为减轻工人劳动强度，提高机器的生产率创造良好条件，但要考虑针织机的筒子架上能否安放。二是去除纱疵和粗细节，提高针织机生产效率和产品质量。三是可以对纱线进行必要的辅助处理，如上蜡、上油、上柔软剂、上抗静电剂等，以改善纱线的编织性能。

(二) 卷装形式

筒子的卷装形式有多种，针织生产中常用的有圆柱形筒子、圆锥形筒子和三截头圆锥形筒子，如图 1-15 所示。

1. 圆柱形筒子

圆柱形筒子主要来源于化纤厂，原料多为化纤长丝。其优点是卷装容量大，但筒子形状不太理想，退绕时纱线张力波动较大，应用较少。

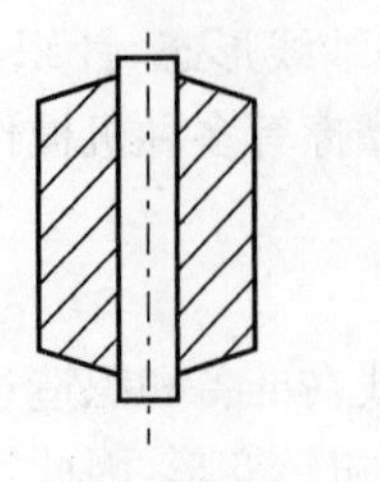
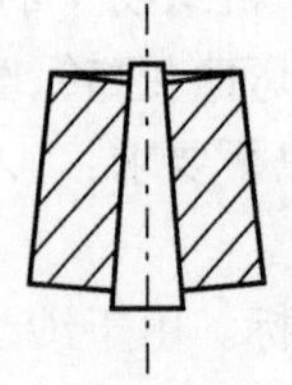
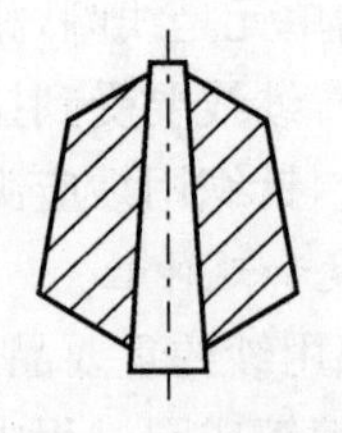

(1) 圆柱形筒子　(2) 圆锥形筒子　(3) 三截头圆锥形筒子

图 1-15　卷装形式

2. 圆锥形筒子

圆锥形筒子是针织生产中广泛采用的一种卷装形式。它的退绕条件好，容纱量较多，生产率较高，适用于各种短纤维纱，如棉纱、毛纱、涤棉混纺纱等。

3. 三截头圆锥形筒子

三截头圆锥形筒子俗称菠萝形筒子，其退绕条件好，退绕张力波动小，但是容纱量较少，适用于各种长丝，如化纤长丝、真丝等。

(三) 络纱(丝)工艺与设备

络纱机种类较多，常用的有槽筒络纱机和菠萝锭络丝机。前者主要用于络取棉、毛及混纺等短纤维纱，而后者用于络取长丝。菠萝锭络丝机的络丝速度及卷装容量都不如槽筒络纱机。此外还有松式络筒机，可以将棉纱等纱线络成密度较松和均匀的筒子，以便进行筒子染色，用于生产色织产品。

络纱机的主要机构和作用：卷绕机构使筒子回转以卷绕纱线；导纱机构引导纱线有规律地分布于筒子表面；张力装置给纱线以一定张力；清纱装置检测纱线的粗细，清除附在纱线上的杂质疵点；防叠装置使层与层之间的纱线产生移位，防止纱线的重叠；辅助处理装置可对纱线进行上蜡和上油等处理。

在上机络纱或络丝时，应根据原料的种类与性能、纱线的细度、筒子硬度等方面的要求，调整络纱速度、张力装置的张力、清纱装置的刀门间距、上蜡上油的蜡块或乳化油成分等工艺参数，并控制卷装容量，以生产质量符合要求的筒子。

思考练习题

1. 何谓针织？按工艺特点可以分为哪几类？
2. 何谓纬编？纬编针织物的基本结构单元是什么？简述其结构组成。
3. 针织物的主要物理力学性能指标有哪些？有何意义？
4. 线圈长度测量的方法有哪些？
5. 哪些指标可以表示针织物的稀密程度？适用条件有什么不同？
6. 纬编针织物组织有哪几类？各有何特点？
7. 形成花色组织的方法有哪些？
8. 纬编针织物组织表示的方法有哪些？如何表示？各有何优缺点？
9. 对针织用纱有何要求？
10. 常用的卷装形式有哪几种？各有何特点？

第二章 纬编针织机机构、分类及工作原理

第一节 纬编针织机用针类型及成圈过程

一、织针的类型与结构

纬编针织物的主要结构单元是线圈，而线圈的形成需要借助针织机中的织针和其他辅助机件配合来完成。因此，针织机的针床上配置着织针。常用的织针分为舌针、复合针（又称槽针）和钩针三种，三种织针的结构如图 2-1 所示。

1. 舌针

舌针的构型如图 2-1(1)所示。它采用钢丝或钢带制成，包括针杆 1、针钩 2、针舌 3、针舌销 4 和针踵 5 几部分。针钩用以握住纱线，使之弯曲成圈。针舌可绕针舌销回转，用以开闭针口。针踵在成圈过程中受到其他机件的作用，使织针在针床的针槽内往复运动。舌针各部分的尺寸和形状，随针织机的类型不同而有差别。由于舌针在成圈中依靠线圈的移动使针舌回转来开闭针口，因此成圈机构较为简单。舌针用于绝大多数纬编机和少数经编机。

2. 复合针

复合针也叫槽针，复合针的构型如图 2-1(2)所示，由针身 1 和针芯 2 两部分组成。复合针成圈时，针身做升降运动，针身带有针钩，且在针杆侧面铣有针槽，用以装针芯，针芯在针槽内做相对于针身的升降运动，完成针钩的开启与闭合。采用复合针，在成圈过程中可以减小针的运动动程，有利于提高针织机的速度，增加针织机的成圈系统数。因为针口的开闭不是由于旧线圈的作用完成的，所以形成的线圈结构较均匀。复合针广泛应用于经编机，纬编机中应用较少。

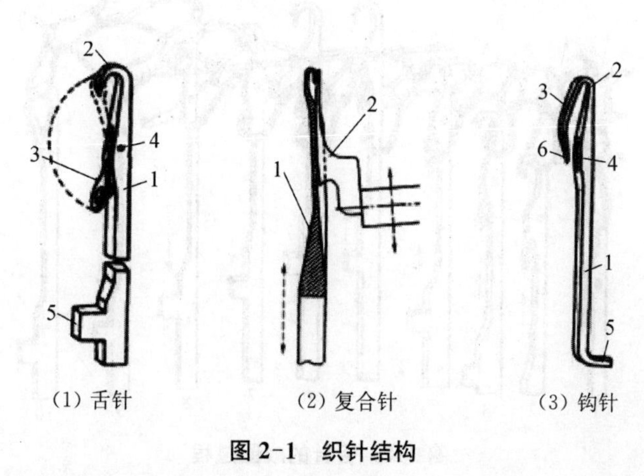

图 2-1 织针结构

3. 钩针

图 2-1(3)显示了钩针的结构。它采用圆形或扁形截面的钢丝制成，端头磨尖后弯成钩状，每根针为一个整体。其中 1 为针杆，在这一部段上垫纱。2 为针头，3 为针钩，用于握持新线圈，使其穿过旧线圈。5 为针踵，使针固定在针床上。在针尖 6 的下方针杆上有一凹槽 4，称之为针槽，供针尖没入用。针尖与针槽之间的间隙称为针口，它是纱线进入针钩的通道。针钩可借助压板将针尖压入针槽内，以封闭针口。当压板移开后，针钩依靠自身的弹性恢复针口开启，因此钩针又称弹簧针。由于在采用钩针的针织机上，成圈机构比较复杂，同时在闭口过程中，针钩受到反复载荷作用而易疲劳，影响到钩针的使用寿命，所以目前钩针只用于少数针织机。

二、织针的成圈过程

织针的成圈包括给纱、成圈、牵拉三个阶段。三种织针的成圈过程基本相同，只是个别的成圈过程在先后顺序上有一定的变化。

(一) 舌针成圈过程

舌针的成圈过程如图 2-2 所示，分为以下八个阶段：

1. 退圈

舌针从低位置上升至最高点，旧线圈从针钩内移至针杆上，如图 2-2 中针 1～5。

2. 垫纱

舌针下降过程中，从导纱器引出的新纱线 a 垫入针钩下，进行垫纱，如图 2-2 中针 6～7。

3. 闭口

随着舌针的下降，针舌在旧线圈的作用下向上翻转关闭针口，如图 2-2 中针 8～9。这样新纱线封闭在针钩内，旧线圈在针钩外，为新线圈穿过旧线圈作准备。

4. 套圈

舌针继续下降，旧线圈沿着针舌上移套在针舌外，如图 2-2 中针 9。

5. 弯纱

舌针的下降使针钩接触新纱线开始逐渐弯纱，并一直延续到线圈最终形成，如图 2-2 中针 9～10。

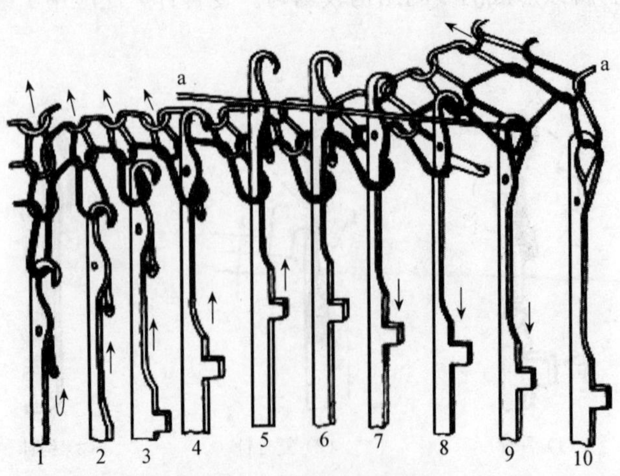

图 2-2 舌针的成圈过程

6. 脱圈

舌针进一步下降使旧线圈从针头上脱下，套到正在进行弯纱的新线圈上，如图 2-2 中针 10。

7. 成圈

舌针下降到最低位置形成一定大小的新线圈，如图 2-2 中针 10。

8. 牵拉

借助牵拉机构产生的牵拉力，将脱下的旧线圈和刚形成的新线圈拉向舌针背后，脱离编织区，防止舌针再次上升时旧线圈回套到针头上。

就针织成圈方法而言，按照上述顺序进行成圈的过程，称为编结法成圈。

(二) 钩针成圈过程

钩针的成圈过程如图 2-3 所示，分为以下八个阶段：

1. 退圈

在退圈圆盘、辅助退圈轮的作用下，将旧线圈从针钩中向下移到针杆的一定部位上，使旧线圈 b 与针钩 c 之间具有足够的距离，供垫放纱线用，如图 2-3 中针 1。

2. 垫纱

通过导纱器和针的相对运动，将纱线 a 垫放到旧线圈 b 与针槽 c 之间的针杆上，如图 2-3 中针 1～2。

3. 弯纱

利用弯纱沉降片，把垫放到针杆上的纱线弯曲成一定大小的未封闭悬弧 d，并将其带入针钩内，如图 2-3 中针 2～5。

4. 闭口

利用压板将针尖压入针槽，使针口封闭，以便旧线圈套上针钩，如图 2-3 中针 6。

5. 套圈

在针口封闭的情况下，由套圈沉降片将旧线圈上抬，迅速套到针钩上。而后针钩释压，针口即恢复开启状态，如图 2-3 中针 6～7。

6. 脱圈

受沉降片上抬的旧线圈从针头上脱落到未封闭的新线圈上，如图 2-3 中针 10～11。

7. 成圈

脱圈沉降片继续将旧线圈上抬，使旧线圈的针编弧与新线圈的沉降弧相接触，以形成一定大小的新线圈，如图 2-3 中针 12 所示。

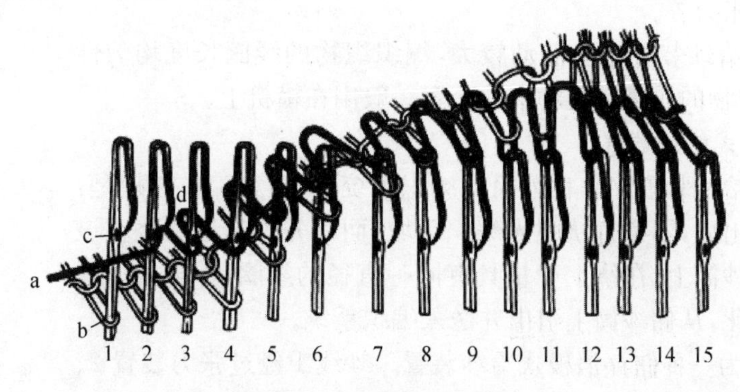

图 2-3　钩针的成圈过程

8. 牵拉

借助牵拉机构产生的牵拉力，使新形成的线圈离开成圈区域，拉向针背，以免在下一成圈循环进行退圈时，发生旧线圈重套到针上的现象。

按照上述顺序进行成圈的过程，称为针织法成圈。

通过比较可以看出，编结法和针织法成圈过程都可分为八个相同的阶段，但弯纱的先后有所不同。编结法成圈，弯纱是在套圈之后并伴随着脱圈而继续进行的；针织法成圈，弯纱是在垫纱之后进行的。

复合针成圈过程所包含的阶段及顺序都与舌针相同，只是复合针针钩的开启和闭合靠针芯和针身的相对运动来完成。

第二节 纬编针织机的机构组成

纬编针织机种类与机型很多，但是主要组成机构相似，一般主要给纱机构、编织机构、牵拉卷取机构、传动机构和辅助装置几个部分组成。提花机上还有选针机构。

一、给纱机构

给纱机构将纱线从纱筒上退绕下来并输送给编织区域。给纱机构分为消极式给纱机构和积极式给纱机构。

（一）消极式给纱机构

消极式给纱是借助于编织时成圈机件对纱线产生的张力，将纱线从纱筒架上退下并引到编织区域的过程。在编织时，根据各个瞬间耗纱量的不同而相应地改变给纱速度，即需要多少输送多少。这种给纱方式适用编织时耗纱量不规则变化的针织机。

1. 简单消极式给纱装置

图 2-4 所示为一种简单消极式给纱装置。纱线从放在纱架上的纱筒 1 上引出，经过导纱钩 2 和 2′、上导纱圈 3、张力装置 4、下导纱圈 5 和导纱器 6 进入编织区域。这种给纱装置送入编织区的纱线张力由下列因素引起：纱线从纱筒上退绕时的阻力，纱线运动时产生的张力，纱线在行进中的惯性力，纱线经过导纱装置时产生的摩擦力，纱线重力和由张力装置产生的张力等。

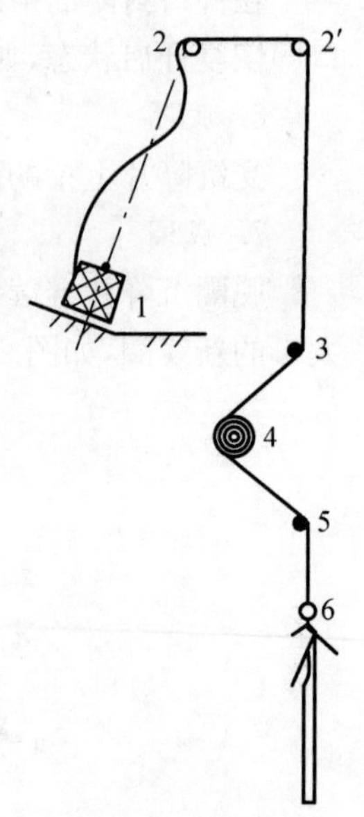

图 2-4 简单消极式给纱装置

这种消极式给纱装置张力波动较大，编织织物的线圈长度均匀性较差，从而影响织物的质量。这种给纱装置一般用在横机上。

2. 储存消极式给纱装置

储存消极式给纱装置安装在纱筒与编织系统之间，其工作原理是：纱线从纱筒上引出后，不是直接喂入编织区域，而是先均匀地卷绕在该装置的圆柱形储纱筒上，在绕上少量具有同一直径的纱圈后，再根据编织时耗纱量的变化，从储纱筒上引出并送入编织系统。

图 2-5 所示为一种储存消极式给纱装置。纱线 1 经过张力装置 2、断纱自停探测杆 3（断纱时指示灯 8 闪亮），切向地卷绕在储纱筒 10 上。

储纱筒由内转的微型电动机(老式)或条带(新式)驱动。当倾斜配置的圆环4处于最高位置时,使控制电动机的微型开关接通,或控制条带与储纱筒接触的电磁离合器通电,从而电动机(或条带)驱动储纱筒回转进行卷绕。由于圆环4的倾斜,卷绕过程中纱线被推向环的最低位置,即纱圈9向下移动。随着纱圈9数量的增加,圆环4逐渐移向水平位置。当储纱筒上的卷绕纱圈数达到最大(约4圈)时,圆环4使电动机开关断开或电磁离合器断电,储纱筒停止卷绕。

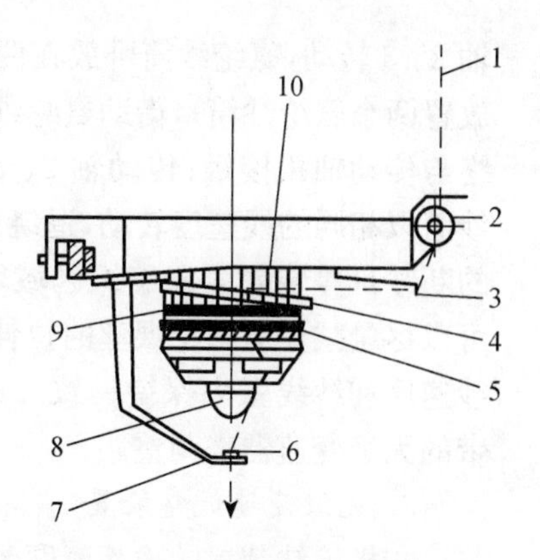

图2-5　储存消极式给纱装置

纱线从储纱筒下端经过张力环5退绕,再经悬臂7上的导纱孔6输出。为了调整退绕纱线的张力,可以根据加工纱线的性质,采用具有不同梳片结构的张力环5。

这种装置比简单消极式给纱具有明显的优点。首先,纱线卷绕在过渡性的储纱筒上后有短暂的迟缓作用,可以消除由于纱筒容纱量不一、退绕点不同和退绕时张力波动所引起的纱线张力的不均匀性。其次,该装置所处位置与编织区域的距离比纱筒离编织区域近,可以最大限度地改善由纱线行程长造成的附加张力和张力波动。

(二) 积极式给纱装置

积极式给纱装置可以连续、均匀、恒定地供纱,使各成圈系统的线圈长度趋于一致,给纱张力较均匀,可有效地提高织物的线圈长度均匀性,改善织物的外观和质量。

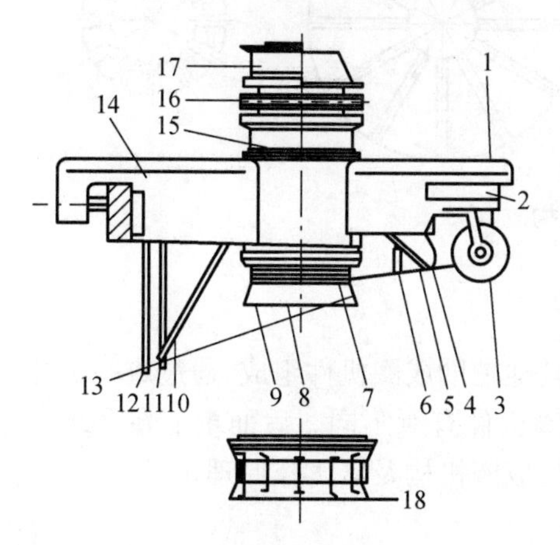

图2-6　条带积极式给纱装置

1. 储存积极式给纱装置

近年来在圆纬机上普遍采用条带积极式给纱装置,通过穿孔带或齿形带驱动储纱轮回转,一边卷绕一边退绕,使纱线定量喂给编织区。这类装置也有多种形式,图2-6所示为其中的一种。纱线1经过导纱孔2、张力装置3、粗节探测自停器4、断纱自停探杆5、导纱孔6,由卷绕储纱轮9的上端7卷绕,自下端8退绕,再经断纱自停杆10、支架11和12,最后输出纱线13进入编织区域。

在纱线退绕区,卷绕储纱轮9的形状呈圆锥形。轮上具有光滑的接触面,不存在会造成飞花集积的任何曲面或边缘,即可自动清纱。卷绕储纱轮还可将卷绕上去的纱圈向下推移,即自动推纱。轮子的形状保证了纱圈之间的分离,使纱圈松弛,因此降低了输出纱线的张力。

该装置的上方有两个传动轮15和17,由冲孔条带驱动卷绕储纱轮回转。两根条带的速度可以不同,通过切换选用一种速度。给纱装置的输出线速度应根据织物的线圈长度和总针数等,通过驱动条带的无级变速器来调整。图中14为基座,16是离合器圆盘。

该装置还附有对纱线产生摩擦的杆笼状卷绕储纱轮18,可用于小提花等织物的编织。

2. 弹性纱给纱装置

弹性纱如氨纶裸丝是高弹性体,延伸率大于600%,稍受外力便会伸长,如喂纱张力不一、氨轮丝喂入量不等,便会引起布面不平整。因此,弹性纱必须采用专门的积极式定长给纱装置。图2-7所示为一种卧式弹性纱给纱装置。其工作原理是:条带驱动传动轮1,使两根传动轴 2、3 转动，氨纶纱筒卧放在两根传动轴上（可同时放置两个氨纶纱筒），借助氨纶纱筒本身的质量，其始终与传动轴相接触；传动轴 2、3 依靠摩擦驱动氨纶纱筒以相同的线速度转动，退绕的氨纶丝经过带滑轮的断纱自停装置 4 向编织区域输送。这种给纱装置可以尽量减少对氨纶裸丝的拉伸力和摩擦张力，使输纱速度和纱线张力保持一致。送纱量可通过驱动条带的无级变速器来调整。

图 2-7 弹性纱给纱装置

3. 无级变速调整装置

积极给纱装置的输纱速度改变由无级变速盘机构来实现。如图 2-8 所示，无级变速盘机构由螺旋调节盘 1、槽盘 2 和滑块 3 组成。槽盘 2 和一齿轮固装在同一根轴上，电动机经其他机件传动该轴，使槽盘 2 转动。每一滑块 3 上面有一个凸钉 4，装在螺旋调节盘 1 的螺旋槽中，下面有两个凸钉 5，装在槽盘 2 的直槽内。12 块滑块组成的转动圆盘通过冲孔条带传动积极给纱装置输纱。手动旋动调节盘 1 可调节滑块 3 的径向进出位置，改变圆盘的传动半径 R，达到无级变速，从而调整传动比和给纱装置的输纱速度，最终改变织物的密度。

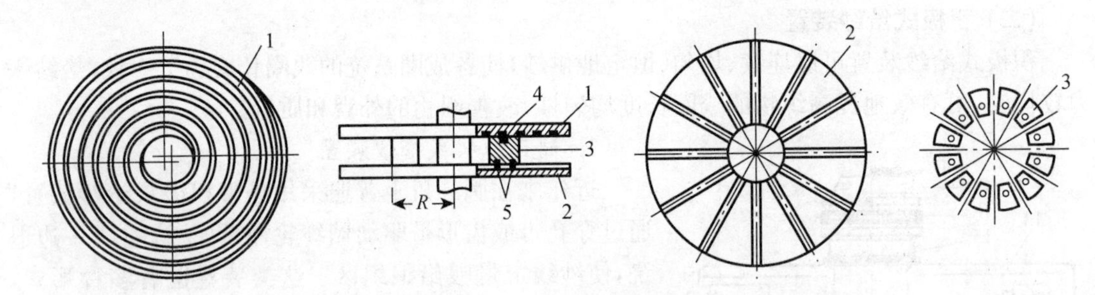

图 2-8 无级变速盘机构

二、编织机构

编织机构是针织机的核心部分，编织机构由织针及其他辅助成圈机件组成，通过成圈机件的工作将纱线编织成针织物。不同类型的针织机上，成圈机件有所不同。后面章节在介绍不同组织的编织工艺时，会详细介绍各种类型纬编针织机的成圈机构及其工作原理。

三、选针机构

选针机构可以使织针有选择地进行成圈、集圈或不编织，是形成纬编各种花色组织的必要条件。常用的选针机构有多针道选针机构、提花轮选针机构和拨片式选针机构，在第五章会详细介绍选针机构的结构、选针原理及花型设计方法。

四、牵拉卷取机构

针织机的牵拉与卷取过程，就是将形成的针织物从成圈区域中牵引出来，给织物施加一定的张力后，卷绕成一定形式和容量的卷装。在单针床的圆纬机上，一般配置有沉降片与织针配合成圈，同时沉降片起辅助牵拉的作用。但为了获得更加均匀的线圈结构和质量良好的织物，一般仍需使用牵拉机构。而在没有沉降片的纬编机上，更需要采用牵拉机构。圆纬机的牵拉卷取机构有多种形式，根据牵拉辊驱动方式的不同，一般可以分为三类：第一类为机械连续式牵拉，主轴的动力通过一系列传动机件传至牵拉辊，针筒回转一圈，不管编织下来的织物长度是多少，牵拉辊总是转过一定的角度，即牵拉一定量的织物。这种牵拉方式俗称“硬撑”，齿轮式、偏心拉杆式等属于这一类。第二类为机械间歇式牵拉，主轴的动力通过一系列传动机件传至一根弹簧，只有当弹簧的弹性回复力对牵拉辊产生的转动力矩大于织物对牵拉辊产生的张力矩时，牵拉辊才能转动牵拉织物。这种方式俗称“软撑”，凸轮式、弹簧偏心拉杆式属于这一类。第三类是由直流力矩电动机驱动牵拉辊而进行连续牵拉，这是一种性能较好且调整方便的牵拉方式。圆纬机的牵拉卷曲机构主要有齿轮式牵拉卷取机构、直流力矩电动机式牵拉卷取机构、开幅式牵拉卷取机构。

（一）齿轮式牵拉卷取机构

图 2-9 是圆纬机上常用的齿轮式牵拉卷取机构图。1 为机构的机架，2 为固定伞齿轮底座，3 为横轴，4 为变速齿轮箱，5 为变速粗调旋钮，6 为变速细调旋钮，7 为牵拉辊，8 为皮带，9 为从动皮带轮，10 为卷取辊。

齿轮式牵拉卷取机构的传动原理如图 2-10 所示。电动机 1 经皮带和皮带轮 2、3、4 传动小齿轮 5，后者驱动固装着针筒的大盘齿轮 6。机架 7 上方与大盘齿轮 6 固定，下方坐落在固定伞齿轮 8 上。当大盘齿轮 6 转动时，带动整个牵拉卷取机构与针筒同步回转。此时，与固定伞齿轮 8 啮合的伞齿轮 9 转动，经变速齿轮箱 10 变速后，驱动横轴 11 转动。固定在横轴一侧的链轮 12 经链条传动链轮 13，从而使与链轮 13 同轴的牵拉辊 14 转动进行牵拉。固定在横轴另一侧的链轮 15 经链条传动链轮 16，从而使与链轮 16 同轴的主动皮带轮 17 转动。皮带轮 17 经图 2-9中的皮带 8 传动从动皮带轮 9，从而驱动与皮带轮 9 同轴的卷取辊 10 进行卷布。

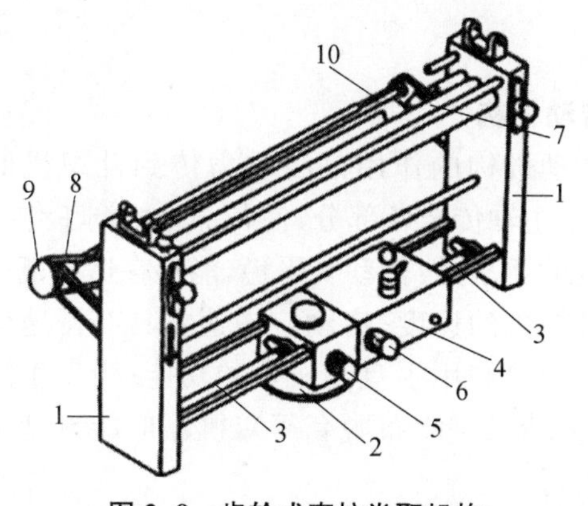

图 2-9　齿轮式牵拉卷取机构

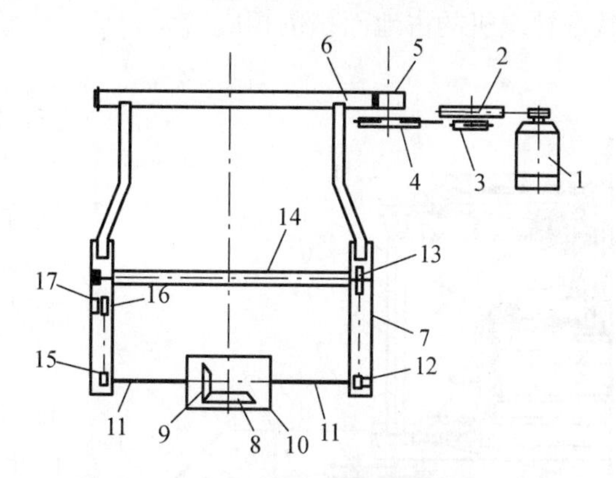

图 2-10　齿轮式牵拉卷取机构传动原理

如果需要改变牵拉辊的牵拉速度，可以转动图 2-9 中的变速粗调旋钮 5 和变速细调旋钮 6 来调整齿轮变速箱的传动比，两个旋钮转动刻度的组合共有一百多档牵拉速度，可以大范围、精确地适应各种织物的牵拉要求。这种牵拉机构属于连续式牵拉。

齿轮式牵拉卷取机构的卷取速度不能调整，当图 2-9 中的皮带 8 驱动从动皮带轮 9 的力矩大于布卷的张力矩时，卷取辊 10 转动进行卷布。当皮带 8 驱动从动皮带轮 9 的力矩小于布卷的张力矩时，皮带与从动皮带轮之间打滑，卷取辊 10 不转动即不卷布。这种卷取机构属于间歇式卷取。

（二）直流力矩电动机式牵拉卷取机构

直流力矩电动机牵拉卷取机构如图 2-11 所示。中间牵拉辊 2 安装在两个轴承架 8 和 9

上,并由单独的直流力矩电动机 6 驱动。电动机转动力矩与电枢电流成正比。因此,可通过电子线路控制电枢电流来调节牵拉张力。机上用一电位器来调节电枢电流,从而可很方便地随时设定与改变牵拉张力,并有一个电位器刻度盘显示牵拉张力大小。这种机构可连续进行牵拉,牵拉张力波动很小。

筒形织物 7 先被牵拉辊 2 和压辊 1 向下牵引,接着绕过卷布辊 4,再向上绕过压辊 5,最后绕在卷布辊 4 上。因此,在压辊 1 与 5 之间的织物被用来摩擦传动布卷 3。由于三根辊的表面速度相同,卷布辊卷绕的织物长度始终等于牵拉辊 2 和压辊 1 牵引的布长,所以卷绕张力非常均匀,不会随布卷直径而变化,织物的密度从卷绕开始到结束保持不变。

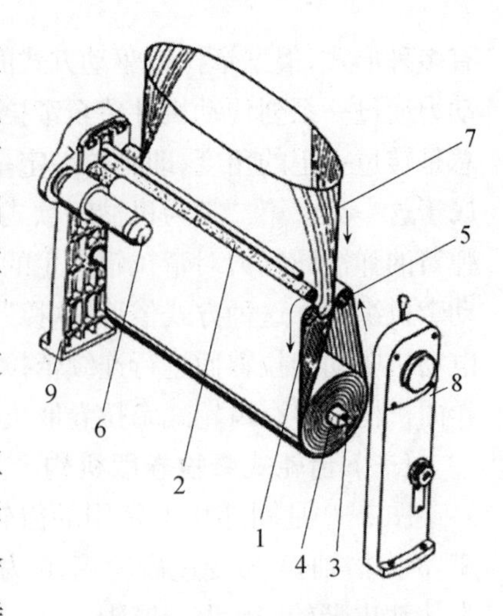

图 2-11 直流力矩电动机牵拉卷取机构

3. 开幅式牵拉卷取机构

圆筒形织物压扁成双层进行牵拉与卷取时,两边容易形成难以消除的折痕,因此各个针织机械制造厂商都推出了开幅式牵拉卷取机构。开幅式牵拉卷取机构的工作原理是:织物从针筒向下引出后,首先被一个电动机驱动的转动裁刀剖开,随后被展开装置展平成单层,接着由牵拉辊进行牵拉,最后由卷布辊将单层织物卷成布卷。由于开幅式牵拉卷取机构将织物剖开展平成单层进行牵拉卷取,因而增加了牵拉辊和卷取辊的长度,使牵拉卷取机构的尺寸增大,导致了针织机的占地面积也相应增大。

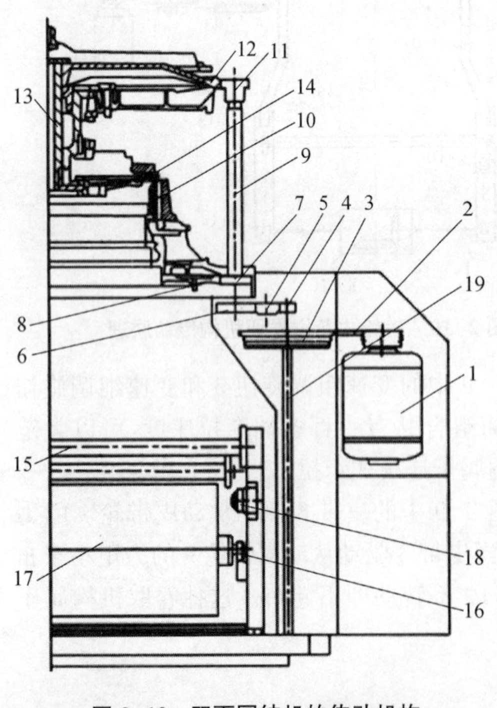

图 2-12 双面圆纬机的传动机构

五、传动机构

传动机构的作用是将动力传到针织机的主轴,再由主轴传至各部分,使各部分协调工作。传动机构的要求是:传动要平稳,能够在适当范围内调整针织机的速度;启动应慢速并具有慢速运行(又叫寸行)和用手盘动机器的功能;当发生故障时(如断纱、坏针、布脱套等),机器应能自动迅速停止运行。

圆纬机的传动形式可分为两种:第一种是针筒和牵拉机构不动,三角座、导纱器和筒子架同步回转。这种传动形式因筒子架回转使机器惯性振动大,不利于提高机速和增加成圈系统数,启动和制动较困难,操作看管也不方便,只应用于小口径罗纹机、衬经衬纬针织机和计件衣坯圆机等少数几种机器。第二种是针筒与牵拉卷取机构同步回转,其余机件不动。大多数圆纬机采用这种传动形式。

图 2-12 为典型的双面圆纬机传动机构简图。动力来自电动机 1,现已普遍采用了变圈调速技术

来无级调节机速和慢启动。电动机 1 经皮带 2、皮带轮 3 和小齿轮 4、5、6 传动主轴 9。与小齿轮 6 同轴的小齿轮 7 传动支撑针筒大齿轮 8,使固装在齿轮 8 上的针筒 10 转动。针盘 14 从小齿轮 11 和针盘大齿轮 12 获得动力,绕针盘轴 13 与针筒同步回转。传动轴 19 使牵拉卷取机构(包括牵拉辊 15、卷取辊 16 和布卷 17 等)与针筒针盘同步回转。另一个电动机 18 专用于牵拉卷取。

为了保证在机器运转过程中针筒针与针盘针对位准确和间隙不变,通常还配置了另外的补偿齿轮。补偿齿轮如图 2-13 所示,轴 2 上的小齿轮 1 和支撑针筒大齿轮 10 传动针筒 11,小齿轮 3、针盘大齿轮 4 和针盘轴 5 使针盘 8 与针筒同步回转。补偿小齿轮 6 和 9 以及轴 7 均匀分布在针筒针盘一周,可以提高在针筒和针盘之间的扭曲刚度,减小传动间隙和改进针筒针盘的同步性。

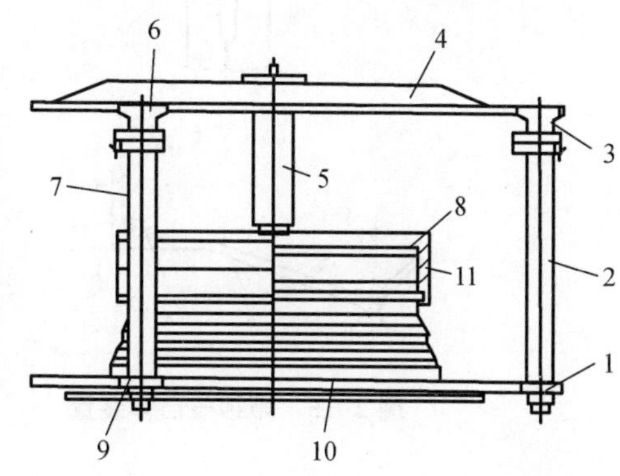

图 2-13　双面圆纬机的传动补偿齿轮

圆纬机的传动方式有针筒顺时针和逆时针转向两种。实践证明,针筒转向对织物的纬斜有一定影响。若采用 S 捻纱线编织,则针筒顺时针转动(或三角座逆时针转动)可使纬斜大为减少。而采用 Z 捻纱线,则针筒逆时针转动可使纬斜降到最低程度。

六、辅助装置

为了保证编织正常进行,针织机上还配有辅助装置,包括自动加油装置、除尘装置、断纱、破洞、坏针检测自停装置等。

(一) 检测自停装置

为了保证编织的正常进行和织物的质量,减轻操作者的劳动强度,纬编针织机上设计和安装了一些检测自停装置。当编织时检测到漏针、粗纱节、断纱、失去张力等故障时,这些装置向电器控制箱发出停机信号并接通故障信号指示灯,机器迅速停止运转。

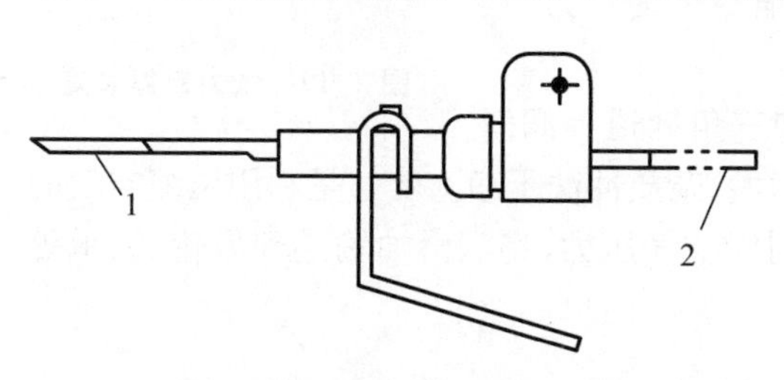

图 2-14　漏针与坏针自停装置

1. 漏针与坏针自停装置

漏针与坏针自停装置由探针 1 和内部的触点开关等组成,如图 2-14 所示。它安装在针筒或针床口,机器运转时,当探针遇到漏针(针舌关闭)、坏针时触点开关接通,发出自停信号。重新使用时必须将探针按回原位。

2. 粗纱节自停装置

图 2-15 所示为检测纱线结头与粗节的自停装置。纱线 1 穿过薄板 6 的缝隙,绕过转子 5 并以张力 Q 导向下方。薄板的间隙能使一定细度的纱线通过。当遇到粗节纱、大结头时,张力 Q 增加,改变杠杆 2 的位置,使电路的触点 3 与 4 接通,发出自停信号。

3. 断纱自停装置

图 2-16 所示为断纱自停装置,它由穿线摆架 1 和触点开关等组成。正常给纱时,纱线 2

穿过穿线摆架孔将该架下压。遇到断纱时，摆架在重力作用下上摆至位置 3，使里面的触点开关接通，发出自停信号。

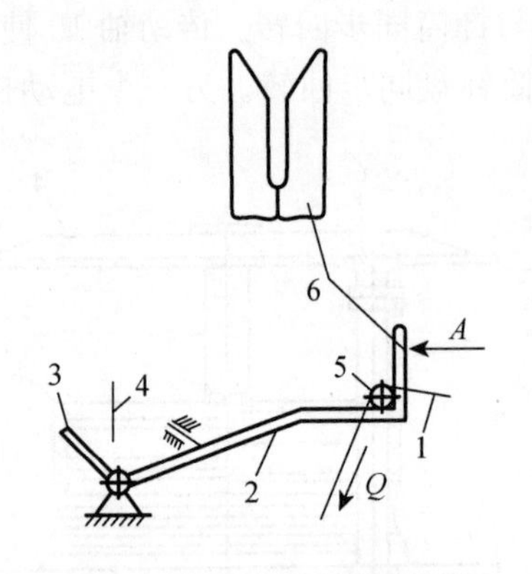

图 2-15 粗纱节自停装置

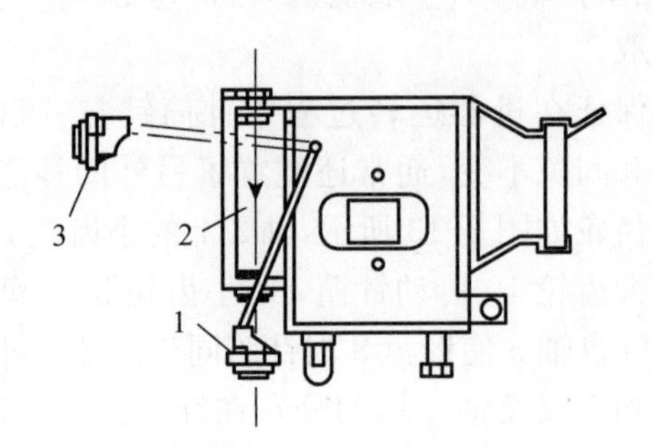

图 2-16 断纱自停装置

4. 张力自停装置

图 2-17 所示为张力自停装置。在正常编织过程中，由于弹簧的作用，使导纱摆杆 1 处于工作位置 2。当通过导纱摆杆的张力过大时，它被下拉到位置 3，里面的触点开关接通，发出自停信号。反之，若纱线张力过小(失张)或断纱，则张力控制杆 4 在自身重力作用下向下摆动，也产生自停效果。

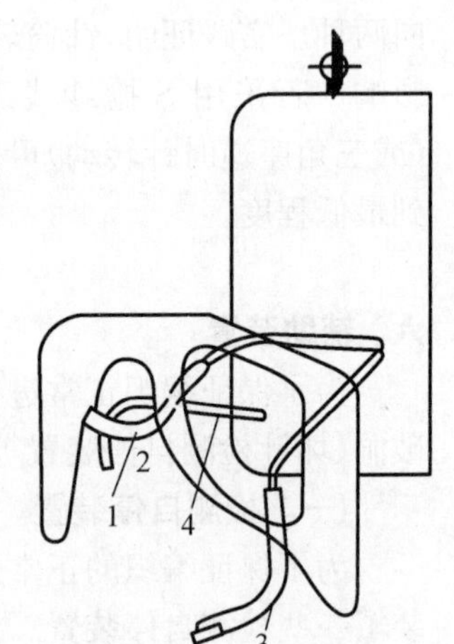

图 2-17 张力自停装置

(二) 加油与除尘装置

由于圆纬机转速较高，进线路数较多，产生的飞花尘埃也较多。为进一步提高主机的生产效率、工作可靠性，延长其使用寿命，一般还配置了自动加油与除尘清洁装置。

1. 自动加油装置

自动加油装置的形式也有多种，通常是以压缩空气为动力，具有喷雾、冲洗、吹气和加油 4 个功能。

喷雾是把气流雾化后的润滑油输送到织针和三角针道等润滑点。冲洗是利用压力油，定期将各润滑点凝结的污垢、杂质冲洗干净。吹气是利用压缩空气的高速气流，将各润滑点的飞花杂物吹掉。加油是利用空气压力，将润滑油输送到齿轮、轴承等润滑点。

2. 除尘清洁装置

圆纬机上常用的有风扇除尘和压缩空气除尘两种形式。

风扇一般装在机器顶部，机器运转时它也回转，可以吹掉机器上的一些飞花尘屑。

压缩空气吹风除尘装置分别装在机器顶部和中部。顶部的装置可以有 4 条吹风臂环绕机器转动，吹去筒子架等机件上面的飞花，空气由定时控制输出。中部的装置通常与喷雾加油装置联合使用，通过管道在编织区吹风，防止飞花进入编织区，保证织物的编织质量。

第三节　纬编针织机的性能指标及常用纬编针织机

一、纬编针织机的主要性能指标

（一）筒径或针床宽度

圆形针织机的针筒直径或平形针织机的针床宽度，用英寸或毫米表示。针筒直径或针床宽度反映了机器可以加工坯布的幅宽，是衡量针织机性能的重要指标。

（二）机号

各种类型的针织机，均以机号(gauge)来表明其针的粗细和针距的大小。机号用针床上 25.4 mm(1 英寸)长度内所具有的针数表示。机号与针距的关系如下：

$$E = \frac{25.4}{T} \tag{2-1}$$

式中：E——机号，针数/25.4 mm；

T——针距，mm。

由此可知，针织机的机号表明了针床上织针的稀密程度。机号愈高，针床上一定长度内的针数愈多，即针距越小；反之则针数愈少，即针距越大。在单独表示机号时，应由符号 E 和相应数字组成，如 18 机号应写作 E18，它表示针床上 25.4 mm 内有 18 枚织针。针织机的机号在一定程度上确定了其可以加工纱线的细度范围，具体还要看针床口处织针针头与针槽壁或其他成圈机件之间的间隙大小。织针在针槽中的配置情况如图 2-18 所示，织针 1 安插在针槽 3 中，针头厚度为 a，针槽壁 2 的厚度为 b，针头与针槽壁之间的间隙为△。

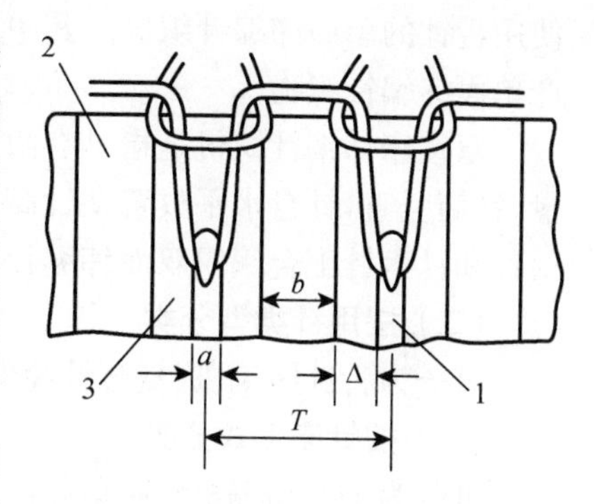

图 2-18　针床口处针与针槽相互位置

为了保证成圈顺利地进行，针织机所能加工纱线细度的上限（最粗）由间隙△决定。机号越高，针距越小，间隙△也越小，允许加工的纱线就越细。考虑到纱线的粗节和接头、蓬松度的不同，以及纱线被压扁的情况，一般要求间隙△不低于纱线直径的 1.5～2 倍。如果纱线直径超出间隙过多，则编织过程中会造成纤维和纱线损伤甚至断纱。另一方面，机号一定，可以加工纱线细度的下限（最细）取决于对针织物品质的要求。在每一机号确定的针织机上，由于成圈机件尺寸的限制，可以编织的最短线圈长度是一定的。过多地降低加工纱线的细度即意味着减小纱线直径 d，这样会使织物的未充满系数增大，织物变得稀松，品质变差。因此，要根据机号来选择合适细度的纱线，或者根据纱线的细度来选择合适的机号。例如：在 E16 的提花圆机上，适合加工 165～220 dtex 的涤纶长丝或者 16.7～23 tex 的棉纱。而在 E22 的提花圆机上，适宜加工 110～137 dtex 的涤纶长丝或者 11～14 tex 的棉纱。

在实际生产中，对于某一机号的针织机或者某一细度的纱线，一般根据织物的有关参数和经验来决定最适宜加工纱线的细度范围或者机号的范围，也可参阅有关的手册与书籍或者通过近似计算方法获得。

(三) 成圈系统数量

成圈系统数量也称路数。成圈系统是指形成一个线圈的若干个成圈机件的组合。在针筒或针床尺寸及机速一定的情况下,成圈系统数量越多,针织机一转可以编织的横列数越多,生产效率越高。舌针圆纬机的成圈系统数较多,通常每 25.4 mm(1 英寸)针筒直径有1.5～4路,因此生产效率较高。

(四) 机速

圆机机速用每分钟转速或针筒圆周线速度表示,横机机速用机头线速度表示。机速是衡量针织机生产效率的重要指标,由针织机的机器条件、织物组织结构、纱线性能、生产环境等多种因素综合决定。随着成圈技术的发展和成圈机件性能的提高,圆纬机的机速不断提高,最高可达 50 r/min。

二、纬编针织机的分类

(一) 按针床数分类

可分为单针床纬编针织机与双针床纬编针织机。

单针床纬编机是指具有一个针筒或针床的纬编针织机,常见的有使用钩针的台车、吊机和使用舌针的单面纬编针织机。其中,舌针单面纬编针织机较为常用,在单针床纬编机上只能生产单面纬编针织物。

双针床纬编针织机是指具有两个针床的纬编机,如双针床圆纬机,具有一个针筒和一个针盘,针筒竖直,针盘水平放置在针筒上方,针筒上织针竖直排列,而针盘上织针径向排列,由针筒针和针盘针配合编织双面纬编针织物。

(二) 按用针类型分类

可分为舌针纬编机、复合针纬编机和钩针纬编机等,以舌针纬编机为主。

(三) 按针床形式分类

可分为平形纬编机和圆形纬编机。

常用的平形纬编机为横机,一般用来织羊毛衫。圆形纬编机简称圆纬机,生产的针织坯布为圆筒形。袜机也属于纬编针织机,可以直接生产袜子成型产品,下机后只需缝合袜头,或者在袜机上进行袜头的缝合。

(四) 根据加工的织物组织分类

纬编针织物组织种类繁多,编织不同的组织时,纬编机的成圈机件和配置会有差异,所以一般有专用于某种组织的纬编机。常用的单面圆纬机有四针道机、台车、吊机、提花机、衬垫机(俗称卫衣机)、毛圈机、四色或六色调线机、吊线(绕经)机、人造毛皮(长毛绒)机等。双面圆纬机有罗纹机、双罗纹(棉毛)机、多针道机(上针盘二针道、下针筒四针道等)、提花机、四色或六色调线机、移圈罗纹机、计件衣坯机等。有些圆纬机集合了 2～3 种单机的功能,扩大了可编织产品的范围,如提花四色调线机、提花四色调线移圈机等。

三、常用纬编针织机

(一) 圆纬机

圆纬机的针床为圆筒形和圆盘形,除了台车和吊机采用钩针,以及极少数复合针机器外,绝大多数圆纬机均配置舌针,可分单面机(只有针筒)和双面机(针筒与针盘,或双针筒)两类,机号一般在 E16～E32，针筒直径一般在 356～965 mm（14～38 英寸），其中以 762 mm、864 mm、965 mm（30 英寸、34 英寸和 38 英寸）筒径的机器居多，主要用来加工各种结构的针织毛坯布，较小筒径的圆纬机可用来生产各种尺寸的内衣大身部段，以减少裁耗。

舌针圆纬机的成圈系统数较多，通常每 25.4 mm（1 英寸）针筒直径有 1.5～4 路，因此生产效率较高。圆纬机的转速随针筒直径和所加工织物的结构而不同，一般圆周线速度在0.8～1.5 m/s 范围内。

圆纬机机型很多，有多针道机、罗纹机、双罗纹机、提花机、衬垫机、毛圈机、调线机、长毛绒机等。虽然圆纬机的机型不尽相同，但就其基本组成与结构而言，有许多部分是相似的。图 2-19 显示了普通舌针圆纬机的外形。纱筒 1 安放在机器上方的纱架 2 上（有些圆纬机的纱筒安放在机器两侧的落地纱架上）。筒子纱线经给纱装置 3 输送到编织机构 4。编织机构将纱线形成线圈，针筒转动过程中编织出的织物被编织机构下方的牵拉机构 5 向下牵引，最后由牵拉机构下方的卷取机构 6 将织物卷绕成布卷。7 是电器控制箱与操纵面板。整台圆纬机还包括传动机构、机架、辅助装置等部分。

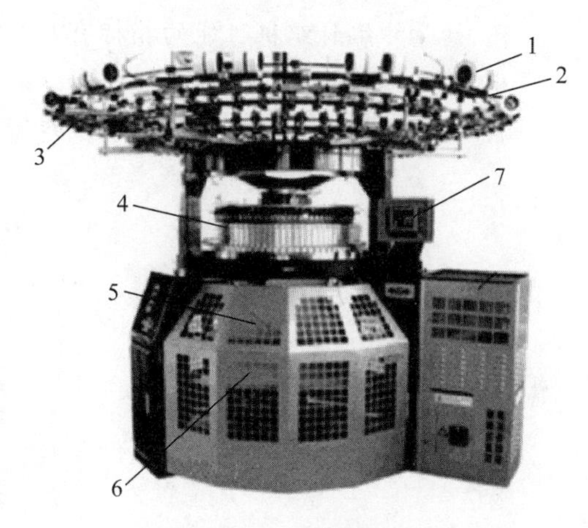

图 2-19　圆纬机外形

（二）横机

横机的针床呈平板状，一般具有前后两个针床。横机上采用舌针。针床宽度在 500～2 500 mm，机号在 E2～E18。根据传动和控制方式的不同，一般可将横机分为手摇（包括家用与工业用）横机、机械半自动横机、机械全自动横机和电脑控制横机几类。横机主要用来编织毛衫衣片、手套及衣领、下摆和门襟等服饰附件。横机具有组织结构变化多、翻改品种方便、可编织半成型和全成型产品以减少裁剪造成的原料损耗等优点，但也存在成圈系统数较少（一般 1～4 路）、生产效率较低、机号相对较低和可加工的纱线较粗等不足。横机的机头线速度一般在 0.6～1.2 m/s 范围内。

（三）圆袜机

圆袜机用来生产圆筒形的各种成型袜子。该机的针筒直径较小，一般在 71～141 mm，机号在 E7.5～E36，成圈系统数 2～4 路，针筒的圆周线速度与圆纬机接近。圆袜机的外形与各组成部分与圆纬机差不多，只是尺寸要小许多。

圆袜机采用舌针，有单针筒和双针筒两类，通常根据所加工的袜品来命名。例如，单针筒袜机有素袜机、折口袜机、绣花袜机、提花袜机、毛圈袜机、移圈袜机等；双针筒袜机有素袜机、绣花袜机、提花袜机等。

（四）无缝内衣机

无缝内衣机通过特定的程序控制生产出不需要任何裁剪和缝合的全成型针织产品，可在产品的不同部位加织不同的组织结构，设计随人体个性变化而变化。该产品对身体的不同部位产生不同的挤压效果，全身舒适，贴身无痕，穿上会产生美体塑身或者功能性保健作用。这种机器一般用于生产高弹性针织外衣、内衣和高弹性运动装。

思考练习题

1. 常用织针有几种？简述其结构和优缺点。
2. 分别简述舌针和钩针的成圈过程，并进行比较。
3. 纬编针织机的机构有哪些？各有何作用？
4. 简述给纱机构的类型及给纱原理。
5. 衡量纬编针织机性能的指标有哪些？各有何意义？
6. 简述纬编针织机的分类。
7. 何谓机号？机号与加工的纱线线密度有何关系？

第三章 纬编基本组织及其编织工艺

第一节 纬平针组织与编织工艺

一、纬平针组织的结构

纬平针组织又称平针组织，是单面纬编针织物的基本组织，是结构最简单的纬编组织，织物一面由单一的正面线圈组成，是织物的工艺正面，另一面全部为反面线圈，为织物的工艺反面，其正反面线圈结构如图 3-1 所示。正面的每一线圈具有两根与线圈纵行配置呈一定角度的圈柱，反面的每一线圈具有与线圈横列同向配置的圈弧，因而织物的两面具有不同的几何形态。由于在成圈过程中，新线圈是从旧线圈的反面穿向正面，因而纱线上的结头、棉结杂质容易被旧线圈所阻挡而停留在针织物的反面，而且由于圈弧比圈柱对光线有较大的漫反射作用，所以正面一般较为光洁、精致，反面比较阴暗、粗糙。

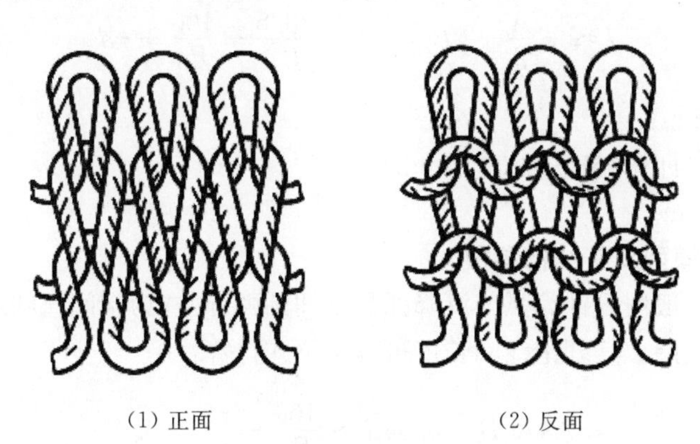

(1) 正面　　(2) 反面

图 3-1　纬平针组织正反面结构

二、纬平针组织的线圈模型与结构参数

针织物在编织过程中，纱线受到弯曲和拉伸而产生变形，并且获得与线圈形状相近的弯曲状态，纱线除了产生塑性变形外，纱线中还具有弹性变形，这使得联系相邻线圈的纱线产生弹性力，其在纱线接触点间产生一定的压力和摩擦力，使得线圈及整个织物的几何形态和尺寸保持一定的稳定性。

为了从理论上分析和计算针织物的结构参数(线圈长度、圈距、圈高、未充满系数等)，找出它们之间的关系，需要建立线圈模型。目前，常用几何方法来建立线圈模型，有二维(平面)线圈模型和三维(空间)线圈模型之分。

（一）两维线圈模型及其结构参数

两维线圈模型一般假设线圈的针编弧与沉降弧在织物平面上的投影为半圆弧，圈柱在织物平面上的投影为直线，圈弧与圈柱以相接或相切形式连成线圈，假定线圈由投影平面上的半圆弧（针编弧和沉降弧）与直线（圈柱）连接而成，线圈结构如图 1-2 所示，那么线圈长度由半圆弧 2—3—4、5—6—7 和线段 1—2、4—5 组成，半圆弧 2—3—4 和 5—6—7 组成直径为 G 的圆周，且有

$$A = 2G - 2d \tag{3-1}$$

则有

$$G = \frac{A}{2} + d \tag{3-2}$$

线段 1-2 和 4-5 的长度 m 为：

$$m = \sqrt{B^2 + d^2} \tag{3-3}$$

因此线圈长度 l 可由下式计算：

$$l = \pi G + 2m = \pi\left(\frac{A}{2} + d\right) + 2\sqrt{B^2 + d^2} \tag{3-4}$$

相对于圈距和圈高，线圈直径可以忽略不计，因此：

$$l \approx \pi\frac{A}{2} + 2B + \pi d = \frac{78.5}{P_A} + \frac{100}{P_B} + \pi d \tag{3-5}$$

式中：A——圈距，mm；

d——纱线在自由状态下的直径，mm；

B——圈高，mm。

（二）三维线圈模型及其结构参数

三维线圈模型一般假设针编弧与沉降弧是空间圆弧，圈柱为空间直线或曲线，圈弧与圈柱的平滑连接形成了线圈。其理论线圈长度可以按下式计算：

$$l \approx 2A + B + 5.94d \approx \frac{100}{P_A} + \frac{50}{P_B} + 5.94d \tag{3-6}$$

在利用式(3-5)与(3-6)计算纬平针组织的线圈长度时，要首先对下机织物进行松弛处理，使织物的变形尽量回复，再测量横密、纵密，这样计算的线圈长度比较准确。针织物的绝对平衡状态较难达到，通常在条件平衡状态测量数据。条件平衡状态下，纬平针组织的结构参数之间的关系可以按照以下经验公式求得：

对于棉纱有：

$$A_{平衡} = 0.20l + 0.022\sqrt{\mathrm{Tt}};\quad B_{平衡} = 0.27l - 0.047\sqrt{\mathrm{Tt}} \tag{3-7}$$

对于羊毛纱有：

$$A_{平衡} = 0.19l + 0.041\sqrt{\mathrm{Tt}};\quad B_{平衡} = 0.25l - 0.047\sqrt{\mathrm{Tt}} \tag{3-8}$$

线圈长度不仅关系到针织物的密度，也会对针织物的服用性能产生重要影响。在给定纱线细度和成圈机件可能加工的情况下，线圈长度愈短，针织物的物理力学性能就愈好，即针织物的弹性比较大，不易脱散，尺寸稳定性比较好，抗起毛起球和勾丝性比较好，但手感和透气性较差。在线圈长度一定的情况下，纱线越细，针织物越稀薄，针织物的性能变差。因此，针织物可用未充满系数或紧度系数来表征其性能，因为未充满系数或紧度系数包含了线圈长度与纱线细度两个因素。适合的未充满系数愈高或紧度系数越低，针织物越稀薄，其性能就愈差。适合的未充满系数值或紧度系数值根据大量的生产实践经验来确定，目前服用类棉、羊毛平针组织所采用的未充满系数一般为 20～21，大多数精纺羊毛纱平针织物的紧度系数一般在 1.4～1.5。根据未充满系数或紧度系数的值就可以决定针织物的各项工艺参数，如在给定纱线细度条件下可求得针织物的线圈长度与密度。

三、纬平针组织的特性

（一）线圈的歪斜

纬平针组织在自由状态下，线圈常发生歪斜现象，线圈的歪斜性不仅影响织物的美观，还增加了纬平针面料后续加工的难度。产生线圈歪斜的主要原因是纱线捻度不稳定。纬平针织物的线圈歪斜性除了与纱线捻度有关外，还与纱线捻向与机器转向的关系、针织物的稀密程度有关。采用低捻和捻度稳定的纱线，或两根捻向相反的纱线交替喂入编织，逆时针转向大圆机上采用 Z 捻纱，顺时针转向大圆机上采用 S 捻纱，适当增加机上针织物的密度，都可减小线圈的歪斜。

（二）卷边性

某些针织物在自由状态下，其边缘会发生包卷，这种现象称为卷边。纬平针组织的边缘具有显著的卷边现象，这是由于织物边缘纱线弹性变形引起的。如图 3-2 所示，横列边缘的线圈（织物的左右边缘）卷向织物的反面，纵行边缘的线圈（织物的上下边缘）卷向织物的正面。纬平针组织的卷边性与纱线弹性和织物的稀疏程度有关，纱线弹性越大，卷边性越明显；纬平针组织越密，卷边性越大。卷边性不利于裁剪缝纫等成衣加工，可适当降低织物密度，提高线圈长度，降低纱线线密度来减少织物的卷边性，还可以通过定型处理来减小织物的卷边性。在服装设计中，可以利用织物的卷边性形成特殊的立体效果，应用于针织服装的领口、袖口、下摆、口袋等部位，获得独特的风格，如图 3-3 所示。

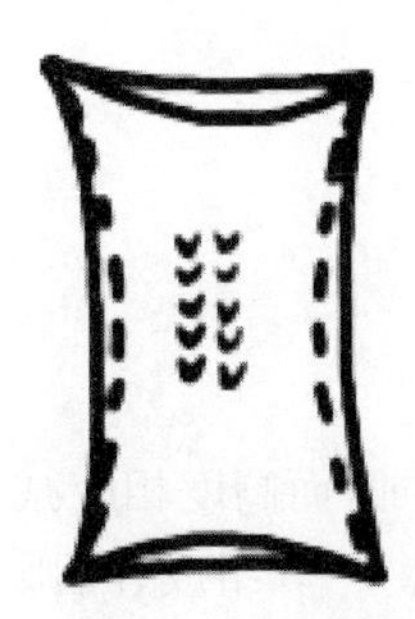

图 3-2　纬平针组织的卷边性

图 3-3　纬平针组织卷边性形成的特殊效果

(三) 脱散性

指针织物的纱线断裂或线圈失去串套连接后，线圈与线圈发生分离的现象。平针组织的脱散性可能有两种情况：一是纱线不断裂，抽拉织物边缘的纱线可使整个边缘横列线圈脱散，这实际为编织的逆过程，平针织物顺、逆编织方向都可以脱散，因此在制作成衣时需要缝边或拷边；二是织物中某处纱线断裂，线圈沿着纵行从断纱处分解脱散，这又称为梯脱。丝袜某处纱线钩断所造成的脱散是典型的梯脱现象。实验证明平针组织线圈长度越长，纱线的摩擦因数及弯曲刚度越大，线圈越不易脱散。脱散性还受到拉伸条件的影响。当针织物受到横向拉伸时，它的圈弧扩张，这将增加针织物的脱散性。

(四) 延伸度

延伸度是指针织物受到外力拉伸(单向或双向)时的伸长程度。针织物单向拉伸时试样尺寸沿着拉伸方向增加，而垂直于拉伸方向则缩短。针织物的双向拉伸，是拉伸同时在两个垂直方向上进行，或者是在一个方向进行拉伸，而在与拉伸成垂直的方向上强制试样的尺寸保持不变。如袜子穿在脚上是纵横向同时拉伸；针织内衣的袖子，当手臂弯曲时肘部同时受到纵向和横向拉伸。针织物的双向拉伸不仅局限于穿着过程，在生产过程中也可见。如在圆形针织机上编织的针织物，除了受到牵拉机构产生的纵向拉伸外，还在撑幅器作用下同时受到横向拉伸。

针织物的线圈结构使针织物容易变形，只需要加上较小的负荷，就可使试样产生较大的变形。纬平针织物在纵向和横向拉伸时具有较好的延伸度，其主要原因是：①当试样受到拉伸时，线圈内弯曲纱线的外形有了变化，有些线段伸直，而另外一些线段更加弯曲，从而使拉伸方向上的长度增加，而垂直于拉伸方向的长度缩短。②纱线在线圈中配置的方向有了改变，即纱线配置方向与拉伸方向之间的夹角减小，而使线圈中线段在拉伸方向上长度增加。③纱线间接触点移动，使得线圈中一些纱段向另一些纱段转移，如横向拉伸时，圈柱向圈弧转移，横向长度增加；纵向拉伸时，圈弧向圈柱转移，纵向长度增加。

1. 纵向延伸性

平针织物在纵向拉伸时，线圈形态的变化如图 3-4(1)所示。由于纵向拉伸力的作用，线圈圈柱伸长直至相邻线圈紧密接触且圈弧的弯曲度达到最大为止，此时圈高达到最大值 B_{max}，圈距达到最小值 A_{min}。此时，线段长度由圈弧 1—2、3—4、5—6 和圈柱 2—3、4—5 组成，圈弧1—2、3—4、5—6 可以看成是直径为 $3d$(d 为纱线直径)的一个圆周，圈柱 2—3 或 4—5 的长度近似等于圈高的最大值 B_{max}，因而线圈长度 l 近似为：

$$l \approx 3\pi d + 2B_{max} \quad (3\text{-}9)$$

由此可得：

$$B_{max} \approx \frac{l - 3\pi d}{2} \quad (3\text{-}10)$$

2. 横向延伸性

平针织物在横向拉伸时，圈弧伸直而圈柱弯曲，线圈宽度增加，而高度相应减小，形态变化如图 3-4(2)所示。线圈由圈弧 1—2、3—4、5—6 和圈柱 2—3、4—5 组成，圈弧 1—2、3—4、5—6 被拉伸为线段，其长度之和近似为最大圈距 A_{max}，一个圈柱可以近似地看作一个半圆弧，直径近似为 $3d$。因此线圈长度 l 为：

$$l \approx 3\pi d + A_{max} \tag{3-11}$$

由此可得：

$$A_{max} \approx l - 3\pi d \tag{3-12}$$

由上述计算结果可知，纬平针织物的横向延伸性要大于纵向延伸性。

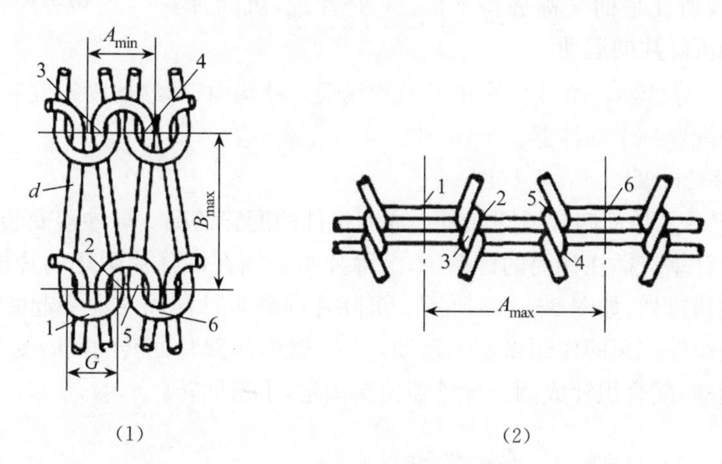

图 3-4　纬平针织物的延伸性

四、纬平针组织的编织工艺

纬平针组织可以在采用舌针的单面四针道圆纬机、横机及采用钩针的台车和吊机等针织机上编织，编织工艺随采用的机器而有所不同。本节介绍单面四针道圆纬机上平针组织的编织工艺。

（一）成圈机件及其配置

1. 成圈机件

成圈机件主要包括织针、沉降片、三角和导纱器。

（1）织针类型　单面四针道圆纬机上使用的织针为四种不同高度针踵的织针，如图 3-5 所示，四种织针按照织物组织的编织要求排列在针槽中，在编织纬平针组织时，织针可以只使用一种，也可以使用四种织针。

（2）三角　由于单面圆纬机上使用四种不同高度针踵的织针，因此三角座上配置四档与针踵高度相对应的三角 A、B、C、D，如图 3-5 所示。在机器上有四条三角跑道，每一系统上的四个不同高度的三角跑道上安装不同类型的三角，以便于编织花色组织。在编织纬平针时，如果针筒针槽中只插一种高度针踵的织针，则对应高度的三角跑道上装成圈三角，其他三角跑道不起作用；如果针槽插四种高度针踵的织针，则四条三角跑道上都装成圈三角。本文仅以一种踵位的舌针和一档三角来说明纬平针的编织工艺，若针筒针槽中都插 1 档踵位的织针，则对应的 A 档三角起作

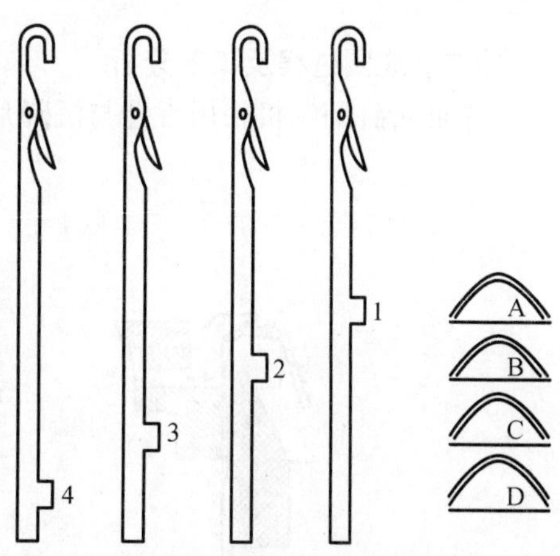

图 3-5　织针与三角配置示意图

用,A 档三角装成圈三角,控制所有织针编织形成纬平针。

(3) 沉降片　在单面舌针圆纬机上,沉降片与针配合完成成圈。图 3-6 为普通结构的沉降片。1 是片鼻,2 是片喉,两者用来握持线圈。3 是片颚(又称片腹),其上沿(即片颚线)用于弯纱时搁持纱线,片颚线所在平面又称握持平面。4 是片踵,沉降片三角通过它来控制沉降片的运动。

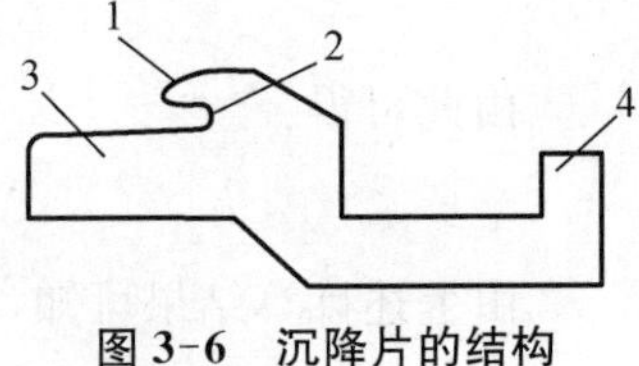

图 3-6　沉降片的结构

(4) 导纱器　导纱器将给纱机构送来的纱线喂入针钩内,导纱器固定安装在针筒的外侧,每一路成圈系统配置一个导纱器。

2. 成圈机件的配置

图 3-7(1)显示了单面四针道圆纬机上成圈机件的配置情况。导纱器安装针筒的外侧,以便对针垫纱。舌针垂直插在针筒的针槽中,沉降片水平插在沉降片圆环的片槽中。舌针与沉降片呈一隔一交错排列,如图 3-7(2)所示。沉降片圆环与针筒固结在一起并做同步回转,织针回转的同时受织针三角的作用做上下运动,完成成圈,沉降片回转的同时受沉降片三角的作用做径向进出运动,配合织针成圈。导纱器位置固定,不做回转。

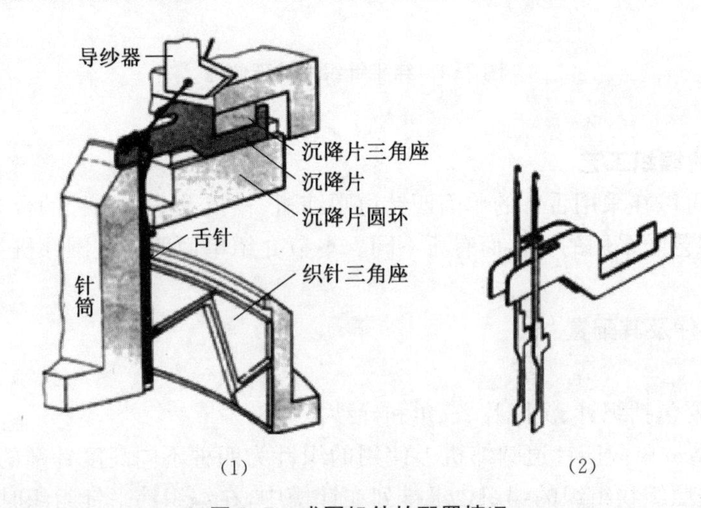

图 3-7　成圈机件的配置情况

(二) 成圈过程及工艺分析

单面舌针圆纬机采用舌针与沉降片配合完成成圈过程,其成圈过程如图 3-8 所示。

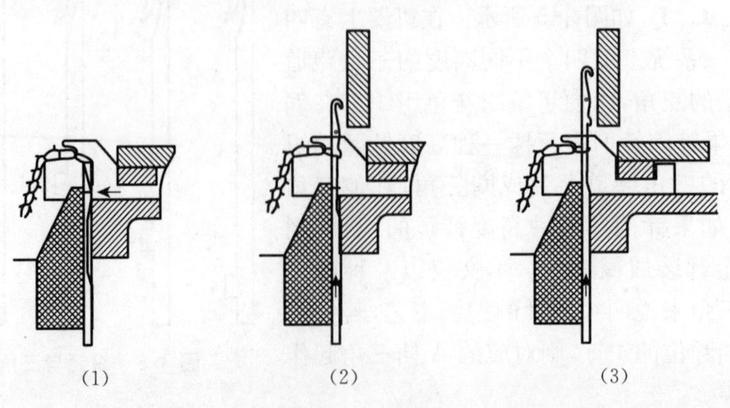

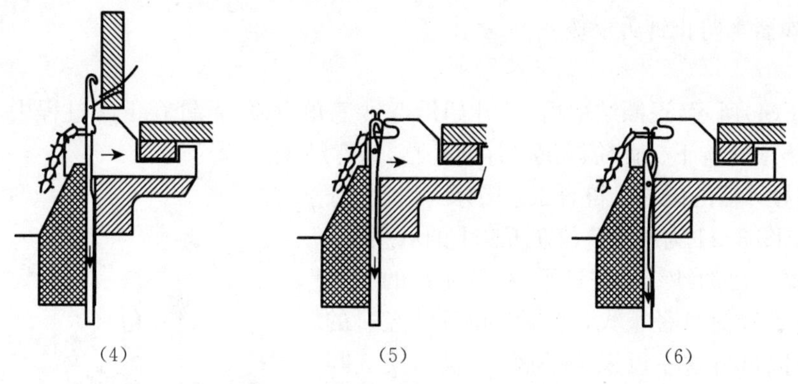

图 3-8　纬平针组织的成圈过程

1. 退圈

如图 3-8(1)、(2)、(3)所示，舌针从低位置上升至最高点，旧线圈从针钩内移至针杆上完成退圈。其中图 3-8(1)表示成圈过程的起始时刻，此时沉降片向针筒中心挺足，用片喉握持旧线圈的沉降弧，防止退圈时织物随针一起上升。

在单面舌针圆纬机上，退圈是一次完成的。即舌针在退圈三角(又称起针三角)的作用下从最低点上升到最高位置。如图 3-9所示，退圈时舌针的上升动程 H 可由下式求得：

$$H = L + X + a - b - d \qquad (3\text{-}13)$$

式中：L——针钩头端至针舌末端的距离，mm；

X——弯纱深度，mm；

a——退圈结束时针舌末端至沉降片片颚的距离，mm；

b——针钩部分截面的直径，mm；

d——纱线直径，mm。

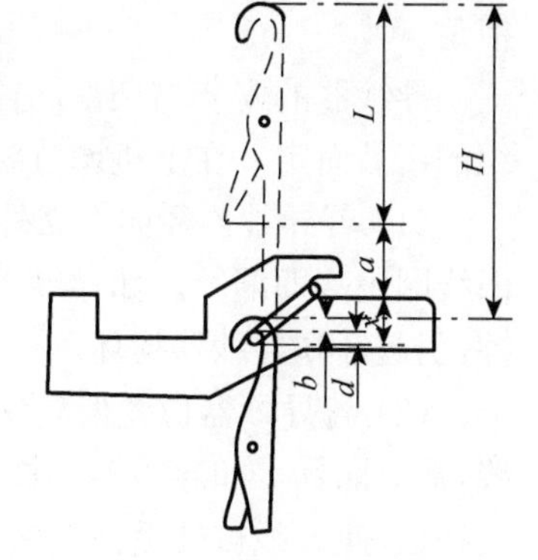

图 3-9　舌针的退圈动程

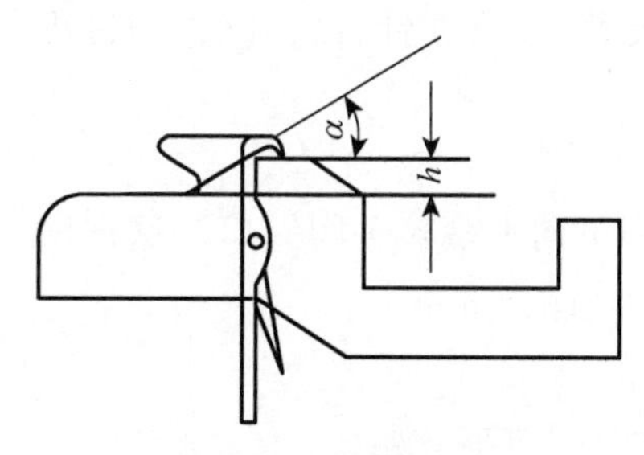

图 3-10　退圈空程

退圈时，由于线圈与针之间存在着摩擦力，将使线圈随针一起上升一段距离 h，如图 2-10 所示。这一小段距离 h 称为空程，h 的大小与纱线对针之间的摩擦因数以及包围角有关。从理论上来说，当线圈随针上升并翻转至垂直位置(即 a→90°)时，空程最大，即 $h_{max}=0.5l_{max}$，式中 l_{max} 为机上可能加工的最长线圈长度。为了保证在任何情况下都能可靠的退圈，设计退圈针的上升动程 H 时应保证：$\alpha \geqslant h_{max}$。

增加针的上升动程有利于退圈，但在退圈三角角度保持不变的条件下，织针上升动程的增加意味着一路三角所占的横向尺寸也增大，从而使针筒周围可以安装的成圈系统数减少，这会降低针织机的生产效率。因此，应在保证可靠退圈的前提下，尽可能减小针的上升动程。

退圈时，针舌由旧线圈打开，因此当针舌绕轴回转不灵活时，在该针上的旧线圈将会受到过量的拉伸而变大，从而影响线圈的均匀性，造成织物表面纵条疵点。针舌形似一根悬臂梁，受到旧线圈的作用而变形。退圈阶段旧线圈从针舌上滑下时，针舌将产生弹跳关闭针口(又称反拨)，而影响以后成圈过程的正常进行。所以要有相应的防针舌反拨的装置，在单面圆纬机上一般用导纱器来防止针舌反拨。

2. 垫纱

如图 3-8(4)所示，退圈结束后，针开始沿弯纱三角下降，舌针在下降过程中，从导纱器引出的新纱线垫入针钩下。此阶段沉降片向外移，为弯纱做准备。

垫纱时，导纱器的位置应符合工艺要求，才能保证正确地垫纱。图 3-11 为纱线垫放在舌针上的示意图。

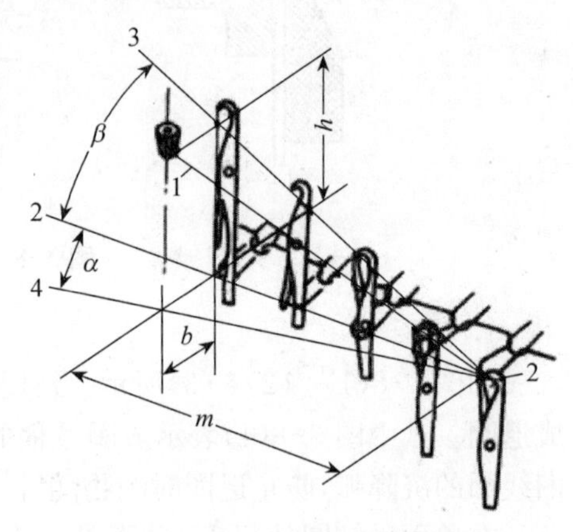

图 3-11 舌针垫纱示意图

从导纱器引出的纱线 1 在针平面(针所在的实际是圆柱面，由于针筒直径很大，垫纱期间舌针经过的弧长很短，所以可将这一段视为平面)上投影线 3 与沉降片的片颚线 2—2(也称为握持线)之间的夹角 β 称为垫纱纵角。纱线 1 在水平面上的投影线 4 与片颚线 2—2 之间的夹角 α 称为垫纱横角。在实际生产中，可通过调节导纱器的高低位置 h，前后(径向进出)位置 b 和左右位置 m，以得到合适的垫纱纵角与横角。

导纱器的安装与调整，应根据所使用的机型和编织的产品而定。在上机调节时必须注意以下几点。

(1) 若导纱器径向太靠外(b 偏大)，则垫纱横角 α 过大，纱线难以垫到针钩下面，从而造成旧线圈脱落即漏针。如导纱器径向太靠内(b 偏小)，则 α 角过小，可能发生针钩与导纱器碰擦，引起针和导纱器损坏。

(2) 若导纱器位置偏高(h 偏大)，则垫纱纵角 β 过大，易使针从纱线旁边滑过，未钩住纱线，造成漏针。如导纱器位置偏低(h 偏小)，则 β 角过小，在闭口阶段针舌可能将垫入的纱线夹持住，使纱线被轧毛甚至断裂。

(3) 在确定导纱器的左右位置(m)时，除了要保证合适的垫纱横角 α 和纵角 β，以便正确垫纱外，还要兼顾两点：一是要能挡住已开启的针舌，防止其反拨；二是在针舌打开(退圈过程中)或关闭(闭口)阶段，导纱器不能阻挡其开闭。

3. 闭口

如图 3-8(5)所示，随着舌针的下降，针舌在旧线圈的作用下向上翻转关闭针口。这样旧线圈和即将形成的新线圈就分隔在针舌两侧，为新线圈穿过旧线圈作准备。

4. 套圈

舌针继续下降，旧线圈沿着针舌上移套在针钩外，如图 3-8(5)所示。

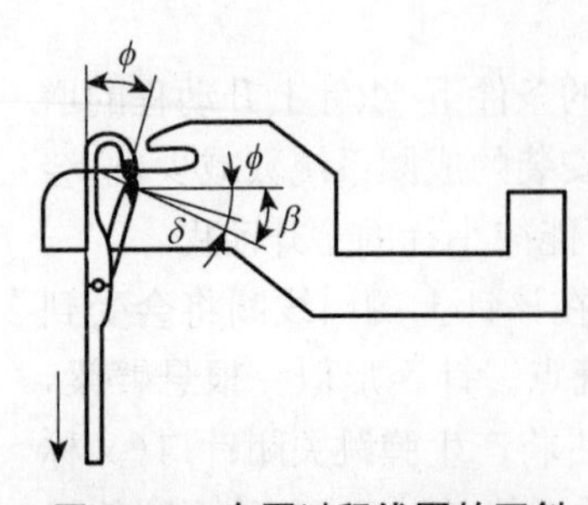

图 3-12 套圈过程线圈的歪斜

当针踵沿弯纱三角斜面继续下降时，旧线圈将沿针舌上升，套于针舌上。由于摩擦力以及针舌倾斜角 ϕ 的关系，旧线圈处于针舌上的位置是呈倾斜状，与水平面之间有一夹角 β。从图 3-12 可见，$\beta=\phi+\delta$，δ 的大小与纱线同针之间的摩擦有关。因 ϕ 角的存在，随着织针的下降，套在针舌上的纱线长度在逐渐增加，于旧线圈将要脱圈时刻达到最长。当编织较紧密即线圈长度较短的织物时，套圈的线圈将从相邻线圈转移过来纱线。弯纱三角的角度会影响到纱线的转移。角度大，同时参加套圈的针数就少，有利于纱线的转移。反之，角度减小，同时套圈的针数增加，不利于纱线的转移，严重时会造成套圈纱线的断裂。

5. 弯纱、脱圈与成圈

舌针的下降使针钩接触新纱线开始逐渐弯纱，并一直延续到线圈最终形成，如图 3-8(5)、(6)所示。此时沉降片已移至最外位置，片鼻离开舌针，这样不致妨碍新纱线的弯纱成圈。舌针进一步下降使旧线圈从针头上脱下，套到正在进行弯纱的新线圈上，即为脱圈，如图 3-8(6)所示。成圈是指舌针下降到最低位置而形成一定大小的新线圈，如图 3-8(6)所示。

针下降过程中，从针钩内点接触到新纱线即开始弯纱，并伴随着旧线圈从针头上脱下而继续进行，直至新纱线弯曲成圈状并达到所需的长度为止，此时形成了封闭的新线圈。针钩勾住的纱线下沿低于沉降片片鄂线的垂直距离 X 称为弯纱深度，如图 3-13 所示。弯纱按其进行的方式可分为夹持式弯纱和非夹持式弯纱两种。当第一枚针结束弯纱，第二枚针才开始进行弯纱称为非夹持式弯纱。当同时参加弯纱的针数超过一枚时，称为夹持式弯纱，一船舌针圆纬机的弯纱多属于夹持式弯纱。夹持式弯纱时纱线张力将随参加弯纱针数的增多而增大。弯纱按形成线圈纱线的来源可分为有回退弯纱和无回退弯纱。形成一个线圈所需要的纱线全部由导纱器供给，这种弯纱称为无回退弯纱。形成线圈的一部分纱线是从已经弯成的线圈中转移而来的，这种弯纱称为有回退弯纱。

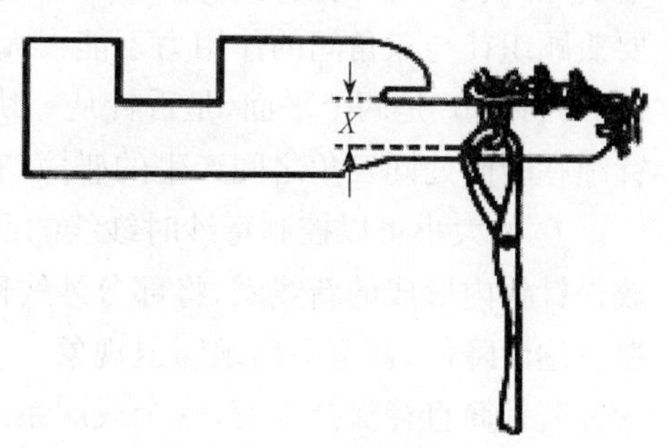

图 3-13　弯纱深度

6. 牵拉

借助牵拉机构产生的牵拉力把脱下的旧线圈和刚形成的新线圈拉向舌针背后，脱离编织区，防止舌针再次上升时旧线圈回套到针头上。此阶段沉降片从最外移至最里位置，用其片喉握持与推动线圈，辅助牵拉机构进行牵拉，同时为了避免新形成的线圈张力过大，舌针做少量回升，如图 3-8(6)和(1)所示。

（三）成圈系统中针与沉降片的运动轨迹

1. 舌针的运动轨迹

舌针的运动轨迹以舌针的针钩内点在针筒展开平面上的位移图来表示，它由舌针三角的廓面形状所决定。不同的机型，如果三角廓面设计不一样，其舌针的运动轨迹也不相同。舌针的基本运动轨迹如图 3-14 所示。舌针轨迹中上升与下降所采用的角度，根据工艺要求以及机件的性能有可能不同，一般退圈角度（起针角）ϕ 比弯纱角度（压针角）γ 小，这有利于减小起针时针与三角的作用力。一个成圈系统所占的宽度 L 为：

$$L = H(\cot\phi + \cot\gamma) + f_1 + f_2 \tag{3-14}$$

式中：H 为舌针的动程，mm。

起针角 ϕ 的确定原则是：在退圈过程中，在相邻舌针上，不可同时有旧线圈处于针舌勺上，如图 3-15 所示。当旧线圈处于针舌勺上时，它的尺寸要扩张，如果同时处于针舌勺的旧线圈过多，在编织紧密织物时，会发生线圈断裂。可以通过提高 ϕ 值，减小相邻两枚舌针同时处于针舌勺上的现象，但是 ϕ 值增大，退圈时织针和三角的作用力增大。

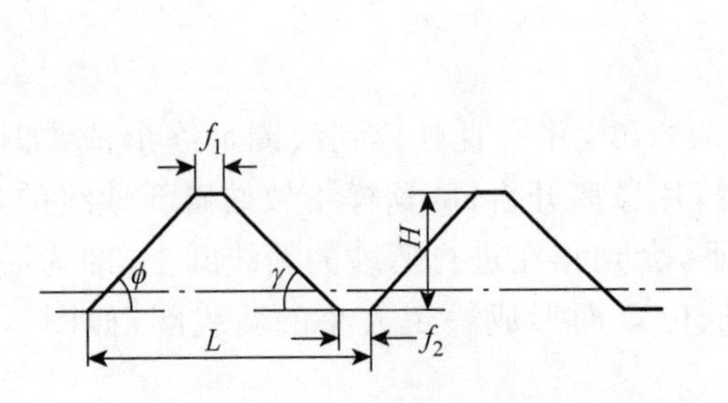

图 3-14 舌针的基本运动轨迹

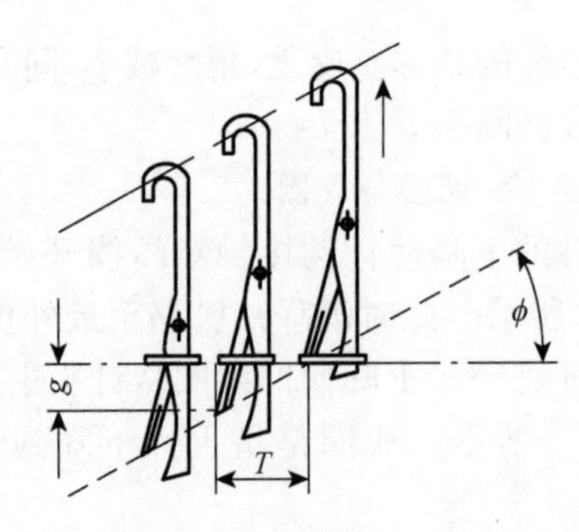

图 3-15 舌针同时套圈

压针角 γ 的大小将影响到同时参加弯纱的针数。随着压针角 γ 的增大，同时参加弯纱的针数减少，有利于纱线弯纱张力的降低，但是压针角 γ 增大，织针下降时与弯纱三角的作用力增大，加快了织针的疲劳损坏。因此，设计压针角 γ 时，既要考虑同时弯纱的针数不能太多，又要兼顾织针与三角间的作用力不能太大。

f_1 和 f_2 是两个平面，是舌针从一块三角到另一块三角运动转向时的过渡平面，可以减少针踵在转向处同三角之间产生的碰撞，有利于织针的运行平稳。

f_2 的大小可以控制弯纱时纱线的回退量，$f_2=0$ 时，织针下降到最低点后，接着回升，从而放松针钩内形成的新线圈，将部分纱线回退给后面正在弯纱的织针。随着 f_2 增大，纱线的回退量逐渐降低，甚至不出现回退现象。

若针筒直径保持不变，一个成圈系统所占的宽度 L 增加，则针筒一周能安装的成圈系统数量减少，机器的生产效率降低。因此，在保证织针正常编织的情况下，应尽量降低织针的运动动程 H 和平面 f_1 和 f_2 的长度，以减少一个成圈系统所占的宽度，提高成圈系统数。

2. 沉降片的运动轨迹

沉降片沿沉降片三角做水平径向进出运动，与针的运动必须精确地相互配合，保证成圈过程顺利进行。沉降片的运动轨迹以片喉点在水平面上的位移图表示，它由沉降片三角的廓面形状所决定。不同的三角廓面设计，其沉降片的运动轨迹也不一样。沉降片的基本运动轨迹如图 3-16 所示。沉降片在轨迹 1—2 段，受沉降片三角的作用而向针筒中心移动，握持刚形成线圈的沉降弧，将线圈推向针背。舌针在轨迹Ⅰ—Ⅱ段上升退圈，此时旧线圈处于沉降片的片喉中。舌针在Ⅱ—Ⅲ段稍作停顿后，在Ⅲ—Ⅳ段受弯纱三角的作用而下降，依次完成垫纱、弯

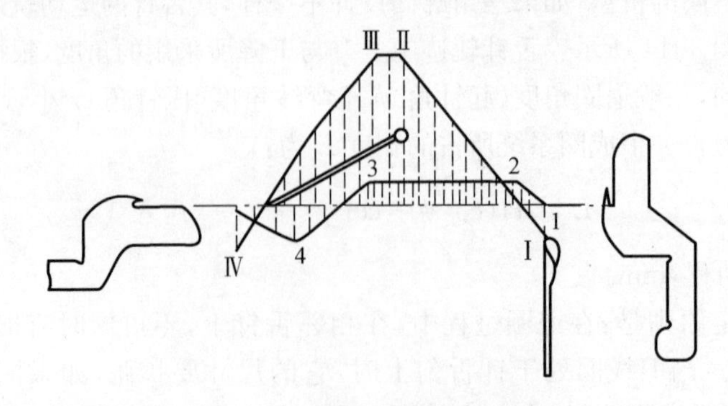

图 3-16 沉降片的基本运动轨迹

纱等成圈阶段。从图可见，Ⅲ—Ⅳ段轨迹为一折线。织针开始下降阶段压针三角角度较小，这可减小舌针在运动转向处与三角的撞击力。在将要进入弯纱区域，压针三角角度增大，这可减小同时参加弯纱的针数，从而降低弯纱张力。沉降片在3—4段，逐渐移离针筒中心，以便舌针的弯纱能在片颚上进行。从位置4开始，沉降片再度移向针筒中心，为牵拉新线圈做好准备。

五、纬平针组织的用途及花色平针织物设计

纬平针组织虽然结构简单，但是它的用途非常广泛，主要应用于针织内衣、袜品、毛衫以及一些服装的衬里等，而且纬平针组织是形成花色组织的基础。纬平针组织结构单一，可以通过规律性地配置圆纬机上各路成圈系统的纱线色彩，形成彩色横条花纹，改善平针织物的美观性，丰富其用途。

下面以一个彩色横条平针织物设计为例说明圆纬机上横条纹的设计方法：

已知单面四针道圆纬机，成圈系统数为72路，设计一平针彩色横条织物。1—6路喂入蓝色纱线，7—24路喂入白色纱线，25—30路喂入黄色纱线，31—48路喂入白色纱线，49—72路喂入红色纱线，这样就形成了蓝、白、黄、白、红不等间距的横条色彩，机器一转，形成一个完全组织。

也可以在机器的成圈系统上规律性地喂入不同原料或者粗细不同的纱线，在布面形成隐条效应，赋予平针织物特殊的效果。

第二节　罗纹组织与编织工艺

一、罗纹组织的结构

1. 罗纹组织的定义

罗纹组织由正面线圈纵行和反面线圈纵行以一定组合相间配置而成，是双面纬编针织物的基本组织。

2. 罗纹组织的命名

罗纹组织中，由于正反面线圈纵行数可以有不同的配置比例，因此罗纹组织的种类很多，通常用一个循环内的"正面线圈纵行数＋反面线圈纵行数"来表示不同的罗纹组织，如1＋1、2＋2、3＋2罗纹等，数字代表正反面线圈纵行数的组合，罗纹组织的完全组织R为正反面线圈纵行数之和，如1＋1罗纹组织的完全组织为2，3＋2罗纹组织的完全组织为5。

3. 罗纹组织的结构

图3-17为1＋1罗纹组织的线圈结构，是由一个正面线圈纵行和一个反面线圈纵行相间配置而成。1＋1罗纹织物的一个完全组织包含了一个正面线圈和一个反面线圈，即由纱线1—2—3—4—5组成。它先形成正面线圈1—2—3，接着形成反面线圈3—4—5，然后又形成正面线圈5—6—7，如此交替而成罗纹组织。罗纹组织的正反面线圈不在同一平面上，因而沉降弧须由前到后，再由后到前地把正反面线圈相连，造成沉降弧较大的弯曲与扭转。由于纱线的弹性沉降弧力图伸直，结果使每一面上的正面线圈纵行相互毗连，将反面线圈纵行遮盖。因此在自由状态下，1＋1罗纹织物的两面只能看到正面线圈纵行，如图3-17(1)所示，但是织物横向拉伸后，每一面都能看到正面线圈纵行与反面线圈纵行交替配置，如图3-17(2)所示，图3-17(3)显示的是1＋1罗纹组织在筒口处的线圈配置情况。

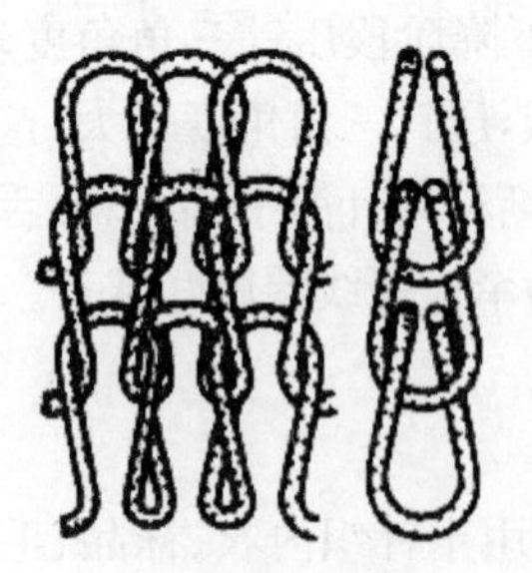

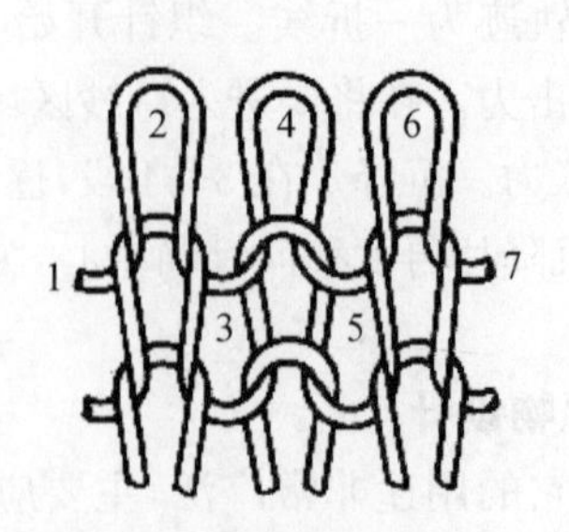

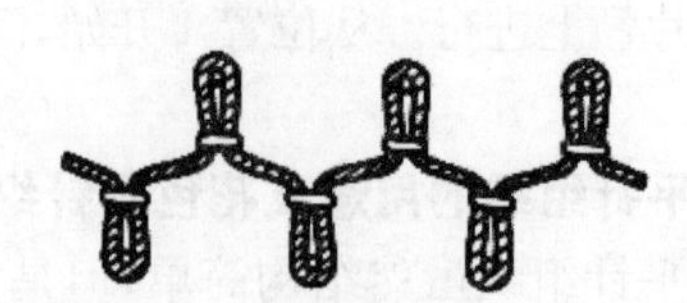

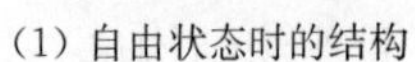

（1）自由状态时的结构　　（2）横向拉伸时的结构　　（3）上机配置图

图 3-17　1+1 罗纹组织的线圈结构图

图 3-18 显示的是 2+2 罗纹组织的结构，即有 2 个正面线圈纵行与 2 个反面线圈纵行相间配置而成。在正反面线圈纵行交接处，由于弯曲的沉降弧力图伸直，从而使织物两面的正面线圈纵行相互靠拢，导致反面线圈纵行凹进，在自由状态下，正反面线圈纵行交接处的两个正面线圈纵行分别遮盖住半个反面线圈纵行，因此在一个 2+2 完全组织中，自由状态下，在织物的两面看到的是 2 个正面线圈纵行和 1 个反面线圈纵行，只有横向拉伸织物时，两个反面线圈纵行才全部显示出来。

图 3-18　2+2 罗纹组织的结构图

由上面的分析可知，在自由状态下，罗纹组织的一个完全组织中，正面线圈纵行会遮盖住 1 个反面线圈纵行，即 1+1 罗纹组织中，一个完全组织是 2 个纵行，即 1 个正面线圈纵行和 1 个反面线圈纵行，反面线圈纵行全部被遮盖住，只有横向拉伸时反面线圈纵行才显示出来，横向拉伸时的织物宽度近似为自由状态下宽度的 2 倍。如果是 2+2 罗纹组织，一个完全组织是 4 个纵行，即 2 个正面线圈纵行和 2 个反面线圈纵行，其中 1 个反面线圈纵行被遮盖，自由状态下看到的是 2 个正面线圈纵行和 1 个反面线圈纵行，即 3 个纵行，拉伸时反面线圈纵行全部显示出来，即 4 个纵行，横向拉伸时的织物宽度近似为自由状态下宽度的 1.33 倍。由此可见，完全组织不同，被遮住的纵行占完全组织的比例不同，导致不同的罗纹组织，其结构、外观和性能有所不同。

4. 罗纹组织的编织图

罗纹组织正面线圈由针筒针编织，反面线圈由针盘针编织，正面线圈与反面线圈交错配置。图 3-19(1)、(2)、(3)分别为 1+1 罗纹组织、2+2 罗纹组织和 3+2 罗纹组织的编织图，在上下针一隔一配置的机器上，通过抽针实现上下针不同的配置，编织不同的罗纹组织。

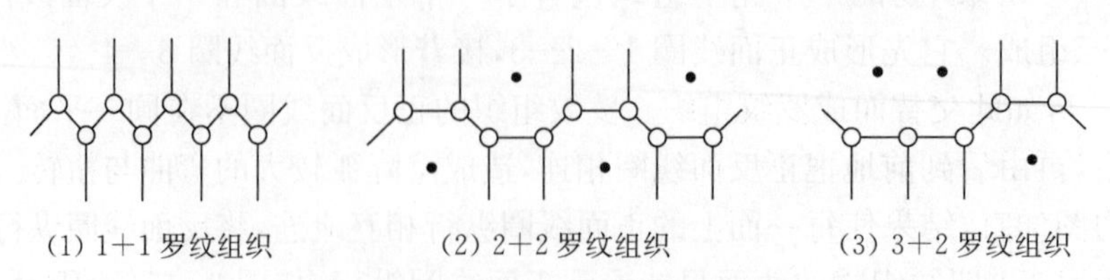

（1）1+1 罗纹组织　　（2）2+2 罗纹组织　　（3）3+2 罗纹组织

图 3-19　罗纹组织的编织图

二、罗纹组织的结构参数及其相互关系

罗纹组织的结构参数包括线圈长度 l、未充满系数 δ、在平衡状态下的圈距 A 与圈高 B。这里的圈距是指在没有拉伸时由针织物一面求得的两个相邻正面线圈对应点之间的距离。对棉、羊毛纱织物来讲，未充满系数一般取 21。因此，在给定纱线线密度条件下，根据未充满系数就可求得上机时应该编织的线圈长度。在平衡条件下 1+1 罗纹组织的圈高与圈距可由以下经验公式求得：

对于棉纱有：

$$A_{平衡} = 0.30l + 0.0032\sqrt{\mathrm{Tt}}; \quad B_{平衡} = 0.28l - 0.041\sqrt{\mathrm{Tt}} \tag{3-15}$$

对于羊毛纱有：

$$A_{平衡} = 0.25l + 0.041\sqrt{\mathrm{Tt}}; \quad B_{平衡} = 0.27l - 0.047\sqrt{\mathrm{Tt}} \tag{3-16}$$

式中：l——线圈长度，mm；

Tt——纱线线密度，tex。

罗纹组织的密度对比系数 C，一般根据线圈长度及纱线种类来决定，棉纱和毛纱 C 约为 0.6～0.9。

罗纹组织的纵向密度 P_B 以规定长度 50 mm 内的线圈横列数来表示，而横向密度 P_A 以规定宽度 50 mm 内正面线圈纵行数来表示，这时所求得的密度是实际密度，织物两面的实际横密分别用 P'_A 和 P''_A 表示。由前面的分析可知，在自由状态下，一个完全组织中，隐藏的线圈纵行数占完全组织纵行数的比例是 $\frac{1}{R}$，即 R 越大，隐藏的尺寸比例越小。因此，当参加编织的针数一样，线圈长度和纱线细度也相同的条件下，2+2 罗纹织物的宽度要大于 1+1 罗纹，这样在 50 mm 宽度内 2+2 罗纹一面的线圈纵行数要少于 1+1 罗纹，即 2+2 罗纹的实际横密小于 1+1 罗纹。同理，在上述相同的条件下，3+3 罗纹的实际横密小于 2+2 罗纹。因此，用实际横密难以比较不同种类罗纹组织的横向稠密程度。

如果需要在各种不同种类罗纹组织之间进行比较时，可分别换算成相当于 1+1 罗纹组织线圈结构的横向密度。若以 1+1 罗纹组织的横密作为换算标准，即换算横向密度为：

$$P_{An} = \frac{50}{A} \tag{3-17}$$

罗纹组织的每一个完全组织 R 中，反面线圈纵行隐潜于正面线圈纵行后面的宽度将为一只线圈。因此，在 50 mm 宽度内，隐潜的线圈纵行数为：

$$\frac{P'_A + P''_A}{R} \tag{3-18}$$

这样，在 50 mm 宽度内扣除了隐潜的线圈纵行数之后，排列在织物一面的线圈纵行数（相当于 1+1 罗纹一面的线圈纵行数）为：

$$P'_A + P''_A - \frac{P'_A + P''_A}{R} = (P'_A + P''_A)\left(1 - \frac{1}{R}\right) \tag{3-19}$$

由式(3-18)和式(3-19)可得换算横密与实际横密之间的关系如下：

$$P_{An} = (P'_A + P''_A)\left(1 - \frac{1}{R}\right) \tag{3-20}$$

由此可见,在罗纹组织实际横密相同的条件下,完全组织 R 越大,其换算横密也越大,即针织物较为稠密。

三、罗纹组织的特性与用途

(一)弹性

罗纹组织在横向拉伸时,连接正反面线圈的沉降弧从近似垂直于织物平面向平行于织物平面偏转,产生较大的弯曲。当外力去除后,弯曲较大的沉降弧力图伸直,回复到近似垂直于织物平面的位置,从而使同一平面上的相邻线圈靠拢,因此罗纹针织物具有良好的横向弹性。由于在一个完全组织中,只有一个反面线圈纵行凹进,因此完全组织越大,罗纹组织的弹性越小,即 1+1 罗纹组织弹性最好。另外罗纹组织的弹性还与纱线的弹性、摩擦力以及针织物的密度有关。纱线的弹件愈佳,针织物拉伸后恢复原状的弹性也就愈好。纱线间的摩擦力取决于纱线间的压力和纱线间的摩擦系数,当纱线间摩擦力愈小时,则针织物回复其原有尺寸的阻力愈小。在一定范围内结构紧密的罗纹针织物,其纱线弯曲大,因而弹性就较好。也可以在罗纹组织编织中加入弹力纱,增大罗纹组织的弹性。

(二)延伸度

在自由状态下,由于罗纹组织一面的正面线圈纵行互相靠拢,将反面线圈纵行遮盖,因此横向拉伸时,罗纹组织的延伸性优于平针组织,纵向拉伸时的延伸性与平针组织接近。1+1 罗纹组织在纵向拉伸时的线圈结构形态如图 3-20(1)所示,在不考虑纱线伸长的条件下,其圈高的最大值 B_{max} 可用平针组织类似的式(3-10)计算：

$$B_{max} \approx \frac{l - 3\pi d}{2} \tag{3-21}$$

式中：l——线圈长度,mm;

d——纱线直径,mm。

而纵向相对延伸度 E_B 为：

$$E_B = \frac{B_{max}}{B} = \frac{l - 3\pi d}{2B} \tag{3-22}$$

罗纹组织在横向伸时的线圈结构形态如图 3-20(2)所示。其圈距的最大值 A_{max} 也可用平针组织类似的式(3-12)计算：

$$A_{max} \approx l - 3\pi d \tag{3-23}$$

而原始宽度 50 mm 的罗纹织物横向拉伸后的最大宽度 M_{max} 为：

$$M_{max} = A_{max} \times (P'_A + P''_A) \tag{3-24}$$

由式(3-17)和式(3-20)可得：

$$50 = A(P'_A + P''_A)\left(1 - \frac{1}{R}\right) \tag{3-25}$$

因此罗纹织物的横向相对延伸度 E_A 为：

$$E_A = \frac{M_{max}}{50} = \frac{l - 3\pi d}{A\left(1 - \frac{1}{R}\right)} \tag{3-26}$$

所以罗纹组织的完全组织 R 愈大，则横向相对延伸度越小。

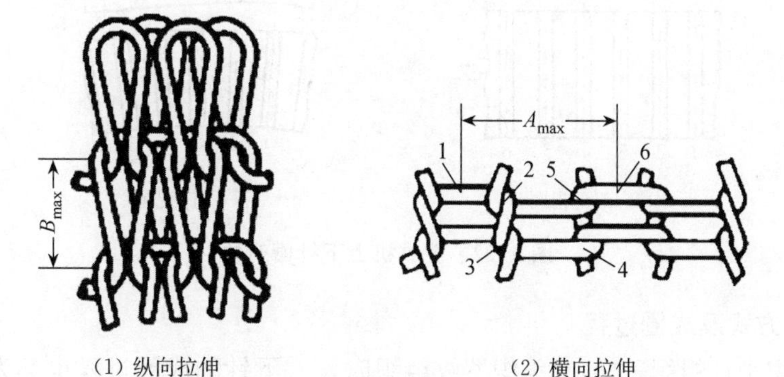

(1) 纵向拉伸　　(2) 横向拉伸

图 3-20　1+1 罗纹组织拉伸时的线圈结构形态

(三) 脱散性

1+1 罗纹组织只能在边缘横列逆编织方向脱散。其他种类如 2+2、2+3 等罗纹组织，除了能逆编织方向脱散外，由于相连在一起的正面或反面的同类线圈纵行与纬平针组织结构相似，故当某线圈纱线断裂，也会发生线圈沿着纵行从断纱处分解脱散的梯脱情况。

(四) 卷边性

在正反面线圈纵行数相同的罗纹组织中，由于造成卷边的力彼此平衡，因而不会出现卷边现象。在正反面线圈纵行数不同和完全组织较大的罗纹组织中，虽有卷边现象但不严重。

四、罗纹组织的编织工艺

罗纹组织可以在罗纹机、双面提花机，双面多针道机、横机等双针床针织机上编织，其中以罗纹机最为基本与常用。罗纹机的针筒直径范围很广，筒径小的有编织袖口的 89 mm(3.5 英寸)，大的直至 864 mm(34 英寸)。下面以罗纹机为例介绍罗纹组织的编织工艺。

(一) 成圈机件及其配置

如图 3-21 所示，圆形罗纹机有 2 个针床，即上针盘 1 和下针筒 2，上针盘配置在下针筒上，且与下针筒呈 90°配置，上针盘与下针筒同步回转。上针盘的针槽径向配置，下针筒的针槽竖直上下配置，上针 3 安插在上针盘针槽中，下针 4 安插在下针筒针槽中。上三角 5 固装在上三角座 6 中，控制上针水平径向运动。下三角 7 固装在下三角座 8 中，控制下针上下运动，上下针配合编织罗纹组织。导纱器 9 对上下针垫纱。

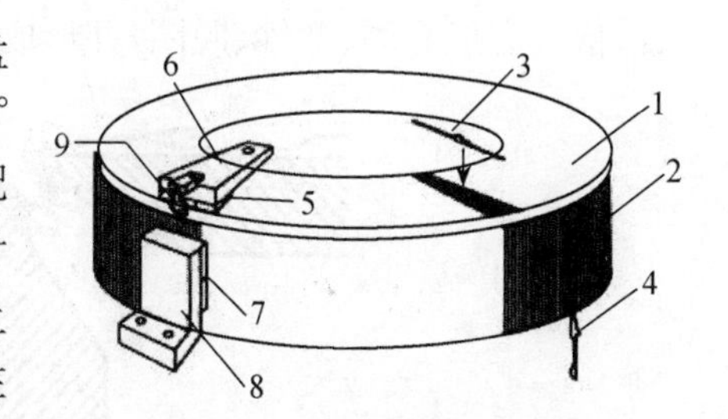

图 3-21　罗纹机成圈机件配置

罗纹机上针盘与下针筒的针槽相间交错对位，图 3-22 显示了上下针槽的对位情况。上针盘 Y 的针槽(1～6)与下针筒 Z 的针槽(1～6)呈相间交错对位。当编织 1+1 罗纹组织时，上针盘与下针筒的针槽中插满了舌针，上下织针也呈一隔一相间交错排列。如果要编织 2+2、3+2 等罗纹组织，则要对上下织针进行部分抽针，例如编织 2+2 罗纹组织，上下针的配置如图 3-19(2)所示，编织 3+2 罗纹组织上下针的配置如图 3-19(3)所示。

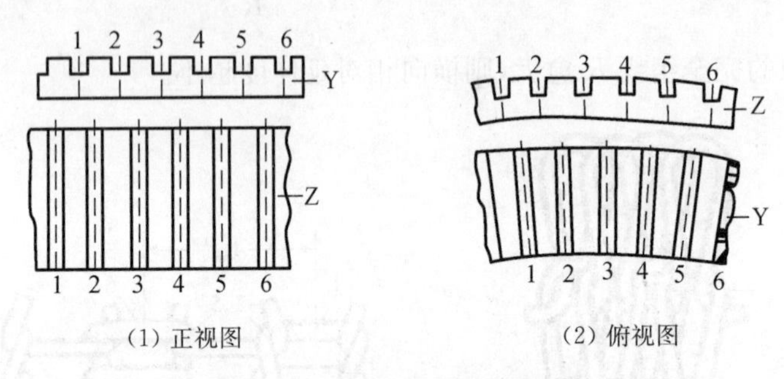

图 3-22 罗纹机上下针槽对位

(二) 成圈方式及成圈过程

与舌针编织平针组织一样，在编织罗纹组织时，上、下针的成圈过程也都为退圈、垫纱、闭口、套圈、弯纱、脱圈、成圈和牵拉八个阶段，只不过在单面机上编织平针组织时，需要安装水平运动的沉降片，与针配合进行成圈，并进行牵拉。罗纹机上不需要沉降片，而是由上下针配合完成编织，根据上下针成圈先后顺序的不同，可以分为同步成圈、滞后成圈和超前成圈。

1. 同步成圈

同步成圈是指上下针同时到达弯纱最里点和最低点形成新线圈，采用上下针同步成圈方式的成圈过程如图 3-23 所示。

(1) 退圈　退圈起始位置如图 3-23(1)所示，此时上针和下针针头处于筒口线内，针钩内分别挂有一个旧线圈。在针盘三角和针筒三角的作用下，上针向针筒外移出，下针上升，上、下针同时移到最外位置和最高位置，上、下针钩内的旧线圈退到针杆上，完成退圈，如图 3-23(2)所示。为了防止针舌反拨，导纱器开始控制针舌。

(2) 垫纱　上下针分别在压针三角作用下，逐渐向内和向下运动，新纱线垫入针钩内，如图 3-23(3)所示。

(3) 闭口　上下针继续向内和向下运动，由旧线圈关闭针舌，如图 3-23(4)所示。

(4) 套圈、弯纱、脱圈、成圈与牵拉　如图 3-23(5)所示。上下针同时移至最里和最低位置，依次完成套圈、弯纱、脱圈，并形成新线圈，最后由牵拉机构进行牵拉。

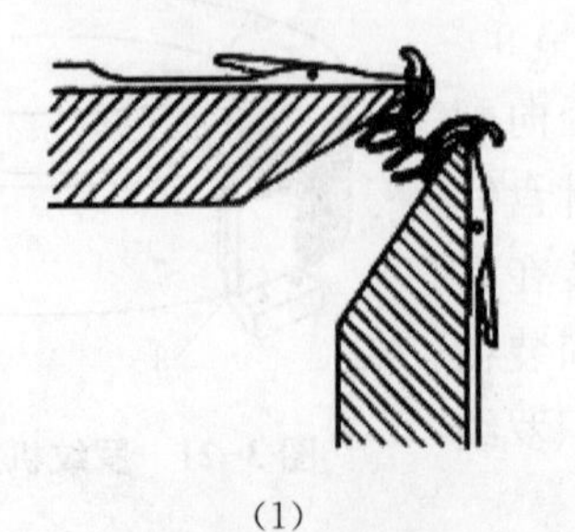

(1)

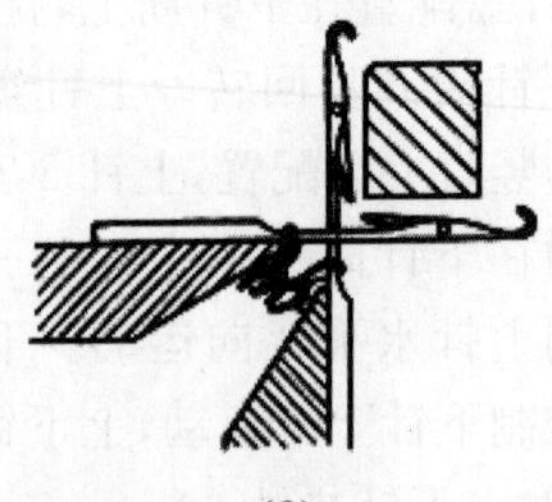

(2)

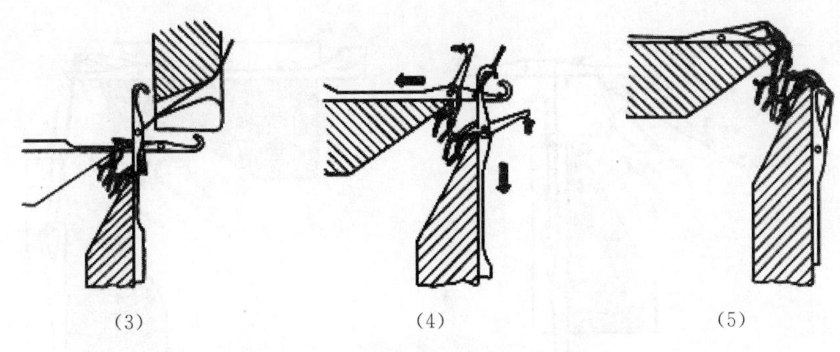

图 3-23　罗纹组织的同步成圈过程

图 3-24 表示了同步成圈时上下针的运动轨迹。1 和 2 分别是下针头和上针针头的运动轨迹,3 是织针运动方向。4 和 5 分别为导纱器和导纱孔,6 和 7 是导纱器的后沿与前沿。8 和 9 是上下针针舌开启区域,11 和 10 上下针针舌关闭区域。12 和 13 是导纱器高低和左右要调整的距离。

同步成圈的特点是同时参加弯纱的针数较多,弯纱张力较大,对纱线强度要求较高,主要用于上下织针不是规则顺序编织成圈的情况,可以编织较松软弹性好的织物,例如生产花式罗纹和提花织物等。编织这类织物时,在每个成圈系统不是所有下针都成圈,下针的用纱量经常在变化,要依靠不成圈的下针分纱给相对应的上针去成圈有困难,故一般采用同步成圈的方式。

2. 滞后成圈

滞后成圈是指下针先被压至弯纱最低点完成成圈,上针比下针迟 1～6 针被压至弯纱最里点进行成圈,即上针滞后于下针成圈。图 3-25 表示滞后成圈上下针运动轨迹的配合。图中数字所代表的对象和含义与图 3-24 相同。

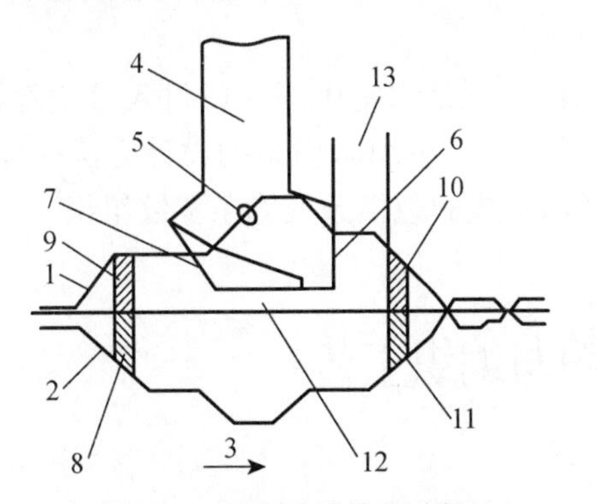

图 3-24　同步成圈的运动轨迹

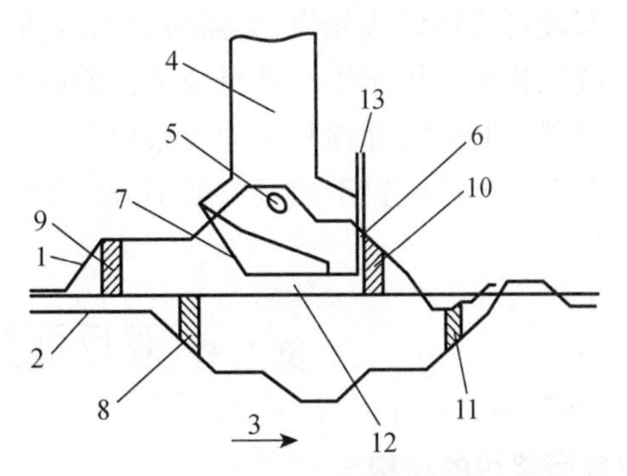

图 3-25　滞后成圈的运动轨迹

采用滞后成圈时,下针先下降到弯纱最低点,进行弯纱成圈,弯成的线圈长度一般为所要求的两倍,如图 3-26(1)所示。然后下针略微回升,放松线圈,分一部分纱线供上针弯纱成圈,如图 3-26(2)所示。所以这种弯纱方式又属于分纱式弯纱。其优点是由于同时参加弯纱的针数较少,弯纱张力较小,对纱线强度的要求相对较低;而且因为分纱,弯纱的不均匀性可由上下线圈分担,有利于提高线圈的均匀性。因此,这种弯纱方式应用较多,适合于编织在每个成圈系统中上下针用纱量都保持恒定的织物,一般是没有花纹的织物,例如 1+1 罗纹组织、双罗纹组织等。滞后成圈可以编织较为紧密的织物,但其弹性较差。

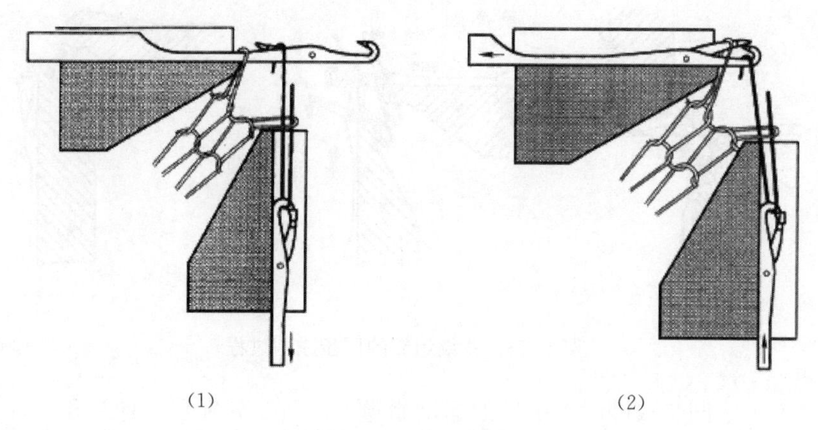

图 3-26 滞后成圈

3. 超前成圈

超前成圈是指上针先于下针弯纱成圈。这种方式较少采用，一般用于在针盘上编织集圈或密度较大的凹凸织物，也可以编织较为紧密的织物。

上下织针的成圈由上下弯纱三角控制，因此上下针的成圈配合实际上是由上下三角的对位所决定的。生产时应根据所编织的产品特点，检验与调整罗纹机上下三角的对位，即上针最里点与下针最低点的相对位置。

五、罗纹织物的用途

罗纹组织因具有较好的横向弹性与延伸度，故适宜制作内衣、毛衫、袜品等的紧身收口部段，如领口、袖口、裤口、下摆、袜口等。由于罗纹组织顺编织方向不能沿边缘横列脱散，所以上述收口部段可直接织成光边，无需再缝边或拷边。

罗纹织物还常用于生产贴身或紧身的弹力衫裤，特别是织物中织入或衬入氨纶丝等弹性纱线后，服装的贴身、弹性和延伸效果更佳。也可以同平针组织彩横条的设计方法一样，在成圈系统上有规律地配置不同颜色或不同性能的纱线，形成彩色横条或隐条罗纹组织。

第三节 双反面组织与编织工艺

一、双反面组织的结构

双反面组织也是双面纬编组织中的一种基本组织，它是由正面线圈横列和反面线圈横列相互交替配置而成。图3-27所示为最简单和基本的1+1双反面组织，即由正面线圈横列1—1和反面线圈横列2—2交替配置构成。

双反面组织由于弯曲纱线内应力的作用导致线圈倾斜，使正面线圈横列1—1的针编弧向后倾斜，反面线圈横列2—2的针编弧向前倾斜，织物的两面都呈现出线圈的圈弧凸出在前和圈柱凹陷在内的外观。因而当织物不受外力作用时，织

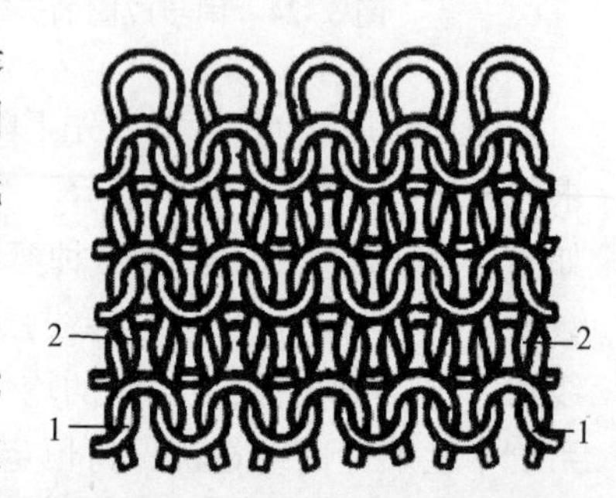

图 3-27 1+1 双反面组织的结构图

物正反两面看上去都像纬平针组织的反面，故称双反面组织。

在自由状态下，1+1 双反面组织由于正面线圈横列凹陷在内，反面线圈横列互相靠拢毗连，织物外观平整、厚实。如果完全组织较大，譬如 2+2、3+3、4+3 等双反面组织，正面线圈圈柱横列凹陷，反面线圈圈弧凸出，但一个完全组织中，只有一个横列正面线圈被反面线圈遮盖，所以织物表面形成明显的凹凸横条效应。也可以按照花纹要求，在织物表面混合配置正反面线圈区域，形成凹凸方块花纹。

二、双反面组织的特性

(一) 纵密和厚度较大

双反面织织由于线圈朝垂直于织物平面方向倾斜，线圈的圈弧凸出在前，而圈柱凹陷在内，使织物纵向缩短，因而增加了织物的厚度与纵向密度。

(二) 良好的纵向弹性和延伸度

双反面组织的突出特点是纵向拉伸时具有较大的弹性和延伸度，超过了平针组织、罗纹组织和双罗纹组织，并且使织物具有纵横向延伸度相近的特点。

(三) 脱散性和卷边性

与平针组织一样，双反面组织可以在边缘横列顺和逆编织方向脱散，其卷边性是随着正面线圈横列和反面线圈横列的组合不同而不同。对于 1+1 和 2+2 双反面组织，完全组织较小，而且正反面线圈横列数相同，卷边力相互抵消，故不会卷边。但是如果完全组织过大，譬如 4+4、4+3 等双反面组织，也会产生轻微的卷边现象。

三、双反面组织的编织工艺

双反面机是一种双针床舌针纬编机，有圆形和平形两种。目前使用的主要是圆形双反面机，平形双反面机已基本上不生产。双反面机的机号一般较低(E18 以下)。

(一) 成圈机件及其配置

圆形双反面机采用的织针为双头舌针，其结构如图 3-28 所示，双头舌针的两端各有一个针钩和针舌，而没有普通舌针的针踵，双头舌针的升降运动由导针片控制，导针片的结构如图 3-29 所示，导针片的凹口与双头舌针的针钩啮合，片头用来打开针舌，片踵沿导针片三角做升降运动，从而带到双头舌针做升降运动，进行编织，片尾受压片的作用使导针片头端向外侧摆动，可使导针片与针脱离啮合。

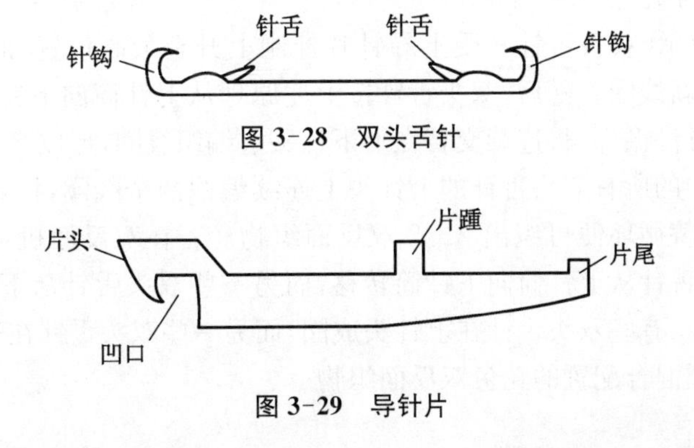

图 3-28　双头舌针

图 3-29　导针片

图 3-30 显示了圆形双反面机上成圈机件的配置情况。双反面机有两个针床，即上针筒 1 和下针筒 2，上下针筒呈 180°配置而且同步回转，上下两个针筒的针槽相对，相对的上下针槽中插有双头舌针 3，上下针筒中还分别安插着上下导针片 4 和 5，它们由上下导针片三角 6 和 7 控制从而带动双头舌针运动，使双头舌针可以从上针筒的针槽中转移到下针筒的针槽中，反之亦可。成圈可以在双头舌针中的任何一个针头上进行，由于在两个针头上的脱圈方向不同，如果在一个针头上编织的是正面线圈，在另一个针头上编织的则是反面线圈。

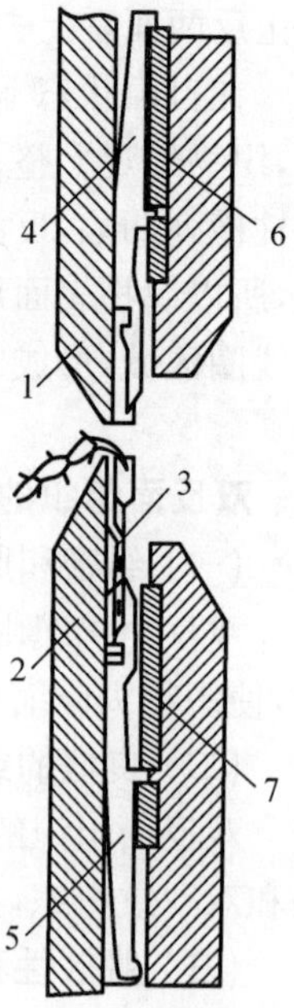

图 3-30 圆形双反面机成圈机件配置

(二) 双反面组织的成圈过程

双头舌针可以在上下针槽间转移，使双头舌针的两个针钩交替编织，形成双反面组织。图 3-31 显示了 1+1 双反面组织的编织过程，可分为以下几个阶段。

1. 上针头退圈

如图 3-31(1)、(2)所示。双头舌针 3 受下导针片 5 的控制向上运动，使上针头中的线圈向下移动。与此同时，上导针片 4 向下运动，利用其头端 8 将双头舌针 3 的上针舌打开。

2. 上针钩与上导针片啮合

随着下导针片 5 的上升和上导针片 4 的下降，上导针片 4 受上针钩的作用向外侧倾斜，如图 3-31(2)的箭头方向。当 5 升至最高位置，上针钩嵌入上导针片 4 的凹口。与此同时，上导针片 4 在压片 9 的作用下向内侧摆动，使上针钩与上导针片啮合，如图 3-31(3)所示。

3. 下针钩与下导针片脱离

如图 3-31(4)所示，下导针片 5 的尾端 10 在压片 11 的作用下，其头端向外侧摆动，如图中箭头方向，使下针钩脱离下导针片 5 的凹口。之后，上导针片 4 向上运动，带动双头舌针 3 也上升，下导针片 5 在压片 12 的作用下向内摆动恢复原位，如图 3-31(5)所示。接着下导针片 5 下降与下针钩脱离接触，如图 3-31(6)所示。

4. 下针头垫纱

如图 3-31(7)所示，上导针片 4 带动双头舌针 3 进一步上升，导纱器 13 引出的纱线垫入下针钩内。

5. 下针头弯纱与成圈

如图 3-31(8)所示，双头舌针 3 受上导针片控制上升至最高位置，旧线圈从下针头上脱下，纱线弯纱并形成新线圈。随后，双头舌针按上述原理从上针筒向下针筒转移，在上针头上形成新线圈。按此方法循环，将连续交替在上下针头上编织线圈，形成双反面织物。

如果能使针筒中的所有双头舌针的上针头上连续编织两个线圈，接着在下针头上连续编织两个线圈，以此交替循环便可织出 2+2 双反面织物。若在双反面机上加装导针片选择机构，可以使有些双头舌针从上针筒向下针筒转移，而另一些双头舌针从下针筒向上针筒转移。即在一个成圈系统中，有些双头舌针在上针头成圈，而另一些双头舌针在下针头成圈。这样便可编织出正反面线圈混合配置的花色双反面织物。

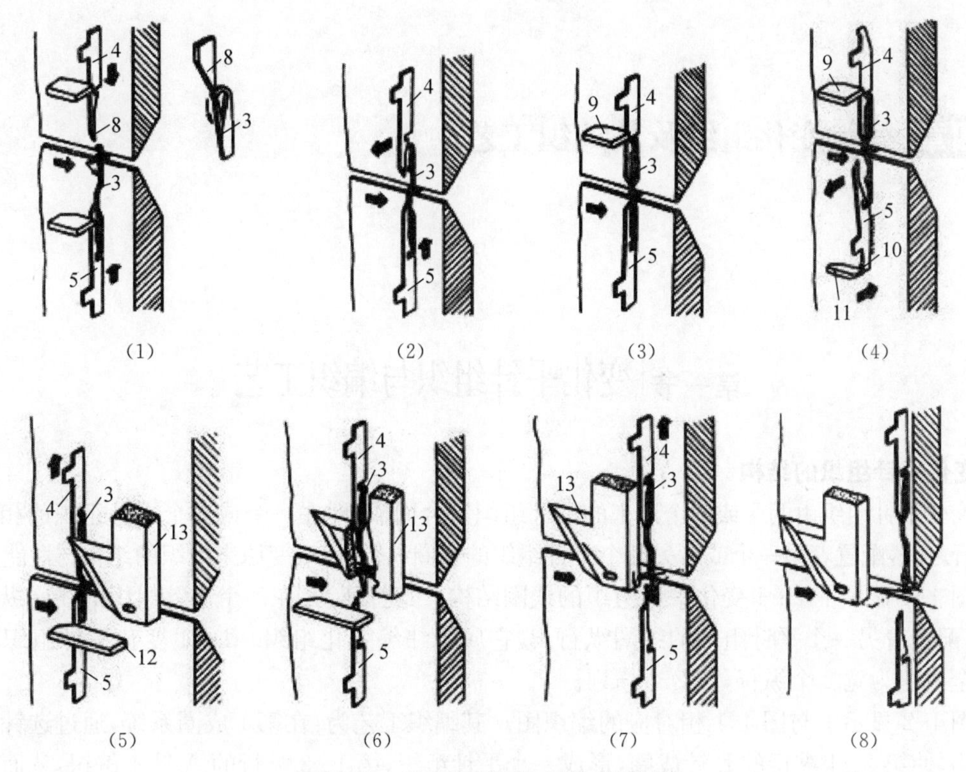

图 3-31　1+1 双反面组织的成圈过程

四、双反面组织的用途

双反面组织只能在双反面机或具有双向移圈功能的双针床圆机和横机上编织。这些机器的编织机构较复杂，机号较低，生产效率也较低，所以该组织不如平针、罗纹和双罗纹组织应用广泛。双反面组织主要用于生产毛衫类产品。

思考练习题

1. 简述平针组织的结构。
2. 平针组织的特性和用途是什么？
3. 简述纬平针组织成圈时，织针与沉降片的配合情况。
4. 简述织针的弯纱方式。
5. 何谓线圈长度？如何调节线圈长度？
6. 罗纹组织种类有哪些？如何比较不同种类罗纹组织之间的横向密度？
7. 罗纹组织的特性和用途是什么？
8. 简述滞后成圈、同步成圈和超前成圈的特点与适用对象。
9. 简述双反面组织的结构、外观特征、特性及用途。
10. 双反面机有哪些成圈机件？如何配置？双反面组织如何编织？

第四章 纬编变化组织及其编织工艺

第一节 变化平针组织与编织工艺

一、变化平针组织的结构

变化平针组织由两个或两个以上的平针组织复合而成，即在一个或几个平针组织的相邻线圈纵行之间，配置着另一个或者另几个平针组织的线圈纵行，以改变原来组织的结构与性能。

图 4-1 显示了 1+1 变化平针组织的线圈结构。其特征为：在一个平针组织的线圈纵行 A 之间，配置着另一个平针组织的线圈纵行 B，它属于纬编变化组织。1+1 变化平针组织的一个完全组织为宽 2 个纵行，高 2 个横列。

图 4-2 显示了与图 4-1 相对应的编织图。其编织工艺为：在第 1 成圈系统，通过选针装置的作用，使第 2、4 纵行的 B 针成圈，形成一个平针组织，第 1、3 纵行的 A 针不编织，从而形成了编织图的第一行；在第 2 成圈系统，通过选针使 1、3 纵行的 A 针成圈，2、4 纵行的 B 针不编织，从而形成了编织图的第二行，因此一个完全组织需要两个成圈系统编织。在随后的成圈系统.按照此方法循环，便可以编织出 1+1 变化平针组织。

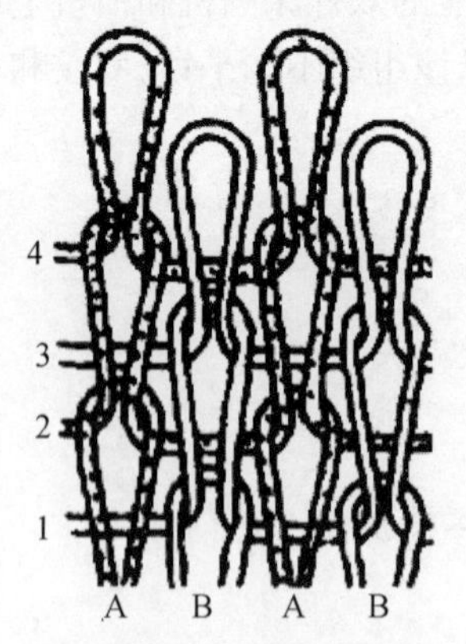

图 4-1 1+1 变化平针组织的线圈结构

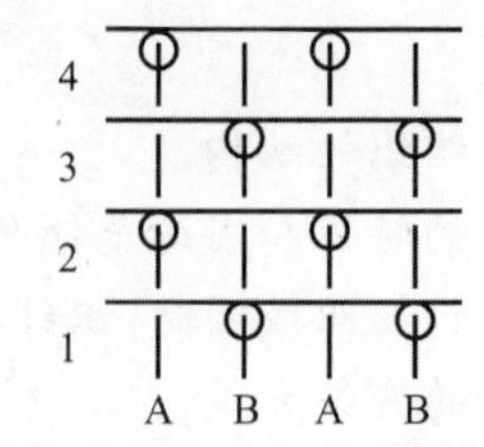

图 4-2 1+1 变化平针组织编织图

二、变化平针组织的编织工艺

在单面多针道圆纬机上就可以编织变化纬平针组织，若要编织 1+1 变化平针组织，针筒上配置两种不同针踵高度的织针，如图 4-3 所示，A 为高踵针，B 为低踵针，高、低踵针呈一隔一排列，与针踵踵位对应采

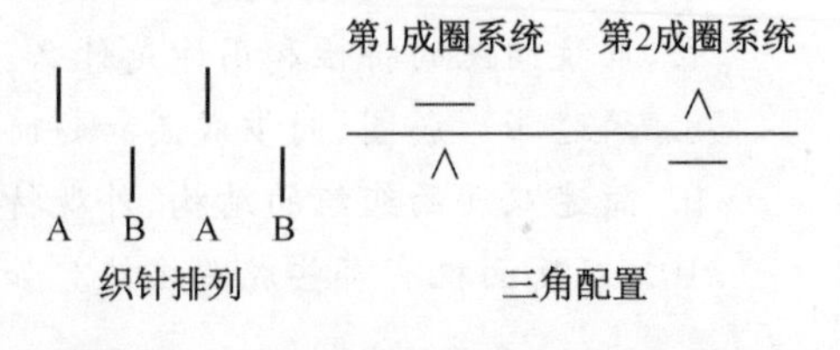

图 4-3 1+1 变化平针组织上机工艺图

用两个三角跑道，即高、低两个三角跑道，第 1 成圈系统，低三角控制 2、4 纵行的 B 针编织，而 1、3 纵行的 A 针不编织，第 2 成圈系统，高三角控制 1、3 纵行的 A 针编织，而 2、4 纵行的 B 针不编织，两个成圈系统一循环，编织一个 1+1 变化平针完全组织。

如果要编织 2+2 变化纬平针组织，即在一个平针组织的两个线圈纵行之间配置另外一个平针组织的两个线圈纵行，其编织图如 4-4 所示。2+2 变化纬平针组织的一个完全组织为宽 4 个纵行，高 2 个横列。针筒上高低踵针呈 2 隔 2 排列，三角排列同 1+1 变化平针组织一样，如图 4-5 所示。

图4-4　2+2 变化纬平针组织编织图　　图 4-5　2+2 变化纬平针组织上机工艺图

在变化平针组织中，由于 A、B 平针纵行分别由两个成圈系统编织，所以线圈在纵向会错开半个圈高，如图 4-1 中的 A、B 线圈纵行所示，而且织物每个线圈纵行的反面都存在水平浮线，浮线的长度与变化平针组织的完全组织有关，如 1+1 变化平针组织的浮线长度为 1 个纵行，2+2 变化平针组织的浮线长度为 2 个纵行，因此与平针组织相比，变化平针组织的横向延伸度较小，尺寸较为稳定。变化平针组织一般较少单独使用，通常与其他组织复合，形成花色组织和花色效应。

第二节　双罗纹组织与编织工艺

双罗纹组织是罗纹组织的一种变化组织，由两个罗纹组织复合而成，即在一个罗纹组织的线圈纵行之间配置着另一个罗纹组织的线圈纵行，又称棉毛组织和双正面组织。

一、双罗纹组织的结构

图 4-6(1)显示了 1+1 双罗纹组织的结构。1+1 双罗纹组织由两个 1+1 罗纹组织复合而成，即在一个 1+1 罗纹组织线圈纵行(黑色纱线 1 编织)之间配置了另一个 1+1 罗纹组织的线圈纵行(白色纱线 2 编织)。编织一个 1+1 双罗纹完全组织需要两个成圈系统，一路成圈系统编织黑色纱线 1，另一路成圈系统编织白色纱线 2，两路成圈系统形成一个线圈横列，图 4-6(2)为 1+1 双罗纹组织的编织图。双罗纹组织中，由于线圈纵行由两路编织形成，因此不同成圈系统形成的线圈在横列上错开半个圈高。

在双罗纹组织的线圈结构中，一个罗纹组织的反面线圈纵行为另一个罗纹组织的正面线圈纵行所遮盖，即在厚度方向上分布着两层相对的线圈，而且都是线圈的正面显示在织物的外面，不管织物横向是否受到拉伸，在织物两面都只能看到正面线圈。

双罗纹组织与罗纹组织相似，根据不同的织针配置方式，可以编织不同的双罗纹织物，如 1+1、2+2 和 3+2 等。

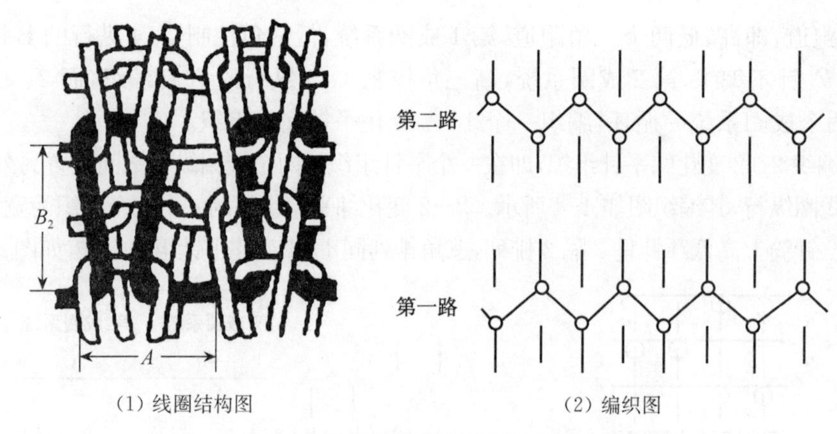

(1) 线圈结构图　　(2) 编织图

图 4-6　1+1 双罗纹组织的线圈结构图和编织图

图 4-7(1)为 2+2 双罗纹组织的线圈结构图。2+2 双罗纹组织由两个 2+2 罗纹组织复合而成，如图 4-7(1)中所示，黑色纱线形成一个 2+2 罗纹组织，白色纱线形成另一个 2+2 罗纹组织，仍然是由两个成圈系统形成一个横列，同一横列中两个罗纹组织的线圈纵行错开半个圈高。图 4-7(2)为 2+2 双罗纹组织的编织图。

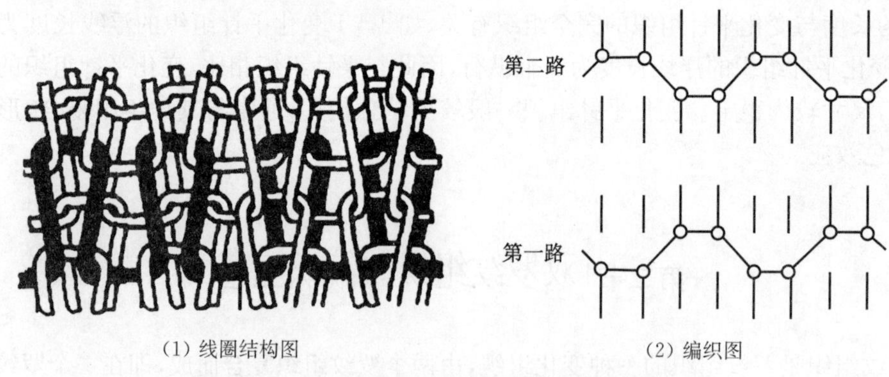

(1) 线圈结构图　　(2) 编织图

图 4-7　2+2 双罗纹组织的线圈结构图和编织图

二、双罗纹组织的结构参数与特性

(一) 结构参数

一般制作内衣及运动衣等的双罗纹组织的未充满系数在 22～26，根据纱线细度和未充满系数可以确定织物的线圈长度。双罗纹组织的密度对比系数 C 一般在 0.8～1.3。在平衡条件下，1+1 双罗纹组织的圈高 $B_{平衡}$ 与圈距 $A_{平衡}$ 可由以下经验公式求得：

$$A_{平衡} = 0.13l + 0.11\sqrt{\mathrm{Tt}};\quad B_{平衡} = 0.35l - 0.095\sqrt{\mathrm{Tt}} \tag{4-1}$$

式中：l——线圈长度，mm；

Tt——纱线线密度，tex。

(二) 双罗纹组织的特性

1. 弹性和延伸度

由于双罗纹组织由两个罗纹组织复合而成，其厚度方向由两层线圈组成，因此在未充满系数和线圈纵行配置与罗纹组织相同的条件下，双罗纹织物比罗纹组织厚实，布面平整，弹性、延伸性都较罗纹组织小,尺寸比较稳定。

2. 脱散性

双罗纹组织的脱散性与罗纹组织相似,边缘横列只可逆编织方向脱散,但是由于同一线圈横列由两根纱线组成,线圈间彼此摩擦较大,所以脱散不如罗纹组织容易。此外,当个别线圈断裂时,因受另一个罗纹组织线圈摩擦作用的阻碍,不易发生线圈沿着纵行从断纱处分解脱散的梯脱情况。

3. 卷边性

由于双罗纹组织由两个罗纹组织复合而成,一个罗纹组织的正面线圈纵行对着另一个罗纹组织的反面线圈纵行,卷边力互相抵消,因此双罗纹组织不会卷边。

三、双罗纹组织的编织工艺

双罗纹组织可以在专门的双罗纹机上编织,也可以在2+4多针道针织机上编织。下面主要介绍双罗纹组织在双罗纹机上的编织工艺。

(一)双罗纹机的成圈机件及其配置

1. 双罗纹机针槽配置

与罗纹机一样,双罗纹机也有下针筒和上针盘,两个针床呈90°配置。所不同的是,罗纹机上下针槽相间交错对位,而双罗纹机的下针筒针槽与上针盘针槽相对配置。图4-8显示了双罗纹机上下针槽的对位,上针盘Y的针槽(1～6)与下针筒Z的针槽(1～6)呈相对配置。

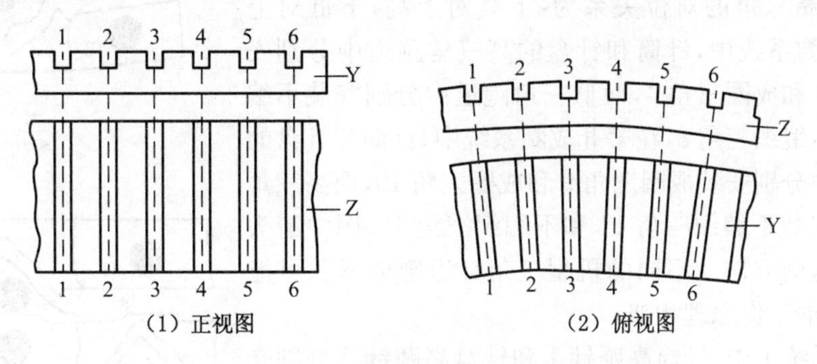

图4-8　双罗纹机上下针槽对位图

2. 双罗纹机织针配置

由于双罗纹组织由两个罗纹复合而成,故需要两个成圈系统编织一个双罗纹完全组织,针槽中需要安装四种织针,分别是下针高踵针、下针低踵针、上针高踵针、上针低踵针。在编织1+1双罗纹组织时,下针的高踵针和低踵针在针筒针槽中呈1隔1排列,上针的高踵针和低踵针在针盘针槽中也呈1隔1排列,上下针的对位关系是:上高踵针对下低踵针,上低踵针对下高踵针。1+1双罗纹组织的织针对位如图4-9所示。编织时,第一成圈系统由针筒高踵针与针盘高踵针编织一个1+1罗纹,第二成圈系统由针筒低踵针与针盘低踵针编织另一个1+1罗纹,两个成圈系统一个循环,形成一个双罗纹组织。如果双罗纹机上有72路成圈系统,则机器一转可以编织36个双罗纹完全组织。

如果要编织其他双罗纹组织,则高低踵针的配置要相应改变,例如编织2+2双罗纹组织,则针筒和针盘上高、低踵针分别呈2隔2排列,织针的对位仍然是针盘高踵针对针筒低踵针,

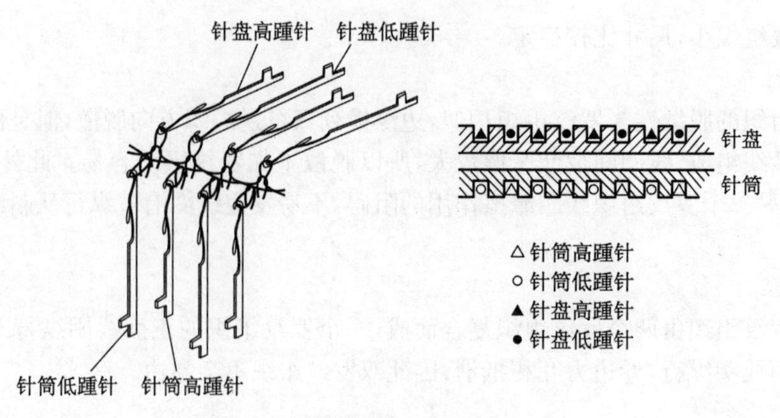

图 4-9 双罗纹机上下织针对位图

针盘低踵针对针筒高踵针。在绘制编织图时，通常以竖线代表织针，长竖线代表高踵针，短竖线代表低踵针。1+1、2+2 双罗纹组织的织针配置及编织情况分别如图 4-6(2)和 4-7(2)所示。

3. 双罗纹机三角配置

由于双罗纹机上下针都分高踵和低踵两种，故上下三角也相应分为高低两档三角跑道，分别控制高低踵针编织。图 4-10显示了双罗纹机相邻两个成圈系统上下三角对位的平面图，其成圈三角的对位关系为：下高对上高，下低对上低，在第Ⅰ成圈系统中，针筒和针盘的高三角跑道中分别安装成圈三角 3 和成圈三角 4，而低三角跑道中分别安装不编织三角 7 和不编织三角 8，在第Ⅱ成圈系统中，针筒和针盘的低三角跑道中分别安装成圈三角 9 和成圈三角 10，而高三角跑道中分别安装不编织三角 11 和不编织三角 12，图中箭头表示织针的运动方向。不同的机型三角针道廓面形状可能有差异，但基本工作原理相似。

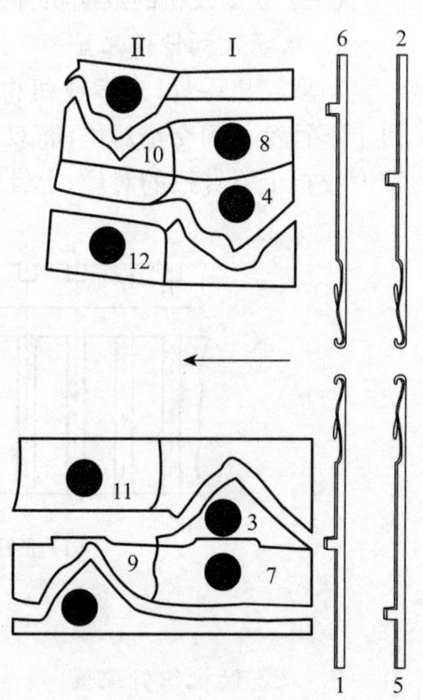

图 4-10 双罗纹机的三角配置图

在成圈系统Ⅰ中，针筒高踵针 1 和针盘高踵针 2 分别受到针筒高档成圈三角 3 和针盘高档成圈三角针 4 的控制，编织一个 1+1 罗纹。与此同时，针筒低踵针 5 和针盘低踵针 6 经过由针筒低档不编织三角 7 和针盘低档不编织三角 8 形成的针道，在针筒针槽中不做上下运动及在针盘针槽中不做径向运动，从而将原有的旧线圈握持在针钩中，不退圈、不垫纱和不成圈，即上下低踵针都不进行编织。

在随后的成圈系统Ⅱ中，下低踵针 5 和上低踵针 6 分别受针筒低档成圈三角 9 和针盘低档成圈三角 10 的控制，编织另一个 1+1 罗纹。而针筒高踵针 1 与针盘高踵针 2 经过由针筒高档不编织三角 11 和针盘高档不编织三角 12 形成的针道，将原有的旧线圈握持在针钩中，不退圈、不垫纱和不成圈，即不进行编织。

经过Ⅰ、Ⅱ两个成圈系统，完成一个循环，编织出一个完整的双罗纹线圈横列。因此，双罗纹机的成圈系统数必须是偶数。

在制定双罗纹组织的上机工艺时，除了确定织针的配置及编织情况，还需要确定各成圈系统的三角配置情况。图 4-11 为 1+1 双罗纹组织的编织图及三角配置图，图 4-12 为 2+2 双罗纹组织的编织图及三角配置图。编织 2+2 双罗纹组织和 1+1 双罗纹组织不同的是，织针排列发生变化，但是织针的编织顺序没有变化，即仍然是第Ⅰ系统高踵针编织，第Ⅱ系统低踵针编织，所以三角排列不发生变化。

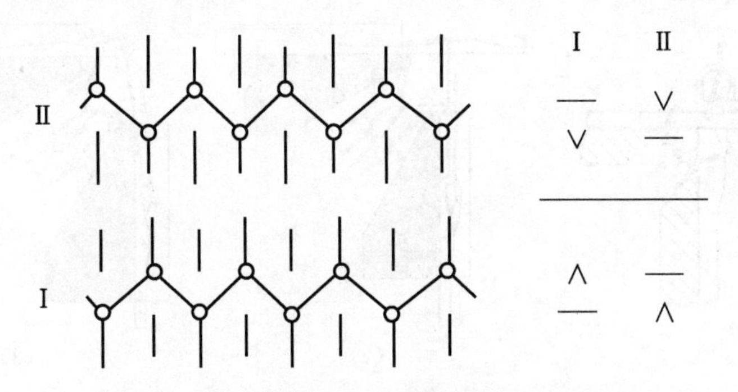

图 4-11　1+1 双罗纹组织的编织图及三角配置图

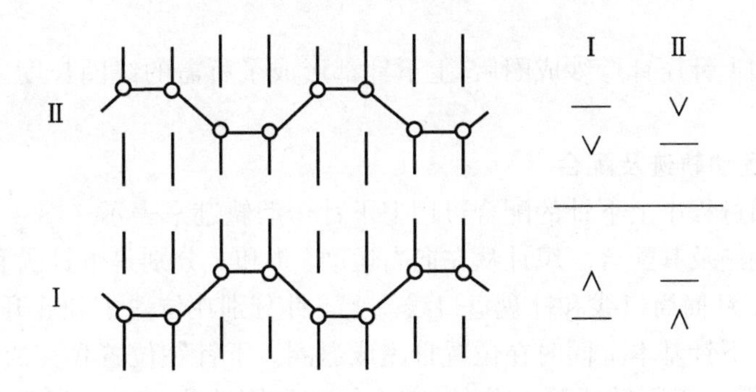

图 4-12　2+2 双罗纹组织的编织图及三角配置图

(二) 双罗纹组织的成圈过程

双罗纹机高低踵针分别由两个成圈系统编织，但成圈过程完全一样，与罗纹机采用的滞后成圈方式相近。

1. 退圈

双罗纹机的退圈一般有上下针同步起针与上针超前下针 1～3 针起针两种。后一种方式，上针先出针能起到类似单面圆纬机中沉降片的握持作用，在随后下针退圈过程中，可以阻止织物随下针上升涌出筒口造成织疵，保证可靠地退圈，同时也可适当地减小织物的牵拉张力。

2. 垫纱

双罗纹机一般采用滞后成圈方式，下针先垫纱、弯纱和成圈。如图 4-13(1)所示，下针先下降，纱线已垫入针钩并闭口，此时纱线尚未垫入上针针钩。上针的垫纱是随着下针弯纱成圈而完成的。因此，导纱器的位置调整应以下针为主，兼顾上针。

3. 弯纱

下针先钩住纱线，并将其搁在上针针舌进行弯纱，形成加长的线圈，如图 4-13(2)所示。

然后下针回升，放松纱线，将纱线分给上针，上针向针筒中心运动进行弯纱，如图 4-13(3)所示。这种分纱式的弯纱可减小弯纱张力并提高线圈均匀性。下针回升的时间和高度取决于针筒压针三角的形状，有些机器，针筒压针三角设计成一个小平面，即平底弯纱三角。下针运动到压针三角最低位置后，不马上回升和放松已弯好的线圈，让其稳定一个短暂时间。此时正在弯纱织针所需的纱线只能从导纱器获得，这有利于提高线圈的均匀性。

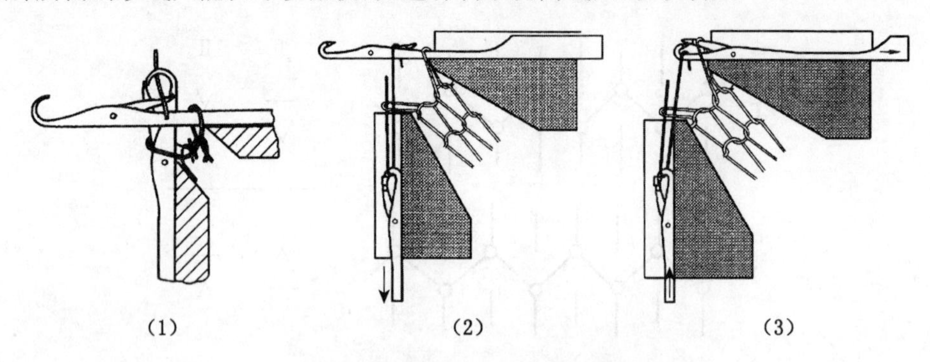

图 4-13 双罗纹组织的成圈过程

4. 成圈

在下针回针和上针压针弯纱成圈后，上下针都形成了所需的线圈长度。最后由牵拉机构对织物进行牵拉。

(三) 上下针运动轨迹及配合

双罗纹机成圈过程中上下针的配合可用上下针运动轨迹来表示。图 4-14 是某种双罗纹机的上下针运动轨迹及其配合。织针从左向右运动。1 和 2 分别是下针头和上针头的运动轨迹，3 和 4 是分别是针筒筒口线和针盘盘口线。上下针分别在位置Ⅰ和Ⅱ开始退圈，因此上针先于下针退圈。上下针基本上同时在位置Ⅲ完成退圈。下针在位置Ⅳ完成弯纱，上针在位置Ⅴ成圈，所以上针滞后于下针成圈。此外，上下针在退圈阶段有一小段近似平面(位置Ⅵ附近)，这称为“起针平面”；在压针阶段也有一小段近似平面(位置Ⅶ附近)，这称为“收针平面”。设置起针平面和收针平面，优点是导纱器的安装和调整比较便利，缺点是增加了成圈系统所占的宽度。当三角角度保持不变时，成圈系统宽度增加，针筒一周能够安装的成圈系统数量减少，即机器的生产率降低。因此，在设计三角时要综合考虑三角形状、织针运动阻力和机器效率等各方面的因素，在保证织针顺利编织的情况下，尽量降低功耗，提高机器效率。需要说明的是，不同型号的棉毛机的三角设计并不完全一样，因此上下针的运动轨迹及其配合也不尽相同。

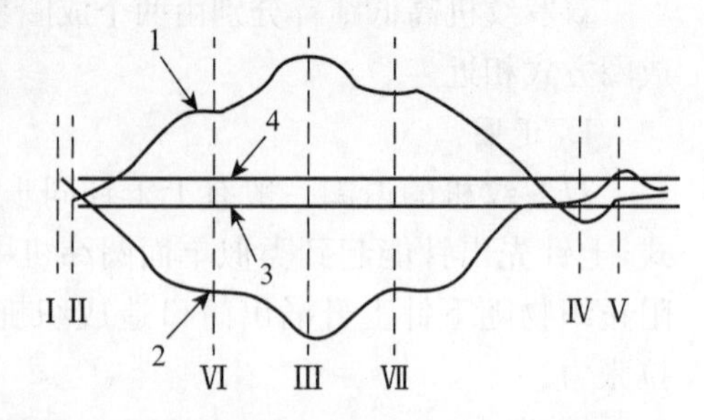

图 4-14 双罗纹机上下针运动轨迹及其配合

四、花色双罗纹织物设计

根据双罗纹组织的编织特点，变换织针的排列，调整三角的配置，采用不同色纱和喂入规律，可以编织出彩横条、彩纵条、彩色小方格等花色双罗纹织物(俗称花色棉毛布)。另外，在上针盘或下针筒上某些针槽中不插针，可形成各种纵向凹凸条纹，俗称抽条棉毛布。

(一) 双罗纹横条织物的设计

同平针、罗纹横条织物的设计方法一样,也可以通过在各个成圈系统上配置不同颜色的纱线形成双罗纹横条纹花色织物,但是同平针、罗纹组织织物不同的是,双罗纹织物由两路成圈系统形成一个横列,所以在设计横条纹织物时,每种色纱编织的路数应为偶数。

(二) 双罗纹纵条织物的设计

在上针盘或下针筒上某些针槽中不插针,可形成各种纵向凹凸条纹,俗称抽条棉毛布。如图 4-15 所示,针筒的两枚低踵针抽去,在抽针的两个纵行上,只有针盘高踵针形成的线圈,因此形成了两个纵行宽的凹条纹。

也可以通过色纱的配置形成彩色纵条纹,如图 4-16 所示,编织 2+2 双罗纹组织时,奇数成圈系统高踵针编织,喂入黑纱,偶数成圈系统低踵针编织,喂入白纱,针筒高踵针和针盘高踵针始终形成黑色线圈,针筒低踵针和针盘低踵针始终形成白色线圈,在织物表面形成了两个纵行宽的黑白相间条纹,而且织物一面的黑色线圈对着另一面的白色线圈。改变织针的排列,可以形成不同宽度的纵条纹。

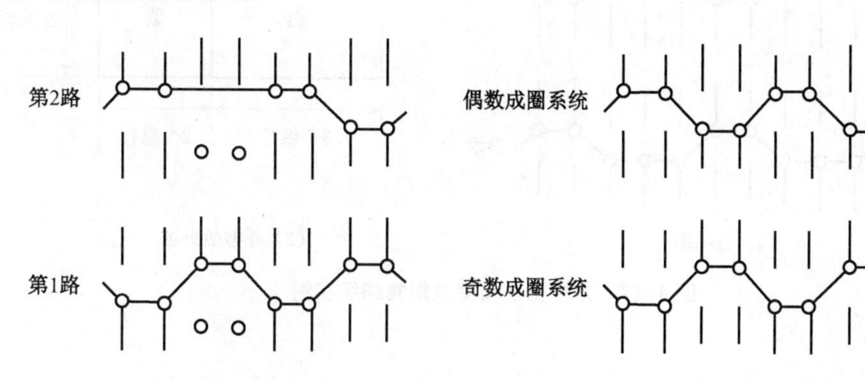

图 4-15　抽条双罗纹织物编织实例　　图 4-16　彩色纵条纹双罗纹织物编织实例

(三) 双罗纹方格织物的设计

图 4-17 是双罗纹方格花色织物的一个编织工艺实例。其中 4-17(1)是编织图,织针排列方式为 3+2 双罗纹,下针按照 3 根高踵针与 2 根低踵针相间排列,上针按照 3 根低踵针与 2 根高踵针相间排列,下高踵针对上低踵针,下低踵针对上高踵针。一个完全组织需要 12 个成圈系统编织,共形成六个横列的双罗纹组织,每一行编织图的左侧为成圈系统序号,右侧为该系统编织所用的纱线颜色。由编织图可知,第 1 路成圈系统,白色纱线在高踵针上成圈。第 2 路成圈系统,黑色纱线在低踵针上成圈,从织物的工艺正面看,形成了一个横列的 3 个白纱线圈与 2 个黑纱线圈相间排列的花色效果,第 3、4 路成圈系统与第 1、2 路成圈系统编织相同,因此第 1～4 路成圈系统形成了 2 个横列的 3 个白纱线圈纵行与 2 个黑纱线圈纵行相间排列的花色效果。第 5 路仍然是高踵针编织,但是喂入的色纱改为红纱。第 6 路仍然是低踵针编织,但是喂入的色纱改为黄纱,因此形成一个横列的 3 个红纱线圈与 2 个黄纱线圈相间排列的花色效果。第 7～12 路重复第 5、6 路的编织,因此第 5～12 路形成了 4 个横列的 3 个红纱线圈纵行与 2 个黄纱线圈纵行相间排列的花色效果。因此,经过 12 路的编织,形成了 5 个纵行宽、6 个横列高的双罗纹方格色彩织物,织物的花型如图 4-17(2)所示,织物两面的色彩效果一样,只是正面的白色线圈对着反面的黑色线圈,正面的红

色线圈对着反面的黄色线圈。通过改变上下织针的排列和色纱的配置，还可以编织出其他的花色双罗纹织物。

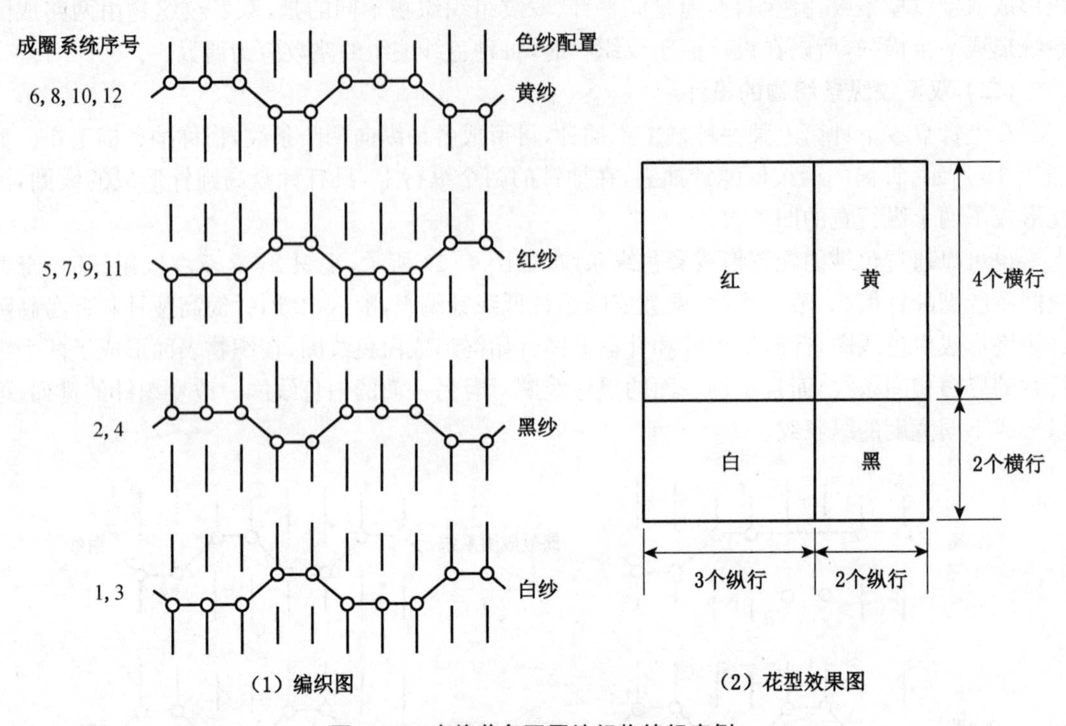

(1) 编织图　(2) 花型效果图

图 4-17　方格花色双罗纹织物编织实例

五、双罗纹织物的用途

在纱线细度和织物结构参数相同的情况下，双罗纹织物比纬平针和罗纹织物紧密厚实，是制作冬季棉毛衫裤的主要面料。除此之外，双罗纹织物还具有尺寸比较稳定的特点，可用于生产休闲服、运动装和外套等。

思考练习题

1. 变化平针组织的结构和编织工艺与平针组织有何不同?
2. 试述 1+1 与 2+2 变化平针组织编织工艺的异同点。
3. 变化平针组织有哪些用途?
4. 简述双罗纹组织的结构与特性，与罗纹组织相比，有哪些不同?
5. 简述双罗纹机的织针类型及其配置情况，与罗纹机有何异同?
6. 简述双罗纹机的三角配置情况。
7. 简述双罗纹组织的成圈过程及上下针的运动轨迹。
8. 画出 2+1 双罗纹组织和 2+2 双罗纹组织的编织图、三角配置图。
9. 双罗纹组织有哪些用途?
10. 设计一个双罗纹横条织物，说明其花型效果和形成原理。

11. 在双罗纹机上，如何形成纵条纹？试举例说明。

12. 在双罗纹机上设计下图所示的花色双罗纹织物（一个完全组织的花型），试画出编织图，作出相应的三角排列以及色纱配置。

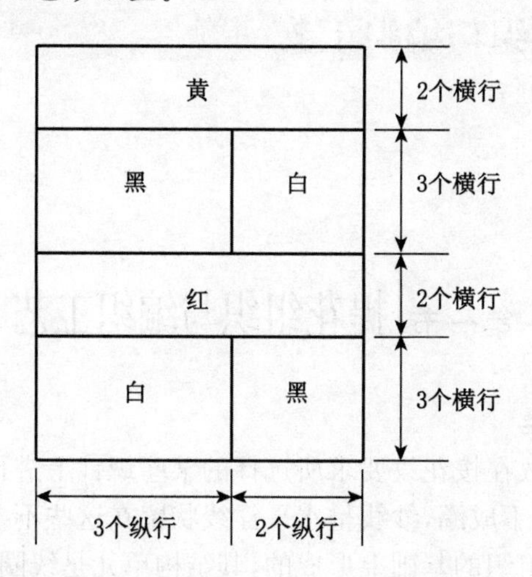

第五章 纬编花色组织与编织工艺

第一节 提花组织与编织工艺

一、提花组织的结构与分类

提花组织是将纱线垫放在按花纹要求所选择的某些织针上进行编织成圈而形成的一种组织，那些未垫放纱线的织针不成圈，纱线呈水平浮线状留在这些不参加编织的织针后面。提花组织是在基本组织和变化组织的基础上形成的，其结构单元是线圈和浮线，可以形成色彩和结构花纹效应。

提花组织可分为单面提花组织和双面提花组织两大类。

（一）单面提花组织

单面提花组织是在单面针织机上生产的提花组织，织针有选择地编织或不编织，形成线圈或浮线。根据线圈大小的状态，单面提花组织结构有均匀（规则）和不均匀（不规则）两种，根据编织时色纱的数量，单面提花组织又有单色和多色之分。

1. 单面均匀提花组织

单面均匀提花组织一般采用多色纱线编织，在织物表面形成丰富多彩的色彩图案。图 5-1所示为一双色单面均匀提花组织，从中可以看出，单面均匀提花组织具有下列特征：

（1）每一个完整的线圈横列由两种色纱的线圈互补组成，编织一个横列，需要两个成圈系统，分别喂入两种色纱，即第 1 成圈系统，色纱 1 在被选上的织针上编织，第 2 成圈系统喂入色纱 2，第 1 成圈系统没有编织的织针在第 2 成圈系统被选上，编织色纱 2，经过 1、2 两路编织，每枚针上都编织了一个线圈，形成一个两色线圈组成的横列。如果是三色提花组织，则三个成圈系统编织一个横列，三种颜色的线圈组成一个横列。

（2）各纵行的线圈数相同，线圈大小相同，结构均匀，织物外观平整。

（3）每个线圈的后面都有浮线，浮线数量等于色纱数减“1”，图 5-1 为双色提花组织，每个线圈后面都有一根浮线（两色浮线交换处除外）。如果是三色提花组织，则每个线圈后面有两根浮线。

（4）每根织针在每个横列的编织次数相同，即都为一次。

单面均匀提花组织由于外观结构均匀一致，结构效应不明显，主要通过色纱的组合来形成花纹图案，因此设计时采用花型意匠图来表示更为方便。但在单面均匀提花组织中，由于浮线在织物的反面，容易引起勾丝，所以浮线的长度不能过长，一般不能超过 3～4 个圈距。

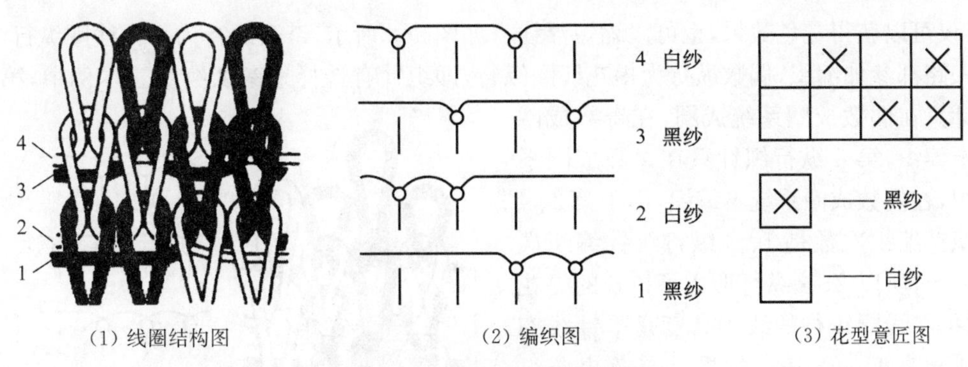

图 5-1　双色单面均匀提花组织

2. 单面不均匀提花组织

不均匀提花组织更多采用单色纱线，通过线圈大小和结构的变化，在织物表面形成凹凸、褶裥、孔眼等结构效应。图 5-2 所示为一单色单面不均匀提花组织的线圈结构图和编织图。通过分析线圈结构图和编织图，可以看出单面不均匀提花组织的主要特点：

(1) 在确定的循环周期内，每枚织针参加编织的次数不完全一样。有些织针每个横列都编织，如图中第 1、8 纵行，而有些织针不是所有横列都参加编织，如图中的第 2～7 纵行，这些织针在某些横列不进行编织。

(2) 线圈大小不相同，各纵行之间线圈数不等，结构不均匀。

在单面不均匀提花组织中，由于某些织针连续几个横列不编织，这样就形成了拉长的线圈。这些拉长了的线圈抽紧与之相连的平针线圈，使平针线圈凸出在织物的表面，从而使针织物表面产生凹凸效应。某一线圈拉长的程度与织针连续不编织的次数有关。编织过程中某一线圈连续不脱圈的次数，即某一织针连续不编织的次数，叫作线圈指数。线圈指数愈大，线圈被拉长的越大，反面浮线根数越多。如图 5-2 中，线圈 a 的指数为 0，线圈 b 的指数为 1，反面有一根浮线，线圈 c 的指数为 3，反面有三根浮线。如果将拉长线圈按花纹要求配置在平针线圈中，就可得到凹凸花纹。线圈指数差异越大，纱线弹性越好，织物密度越大，凹凸效应愈明显。但是线圈指数越大，纱线编织时受到的张力越大，易产生断纱破洞。因此，在编织这种组织时，织物的牵拉张力和纱线张力应较小而均匀，同时也应当控制织针连续不编织的次数。

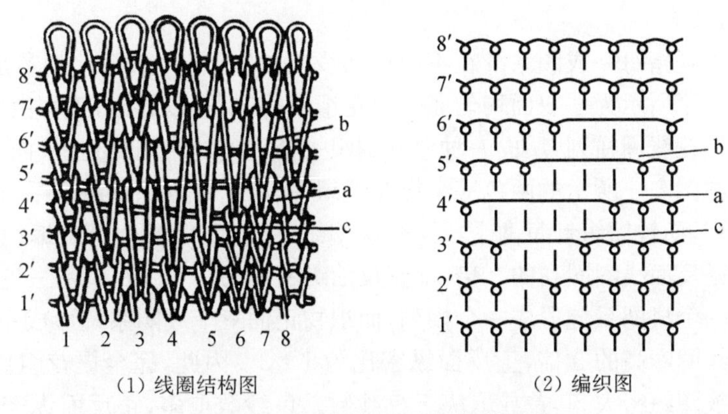

图 5-2　单色单面不均匀提花组织

在单面不均匀提花组织中，采用不同颜色纱线编织，规律地配置平针线圈和提花线圈纵行，不仅可以获得花色效果，也可以缩短浮线。如图 5-3 所示，奇数纵行为平针线圈纵行，即织针每一路都参加编织，偶数纵行为提花线圈纵行，即织针有选择地参加编织。本例中，第 2 纵行织针只在偶数成圈系统成圈，在奇数成圈系统不编织，第 4 纵行织针只在奇数成圈系统编织，在偶数成圈系统不编织，由于第 2、4 纵行织针编织次数是 1、3 纵行织针编织次数的一半，所以 2、4 纵行形成了拉长的提花线圈，提花线圈纵行的线圈高度是平针线圈纵行线圈高度的 2 倍。如果是三色提花组织，提花线圈纵行是每三路编织一次，是平针线圈纵行编织次数的三分之一，那么提花线圈纵行的线圈高度是平针线圈纵行线圈高度的 3 倍。在这种组织中，由于平针线圈纵行织针每路都编织，因此减小了提花线圈纵行之间的浮线长度，本例中平面线圈纵行与提花线圈纵行一隔一配置，也可将平针线圈纵行与提花线圈纵行按 1∶2、1∶3 或 1∶4 间隔排列。由于有平针线圈纵行间隔在提花线圈纵行之间，就可使花纹扩大而浮线减短，织物中由于提花线圈高度大于平针线圈，而且色纱数越大，提花线圈的高度越大，使提花线圈纵行凸出在织物表面，平针线圈纵行凹陷在内，外观上形似罗纹组织，呈现在织物表面的是提花线圈纵行形成的花纹效果。但平针线圈纵行并不能完全被遮盖，会产生露底，对花纹的整体外观产生影响，有时甚至破坏了花纹的完整性，故在面料产品中一般不采用这种结构。

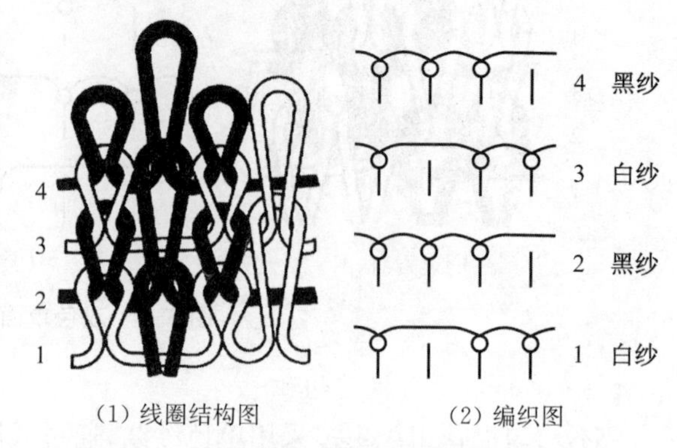

图 5-3 单面不均匀提花组织缩短浮线实例

(二) 双面提花组织

双面提花组织在具有两个针床的针织机上编织而成，其花纹可在织物的一面形成，也可以同时在织物的两面形成。在实际生产中，大多数采用织物的正面提花来形成花纹效应面。因此，需要在针筒上配置选针装置，对下针进行选择性的编织，形成各种各样的花色效果。双面提花圆纬机的针盘一般采用两针道三角系统，形成一些较为简单的花色组织，如跳棋式花纹等，反面不作为花纹效应面，但反面的组织设计也会对正面的花纹效果产生影响。根据反面组织的不同，双面提花组织可分为完全提花组织和不完全提花组织两种类型。

1. 完全提花组织

完全提花组织是指每一成圈系统在编织反面线圈时，所有针盘织针都参加编织的一种双面提花组织。图 5-4 所示为一双面均匀完全提花组织，从中可以看出，正面由两根不同的色纱形成一个完整的提花线圈横列，反面一种色纱编织一个完整的线圈横列，从而在织物反面形成彩色横条效应。在图 5-4 所示的两色完全提花组织中，由于针盘织针每个系统都编织，即每个系统编织一个横列，而针筒织针每两个成圈系统编织一次，即每两个系统编织一个横列，所以正面线圈的圈高是反面线圈圈高的 2 倍，即正反面纵密比为 1∶2，如果是三色完全提花组织，织物反面仍然是一个成圈系统形成一个横列，而织物正面三个成圈系统形成一个横列，正面线圈的圈高是反面线圈圈高的 3 倍，正反面纵密比为 1∶3。因此，完全提花组织中反面线圈的纵密总是比正面线圈纵密大，其差异取决于色纱数。色纱数愈多，正反面纵密的差异就愈大，从而影响正面花纹的清晰及牢度。因此，设计与编织双面完全提花组织时，色纱数不宜过多，一般以 2～3 色为宜。

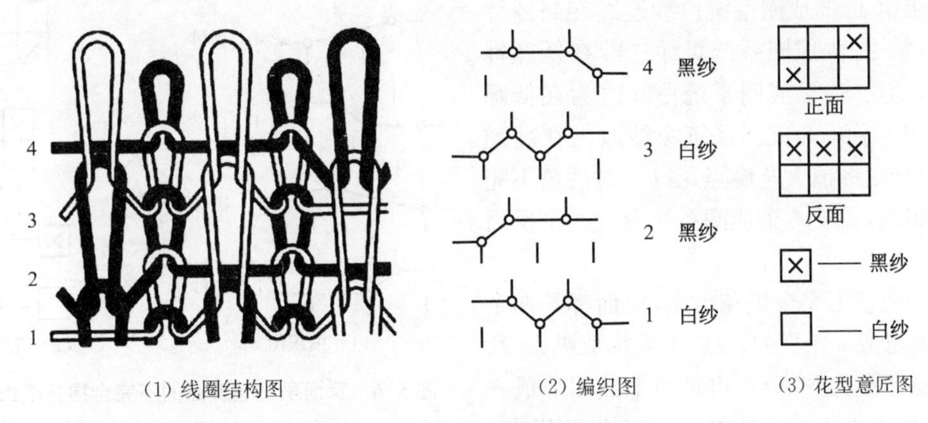

图 5-4　双色均匀完全提花组织

2. 不完全提花组织

不完全提花组织是指每一成圈系统在编织反面线圈时，针盘针都是一隔一的参加编织，因此针盘上一般采用高踵针、低踵针一隔一相间排列，如果第一个成圈系统高踵针参加编织，则第二个成圈系统低踵针参加编织，需要由两个成圈系统编织一个反面线圈横列，两个成圈系统采用不同色纱，反面组织的一个线圈横列由两种色纱的线圈组成。不完全提花组织的反面组织通常设计为纵条纹、小芝麻点和大芝麻点等。

如果在织物的反面形成纵条纹，那么针盘高踵针和低踵针始终喂入同一色纱，如采用白、黑两种色纱编织提花组织，白纱在奇数成圈系统喂入，黑纱在偶数成圈系统喂入，针盘高踵针始终在奇数成圈系统编织白色线圈，而低踵针奇数成圈系统不编织，针盘低踵针始终在偶数成圈系统编织黑色线圈，而高踵针偶数成圈系统不编织，这样高踵针上始终形成白色线圈，低踵针上始终形成黑色线圈，形成了 1 个纵行宽的黑白相间的纵条纹。图 5-4 所示的双色完全提花组织，如果正面花型不变，设计为不完全提花组织，反面花型效果为纵条纹，其编织图及花型意匠图如图 5-5 所示。由于针盘针只采用高、低踵两种针，如果是两色以上的提花组织，反面组织不能形成纵条纹。两色不完全提花组织，如果反面组织设计成纵条纹，色纱效应集中，容易显露在正面，而形成露底现象，因此在实际生产中很少采用。

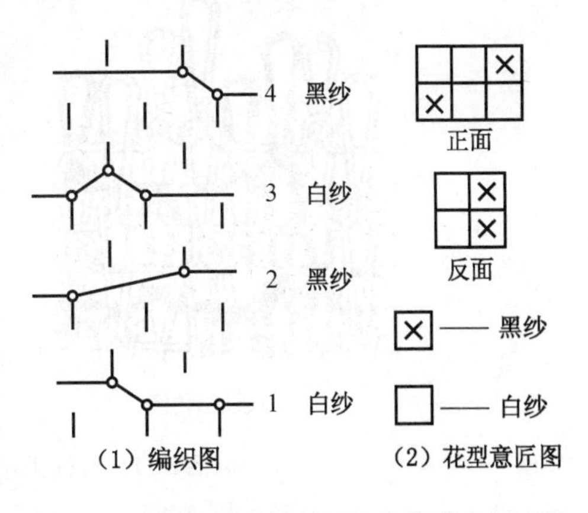

图 5-5　反面呈纵条纹的不完全提花组织实例

为了克服纵条纹露底的缺陷，在实际应用中，将不同色纱的反面线圈呈跳棋式配置，称为芝麻点，可以是小芝麻点或大芝麻点。同样以图 5-4 两色完全提花组织为例，如果改为不完全提花组织，反面呈小芝麻点花纹，则编织图和花型意匠图如 5-6 所示，第 1 成圈系统白纱在高踵针编织，第 2 成圈系统黑纱在低踵针编织，形成一个横列，第 3 成圈系统改为白纱在低踵针编织，第 4 成圈系统改为黑纱在高踵针编织，高、低踵针黑、白线圈交替变换，形成了小芝麻点花纹，四个成圈系统编织反面一个组织循环。

如果第1、3成圈系统白纱连续在高踵针上编织，第2、4成圈系统黑纱连续在低踵针上编织，而第5、7成圈系统白纱改为在低踵针上编织，第6、8成圈系统黑纱改为在高踵针上编织，则形成大芝麻点花纹。对两色不完全提花组织，需要八个成圈系统形成一个反面大芝麻点循环。

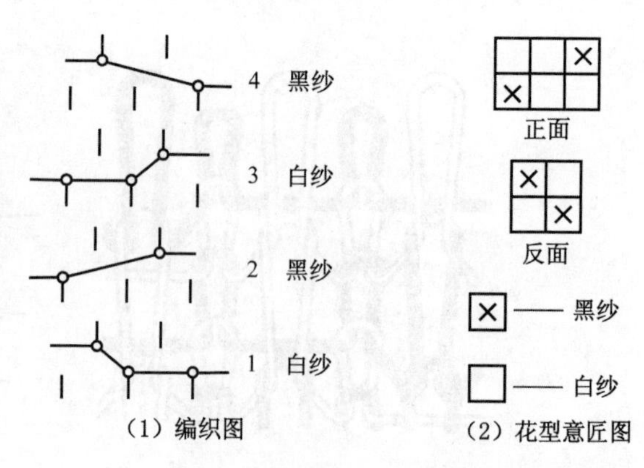

图5-6 反面呈小芝麻点的不完全提花组织实例

对于两色不完全提花组织，正面都是两个成圈系统形成一个横列，反面不管形成纵条纹、小芝麻点还是大芝麻点，也是两个成圈形成一个横列，所以正反面线圈高度一致，纵密相同。

图5-7所示为反面呈小芝麻点花纹的三色不完全均匀提花组织。正面按照花型要求选择织针进行编织，一个横列由三种颜色的线圈形成，需要三个成圈系统编织一个横列，反面仍然是高、低踵针交替编织，一个横列由两种颜色的线圈形成，需要两个成圈系统编织一个横列。三种色纱交替在高、低踵针编织，反面六个成圈系统形成一个花型循环，一个花型循环为三个横列。由于正面是三个成圈系统形成一个横列，而反面是两个成圈系统形成一个横列，所以正反面线圈纵密比为2∶3。相对于完全提花组织，不完全提花组织正反面的纵向密度差异较小，而且反面组织色纱分布均匀，减少了露底的可能性。

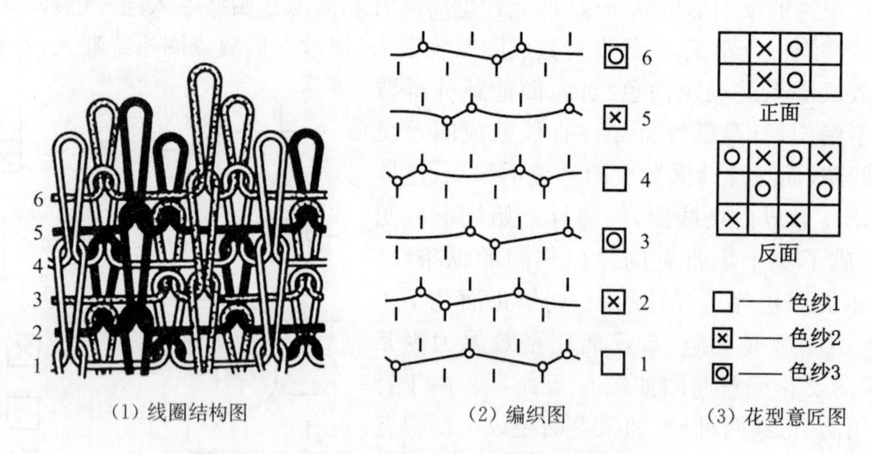

图5-7 反面呈小芝麻点的三色不完全提花组织

二、提花组织的特性与用途

(一) 提花组织的特性

1. 织物的延伸性较小

由于提花组织中存在浮线，因此横向延伸性较小，浮线越长，横向延伸性越小，由于提花线圈的存在，织物的纵向延伸性也较小。单面提花组织中浮线裸露在织物的反面，浮线过长，容易产生勾丝疵点，而且也影响织物的美观和穿用，所以单面提花组织浮线不宜过长。对于双面提花组织，由于反面织针参加编织，缩短了浮线的长度，而且浮线被夹在织物两面的线圈之间，织物两面都比较整洁美观，服用性较好。

2. 提花组织的厚度增加，面密度较大

因为提花组织的一个横列由两根或两根以上的纱线编织而成，织物的浮线较多，增加了织物的厚度，提高了织物的面密度。

3. 提花组织的脱散性较小

由于提花组织的线圈纵行和横列是由几根纱线形成的，当其中的某根纱线断裂时，其他纱线承担外力负荷，防止线圈脱散，而且纱线之间接触面增加，摩擦力增大，也使织物的脱散性降低。

4. 生产效率较低

由于提花组织一般几个成圈系统才编织一个提花线圈横列，因此生产效率较低，色纱数愈多，生产效率愈低。编织提花组织时，如果采用机械式选针机构，在变换花型时，比较费时费力，也使生产效率降低。近几年，随着电子选针装置的广泛使用，花型变换快捷方便，提花组织的生产效率不断提高。

（二）提花组织的用途

由于提花组织不仅可以形成丰富多样的色彩图案，而且还可以形成凹凸、孔眼、褶裥等结构效应，所以被广泛应用于服装、装饰和产业等各个方面。服装方面可用作 T 恤衫、女装、羊毛衫等外穿面料，装饰可用于沙发布等室内装饰，产业可用作小汽车的座椅外套等。

三、提花组织的编织工艺

提花组织由线圈和浮线组成，织针或者被选中即参加编织，形成线圈；或者不被选中即不参加编织，形成浮线。织针的选择由选针装置来完成，选针装置一般装在针筒上，按照正面的花纹要求对针筒针进行选择编织，针盘则采用高、低两档三角跑道。常用的选针装置及其选针原理将在第六章介绍。

（一）单面提花组织的编织方法

图 5-8 显示了单面提花组织的编织方法。其中图 5-8(1)表示织针 1 和 3 被选中而参加编织，退圈并垫上新纱线 a，织针 2 未被选中而退出工作，但旧线圈仍保留在针钩内；图5-8(2)表示织针 1 和 3 下降，新纱线编织成新线圈。挂在织针 2 针钩内的旧线圈由于受到牵拉力的作用而被拉长，到下一成圈系统中织针 2 参加编织时才脱下。在织针 2 上未垫入的新纱线 a 呈浮线状，处在提花线圈的后面。

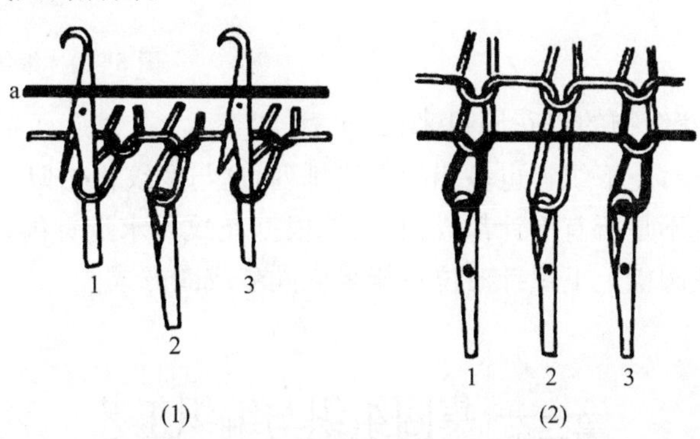

图 5-8　单面提花组织的编织方法

（二）双面提花组织的编织方法

图 5-9 显示了双面完全提花组织的编织方法。其中图 5-9(1)表示下针 2、6 在这一路被

选针机构选中上升退圈，与此同时上针 1、3、5 在针盘三角的作用下也退圈，接着退圈的上下针垫入新纱线 a。而下针 4 未被选中，既不退圈也不垫纱。图 5-9(2)表示下针 2、6 和上针 1、3、5 完成成圈过程形成了新线圈，而下针 4 的旧线圈背后则形成了浮线。图 5-9(3)表示在下一成圈系统下针 4 和上针 1、3、5 将新纱线 b 编织成了新线圈，而未被选上的下针 2、6 既不退圈也不垫纱，在其背后也形成了浮线。经过两个成圈系统，形成正面一个线圈横列、反面两个线圈横列。如果上针分为高低踵针并间隔排列，上三角按照一定规律配置，则每一成圈系统上针 1 隔 1 成圈，可以形成双面不完全提花组织。

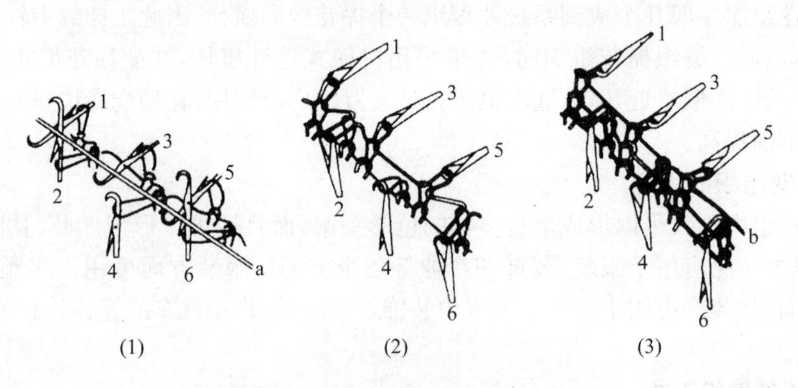

图 5-9 双面提花组织的编织方法

(三) 走针轨迹和对位

1. 走针轨迹

提花组织的形成是由于织针有选择地编织或者不编织，织针有编织和不编织两种状态，因此织针具有两种走针轨迹。图 5-10 所示轨迹 1 为织针编织时的走针轨迹，表示被选中参加编织的织针上升到退圈高度，旧线圈退到针舌下，如图 5-10(2)所示，然后织针下降垫纱形成新线圈。图 5-10 所示轨迹 2 表示不编织的织针的走针轨迹，织针上升动程很小，旧线圈仍挂在针钩内，针钩内也垫不到新纱线，如图 5-10(3)所示，织针不编织。

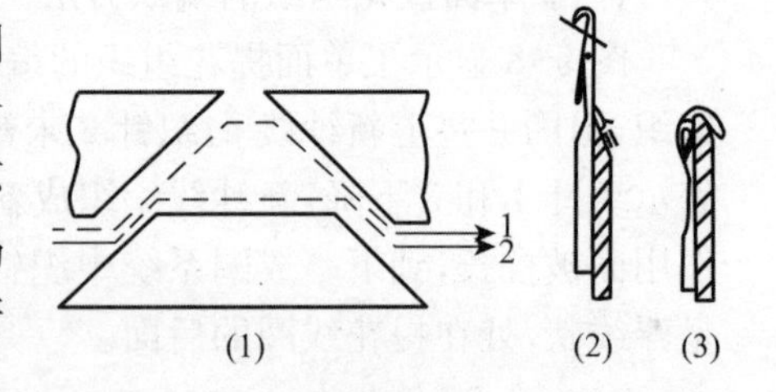

图 5-10 编织提花组织的走针轨迹

2. 对位

对于编织双面提花织物的提花圆机来说，上针盘与下针筒的针槽交错对位，上下织针也呈相间交错排列，这与罗纹机相似。由于编织双面提花织物时，在每个成圈系统不是所有下针都成圈，而是根据花纹要求选针编织，下针的用纱量经常在变化，所以双面提花圆机上下织针对位只能采取同步成圈方式。

第二节 集圈组织与编织工艺

一、集圈组织的结构与分类

在针织物的某些线圈上，除套有一个封闭的旧线圈外，还有一个或几个未封闭的悬弧，这种组织称为集圈组织，其线圈结构如图 5-11 所示。集圈组织可以在基本组织和变化组织基础上形成，其结构单元为线圈和悬弧。

集圈组织根据集圈针数的多少，可分为单针集圈、双针集圈和三针集圈等。在一枚针上形成的集圈称单针集圈，在两枚针上同时形成的集圈称双针集圈，在三枚针上同时形成的集圈称三针集圈，以此类推。根据集圈组织中线圈连续不脱圈的次数，或者是封闭线圈上悬弧的多少可以分为单列、双列及三列集圈等，有一个悬弧的称单列集圈，两个悬弧的称双列集圈，三个悬弧的称三列集圈。在命名集圈结构时，通常把集圈针数和列数连在一起，如图 5-12 中，a 为单针三列集圈，b 为双针双列集圈，c 为三针单列集圈。在一枚针上连续集圈的次数可达到 7～8 次。集圈次数愈多，由于旧线圈拉长导致纱线承受的张力愈大，因此容易造成断纱和针钩的损坏。在单面组织基础上形成的集圈组织为单面集圈组织，在双面组织基础上形成的集圈组织为双面集圈组织。

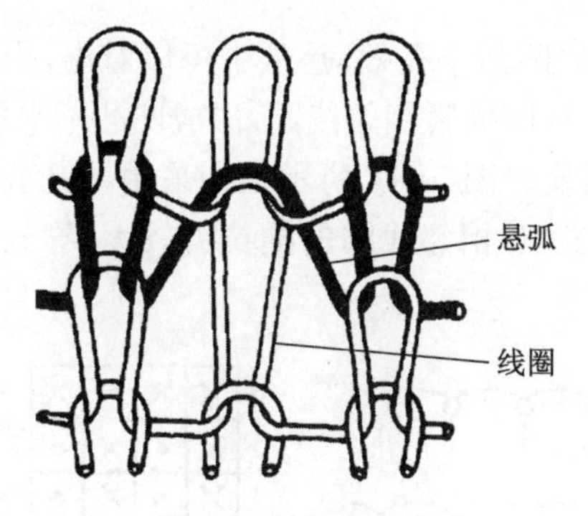

图 5-11 集圈组织

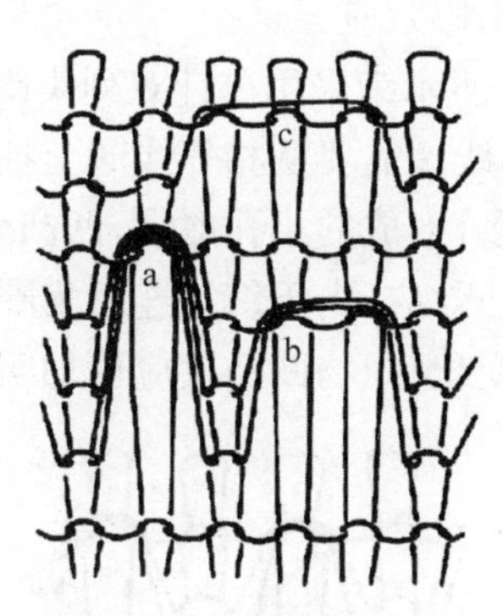

图 5-12 集圈组织结构

(一) 单面集围组织

单面集圈组织是在平针组织的基础上进行集圈编织而形成的。单面集圈组织花纹变化繁多，利用集圈单元在平针中的排列可形成多种花色效应，既可以形成凹凸、褶裥、网眼等结构效应，也可以利用色纱形成色彩效应。另外，还可以利用集圈悬弧来缩短单面提花组织中浮线的长度，以改变提花组织的服用性能。

采用集圈单元在平针线圈中有规律地排列，可以在织物表面形成各种图案的结构效应。如图 5-13 所示，单针单列集圈单元有规律地右移，形成了一种斜纹效应。也可以将集圈单元排列为其他图案，如菱形、方形等，获得各种形状的结构效应。图 5-14 所示的编织图中，单针双列集圈菱形排列，织物表面形成菱形效应。集圈的列数越多，结构效应越明显。

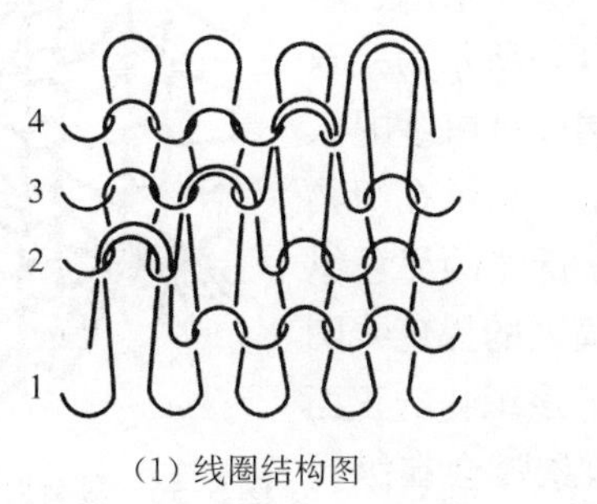

(1) 线圈结构图

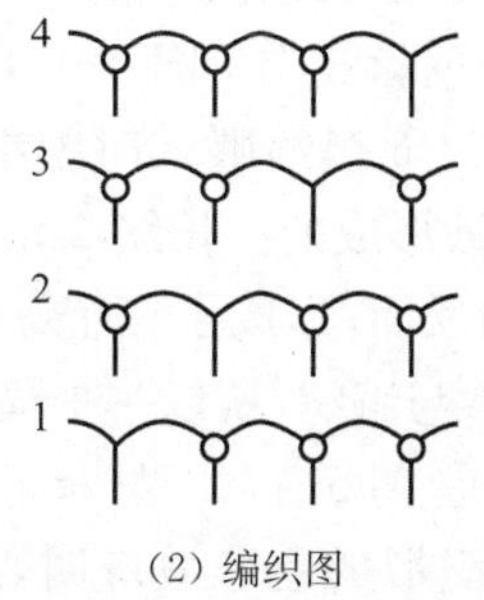

(2) 编织图

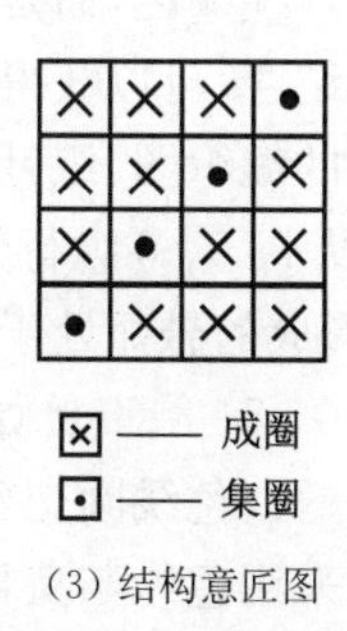

(3) 结构意匠图

图 5-13 具有斜纹效应的集圈组织

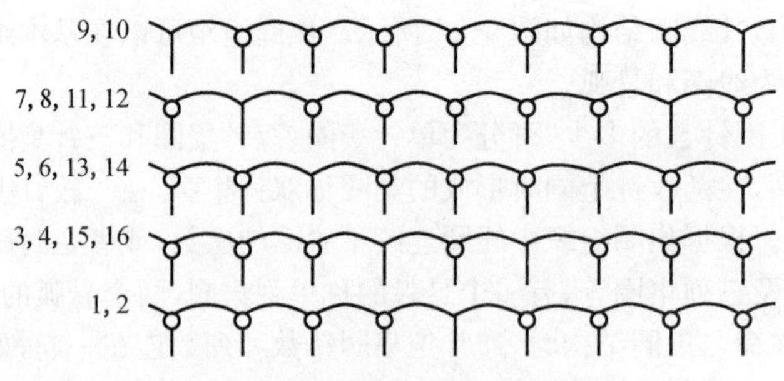

图 5-14 具有菱形效应的集圈组织

如果将集圈单元不规则地排列在平针组织中，可形成绉效应的外观。另外，集圈单元在针织物正面形成的线圈被拉长，而反面由于悬弧的线段较长。反光效果存在差异，在针织物上还会产生一种阴影效应。

图 5-15 所示为采用单针双列集圈所形成的凹凸小孔效应，从中可以看出，由于织针连续两次集圈，旧线圈需要从相邻线圈上抽取纱线，从而抽紧相邻线圈，形成凹凸不平的表面，连续集圈次数愈多，形成的小孔愈大，凹凸效应越明显。图 5-16 所示结构采用单针五列集圈形成的小孔与凹凸效应，由于织针连续集圈次数较多，对相邻线圈的抽拉力较大，导致织物线圈横列高度发生变化，织物凹凸效应更加明显。

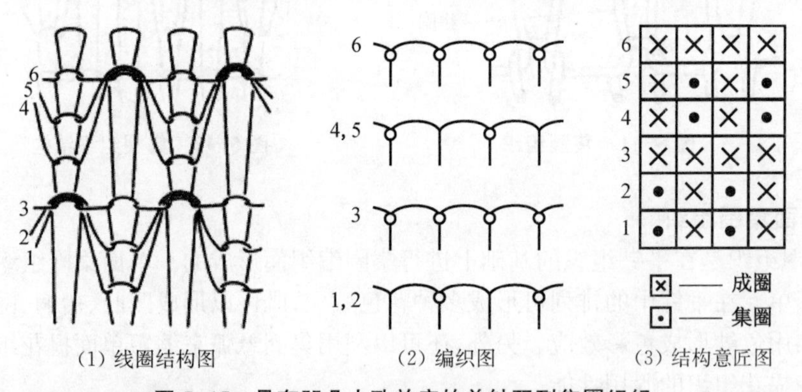

图 5-15 具有凹凸小孔效应的单针双列集圈组织

在集圈组织中，悬弧处于织物的反面，被拉长旧线圈的正面圈柱覆盖，因此悬弧在织物正面看不见，只能显示在反面。当采用色纱编织时，织针如果在某一成圈系统集圈，织物正面显示的并不是织针垫上的纱线颜色，而是织针上拉长线圈的色彩，因此采用色纱和集圈组织结合，可以获得各种色彩效应。图 5-17(1)所示为一双色集圈织物的编织图，织针 4、5、6 黑纱喂入时编织，而白纱喂入时集圈，所以 4、5、6 纵行处黑纱形成的拉长线圈始终显示在织物正面，白纱形成的悬弧处于织物反面，形成了三个纵行宽的黑色纵条纹，1、2、3、7、8、9 针始终参与编织，所以一个横列的黑色线圈与一个横列的白色线圈交替配置，图 5-17(2)显示了该织物的正面色彩效应。采用色纱与集圈组织形成色彩效应时，悬弧会在纵行之间的缝隙中显露在织物的正面，导致花纹界限不清，影响织物正

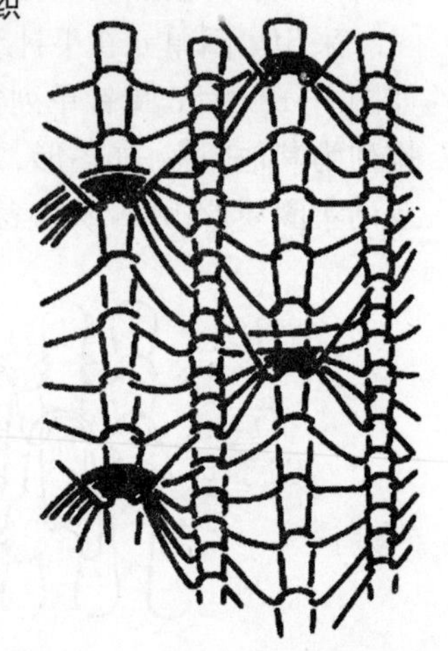

图 5-16 具有凹凸小孔效应的单针五列集圈结构图

面的美观性。

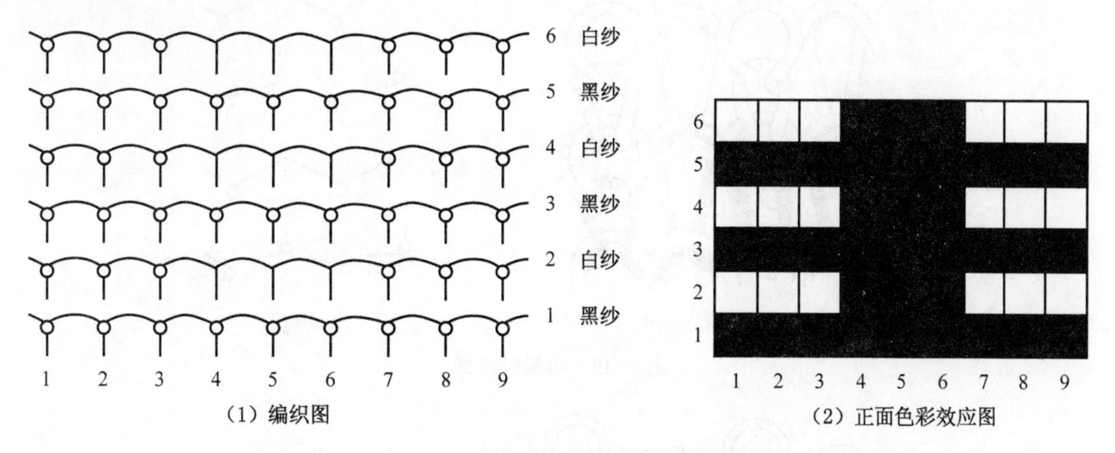

图 5-17　具有彩色花纹的两色集圈组织

在单面提花组织中适当地配置集圈，可以缩短反面的浮线长度，提高织物的美观性和实用性，如图 5-18(1)所示，纱线在中间五枚针上都不编织，形成的浮线较长；如果改为在中间针上进行集圈，如图 5-18(2)所示，则浮线缩短到原来长度的一半，而且悬弧只显示在织物反面，所以织物正面的色彩效果与图 5-18(1)仍然一样。

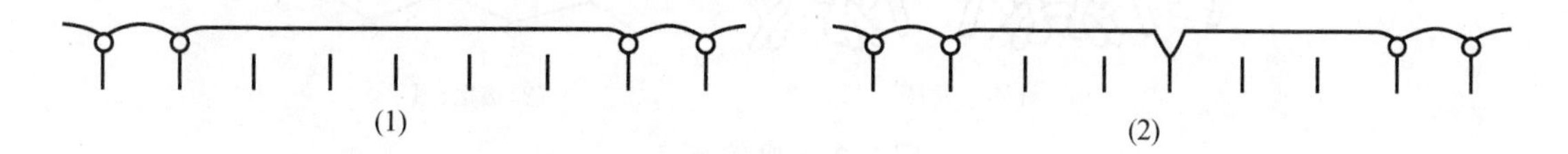

图 5-18　运用集圈缩短浮线实例

(二) 双面集圈组织

双面集圈组织是在罗纹组织和双罗纹组织的基础上进行集圈编织而形成的。常用的双面集圈组织为畦编和半畦编组织。编织畦编和半畦编组织时，织针排列同罗纹组织一样，上下针交错排列，它们属于罗纹型的双面集圈组织。

图 5-19 所示为半畦编组织，针筒针在每个成圈系统始终正常成圈，针盘针一路成圈、一路集圈，两个成圈系统完成一个循环。由于正反面线圈指数的差异，各线圈在编织过程中所受的作用力不同，所以线圈的形态结构不同。悬弧 1 由于与集圈线圈处在一起，所受张力较小，加上纱线弹性的作用，便力求伸直，并将纱线转移给与之相邻的线圈 3、4，使线圈 3、4 变大变圆。集圈线圈 2 被拉长，拉长所需的部分纱线从相邻的线圈 5、6 中转移过来，于是线圈 5、6 变小。因此，在织物的正面，线圈 5、6 等被变大变圆的线圈 3、4 等所遮盖，在织物反面看到的主要是拉长的集圈线圈，两面外观效应不同。

图 5-20 所示为畦编组织，集圈在织物的两面形成，第一路针筒针编织，针盘针集圈，第二路针筒针集圈，针盘针编织，两个成圈系统完成一个循环。在一个循环中，针盘针和针筒针编织与集圈的次数一致，因此织物结构对称，两面外观效应相同。畦编组织和半畦编组织相对罗纹组织显得厚重，在羊毛衫、围巾中应用较多。

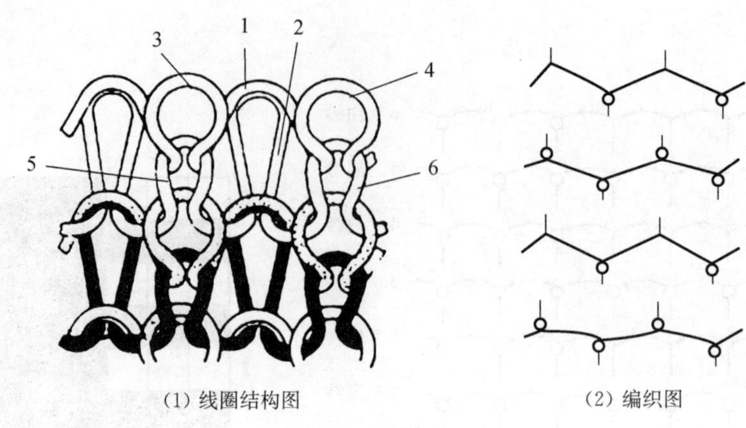

（1）线圈结构图　　（2）编织图

图 5-19　半畦编组织

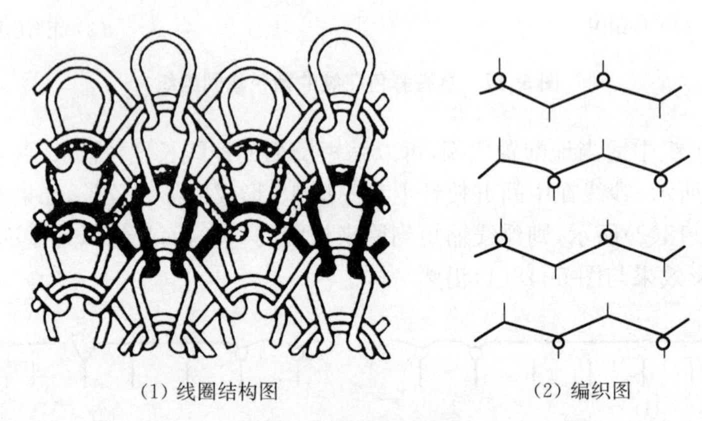

（1）线圈结构图　　（2）编织图

图 5-20　畦编组织

在双层织物组织中，集圈还可以起到一种连接作用。图 5-21 所示为一双层针织物编织图，第一路针筒针编织平针组织，第二路针盘针编织平针组织，第三路利用上下针集圈将针筒平针组织与针盘平针组织连接起来，形成双层针织物。如果针筒针和针盘针编织平针组织时采用不同的原料或色纱，织物两面可具有不同的性能、风格或者色彩，俗称两面派织物。

在双面集圈组织中，也可以像单面集圈组织一样，有规律地配置集圈单元，在织物的一面或者两面形成孔眼、凹凸等效应。

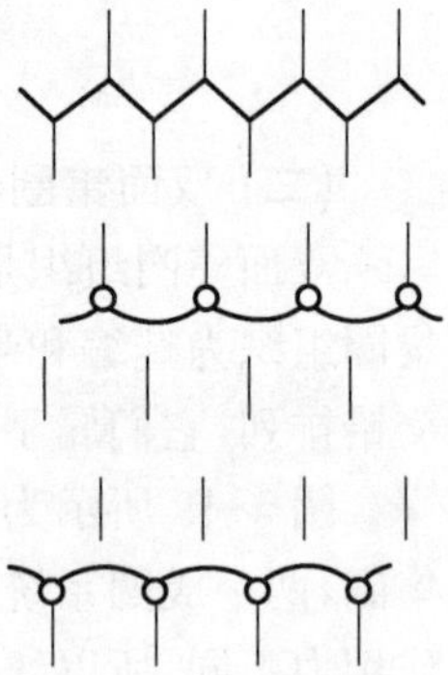

图 5-21　双层针织物编织图

二、集圈组织的特性与用途

1. 集圈组织的特性

集圈组织的花色变化较多，利用集圈的排列和使用不同色彩和性能的纱线，可编织出表面具有图案、闪色、孔眼及凹凸等效应的织物，使织物具有不同的服用性能与外观。

集圈组织的脱散性较平针组织小，但容易勾丝。由于集圈的后面有悬弧，所以其厚度较平针与罗纹组织的大。集圈组织的横向延伸较平针与罗纹小。由于悬弧的存在，织物宽度增加，长度缩短。集圈组织中的线圈大小不均，因此强力较平针组织与罗纹组织小。

2. 集圈组织的用途

集圈组织在羊毛衫、T 恤衫、吸湿快干功能性服装等方面得到广泛的应用。

三、集圈组织的编织工艺

1. 编织方法

集圈组织的编织方法与提花组织相似，一般需要进行选针。但编织集圈组织时，选针是在成圈和集圈之间进行的。现以单面集圈组织为例来说明它的编织过程。如图 5-22(1)所示，针 1 和针 3 被选针机构选中上升到退圈高度，旧线圈退到针舌下，针 2 被选针机构选中但上升到不完全退圈(即集圈)高度，旧线圈仍挂在针舌上。随后，垫入新纱线 H。针 1、针 2 和针 3 下降时，新纱线进入针钩，接着针 1 和针 3 上的旧线圈脱圈，进入针钩的纱线形成新线圈，而针 2 的针钩内虽垫入新纱线，但是旧线圈也被封闭在针钩内，无法进行套圈、脱圈与成圈，因此新纱线形成悬弧，与旧线圈一起处于针钩内，如图 5-22(2)所示。到下一成圈系统时，如果针 2 编织，则悬弧与旧线圈一同进行退圈。

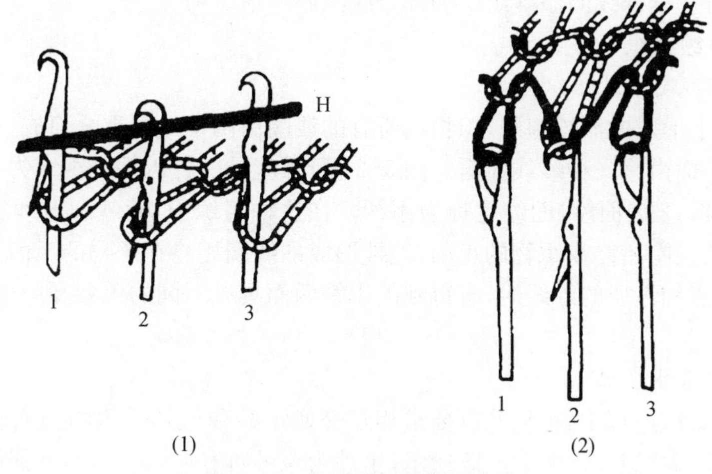

图 5-22　集圈组织的编织方法

2. 走针轨迹

由于编织集圈组织时织针处于成圈和集圈两种状态，因此具有两种走针轨迹。如图 5-23(1)所示，轨迹 1 为织针成圈时的走针轨迹，其最高点为织针完全退圈高度，此时旧线圈退到针杆上，如图 5-23(2)所示。轨迹 2 为织针集圈时的走针轨迹，织针上升到不完全退圈高度，旧线圈仍挂在针舌上，如图 5-23(3)所示。

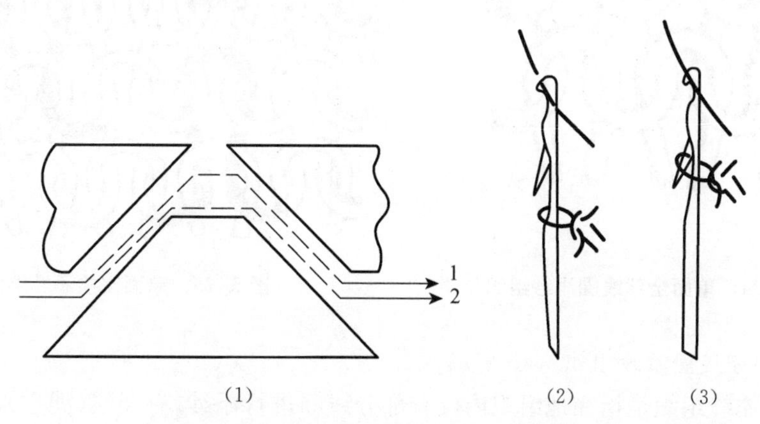

图 5-23　编织集圈组织时的走针轨迹

第三节　添纱组织与编织工艺

一、添纱组织的结构与分类

添纱组织是指织物上的全部线圈或部分线圈由两根纱线形成的一种花色组织，如图 5-24 所示。添纱组织中两根纱线的相对位置是确定的，它们所形成的线圈按照要求分别处于织物的正面和反面，不是由两根纱线随意叠加在一起形成的双线圈组织结构。

添纱组织可以在单面平针组织基础上编织形成单面添纱组织，也可以在双面罗纹组织基础上编织形成双面添纱组织，实际生产中单面添纱组织应用较多。根据添纱组织中添纱线圈的分布情况，可分为全部线圈添纱组织和部分线圈添纱组织两类。

（一）单面添纱组织

1. 单面全部线圈添纱组织

在平针基础上形成的添纱组织，织物内所有的线圈由两个线圈重叠而成，织物的一面由一种纱线显露，另一面由另一种纱线显露。图 5-24 所示就是一种以平针组织为基础的全部线圈添纱组织，1 为地纱，2 为面纱，面纱也称为添纱。在这种组织中，面纱和地纱的相对位置保持不变，面纱形成的线圈始终在织物的正面，地纱形成的线圈始终在织物的反面。当地纱和添纱采用两种不同色彩和性质的纱线时，所得到的织物两面具有不同的色彩和服用性能，就可以获得两面效应织物。

2. 单面交换添纱组织

在编织添纱组织过程中，根据花纹要求相互交换添纱和地纱在织物正面和反面的相对位置，就形成了交换添纱组织，如图 5-25 所示，黑纱为添纱，白纱为地纱，有些线圈是黑纱处在织物的正面，白纱处在织物的反面，但另外一些线圈黑纱和白纱的位置发生了互换，黑纱处在织物的反面，而白纱处在织物的正面。

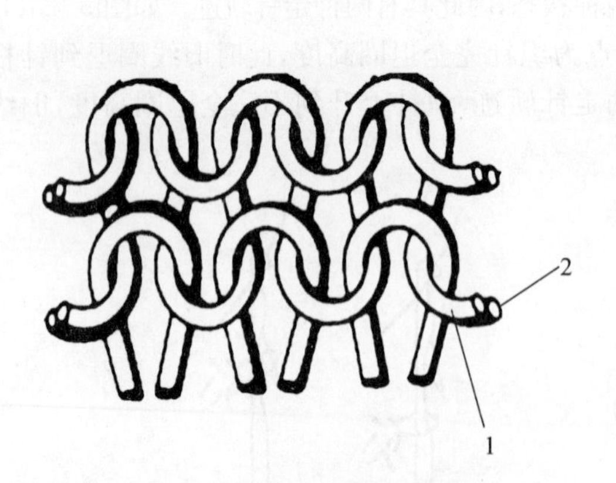

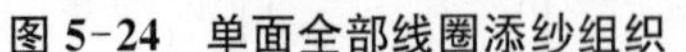
图 5-24　单面全部线圈添纱组织

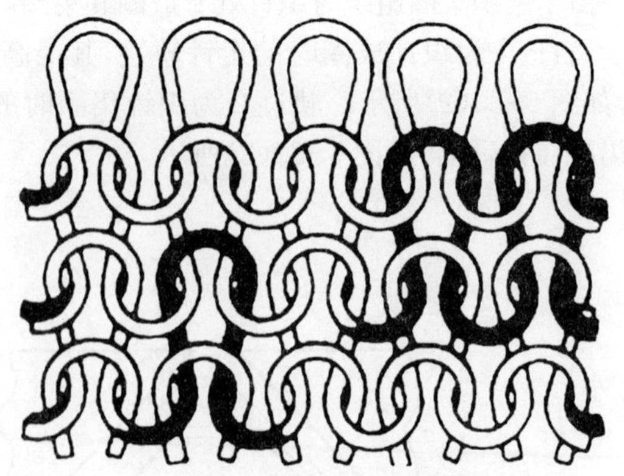

图 5-25　单面交换添纱组织

3. 单面部分线圈添纱组织

部分线圈添纱组织是指在地组织内仅有部分线圈进行添纱，有浮线（架空）添纱和绣花添纱两种。

（1）浮线添纱组织　图 5-26 所示的是浮线添纱组织（又称架空添纱组织），由地纱 1 形成平针地组织，添纱 2 按花纹要求沿横向覆盖在地组织纱线 l 的部分线圈上。一般地纱较细，添纱较粗，由地纱和添纱同时编织的线圈处，组织比较紧密、厚实，在单独由地纱编织的线圈之处，添纱在织物反面呈浮线，因此称为浮线添纱组织。由于只有地纱成圈的地方织物稀薄，所以呈网孔状外观，因此一般利用部分线圈添纱组织形成网眼效应。

（2）绣花添纱组织　图 5-27 所示为绣花添纱组织，它将添纱 2 按花纹要求沿纵向覆盖在地组织纱线 1 的部分线圈上。添纱 2 常称为绣花线，当花纹间隔较大时，在织物反面有较长的浮线。花纹部分由于添纱的加入，织物变厚，表面不平整，影响织物的服用性能。一般绣花添纱组织中，绣花区域较小，这种组织常用于绣花袜的生产中。

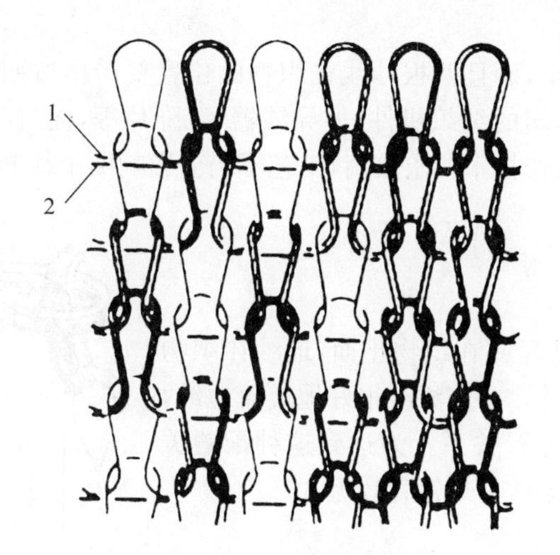

图 5-26　浮线添纱组织

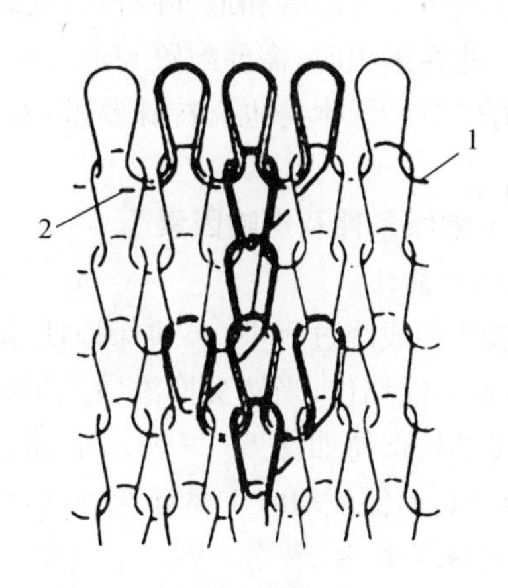

图 5-27　绣花添纱组织

（二）双面添纱组织

在双针床针织机上，以罗纹为地组织可以编织双面添纱组织，如图 5-28 所示是以 1＋2 罗纹组织为基础编织的双面添纱组织。从图中可看到，第 1、3 正面纵行是纱线 b 显露在织物表面，第 2、4 反面纵行是纱线 a 显露在织物表面，这样，织物表面产生两种色彩或性质不同的纵条纹。如果是 1＋1 罗纹，由于反面纵行的地纱被正面纵行遮盖，织物正反两面看到的均是添纱线圈。

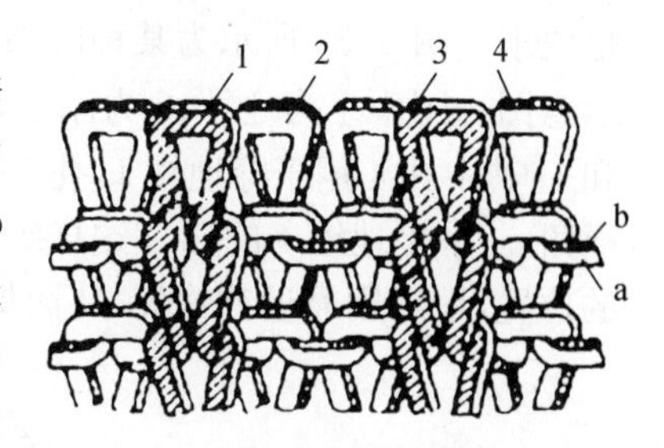

图 5-28　双面添纱组织

二、添纱组织的特性与用途

全部添纱组织的线圈几何特性基本上与地组织相同，具有与地组织相似的特性。如平针为地组织的单面添纱组织，具有与平针组织相似的歪斜性、卷边性、脱散性，如果地纱与添纱采用两根不同捻向的纱线进行编织，可消除针织物线圈歪斜的现象。

添纱组织的特点在于一个线圈重叠在另一个线圈上，当使用不同颜色或不同性质的纱线作面纱和地纱时，可使织物的正、反面具有不同的色泽及性质。例如用棉纱作地纱，涤纶纱作面纱编织，可获得单面丝盖棉织物。利用两种原料的不同性能和色泽，可提高织物的服用性能。

部分添纱组织中由于浮线的存在，延伸性和脱散性较地组织小，但容易引起勾丝。

添纱织物的外观取决于两根纱线的覆盖程度，增加线圈密度，可提高花纹的清晰度，获得良好的外观。织物密度稀，线圈覆盖不良，反面线圈会显露在织物的正面，使织物带有杂色，影响外观。

以平针为地组织的全部添纱组织多用于功能性、舒适性要求较高的服装面料，如丝盖棉、导湿快干织物等。部分添纱组织多用于袜品生产。随着弹性织物的流行，添纱结构还广泛用于加有氨纶等弹性纱线的针织物的编织。

三、添纱组织的编织工艺

添纱组织是由添纱和地纱两根纱线编织，而且两根纱线在织物的位置要严格按照花纹的要求。因此在编织时，需要配置与地组织不同的编织机件，如导纱器、沉降片等，而且对织针、纱线张力以及纱线本身也有特殊要求，对操作技术要求较高，工艺不当会影响两个线圈的覆盖效果。

（一）编织条件及影响因素

1. 编织条件

在垫纱和成圈过程中，必须保证使添纱显露在织物正面，地纱在织物反面，两者不能错位，当然交换添纱组织除外。要使添纱很好地覆盖地纱，两种纱线必须保持如图 5-29 所示的相互配置关系。为达到这种配置关系，垫纱时必须保证地纱 1 离针背较远，而添纱 2 离针背较近。

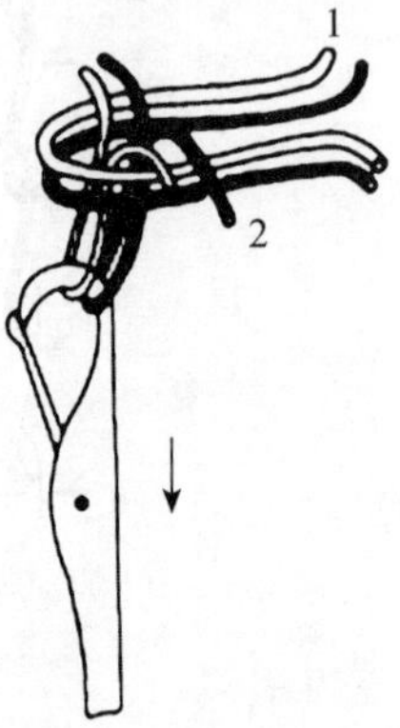

图 5-29　地纱与添纱的相互配置

2. 特殊导纱器

添纱组织的成圈过程与基本组织相同，但在编织添纱组织时，必须采用特殊的导纱器以便同时喂入地纱与添纱，并使地纱与添纱的垫纱位置满足要求。图 5-30 所示为某种圆纬机上编织添纱组织用的导纱器及其垫纱示意图。图中 1 为地纱，2 为添纱，导纱器 3 上有两个互为垂直的导纱孔 4 和 5，其中孔 4 用于穿地纱 1，孔 5 用于穿添纱 2。添纱 2 的垫纱纵角 β_2 大于地纱 1 的 β_1，垫纱横角 α_2 小于地纱 1 的 α_1。这样织针在下降过程中针钩先接触添纱，并且添纱占据了靠近针背的位置，地纱则靠近针钩尖，从而保证了添纱和地纱的正确配置关系。

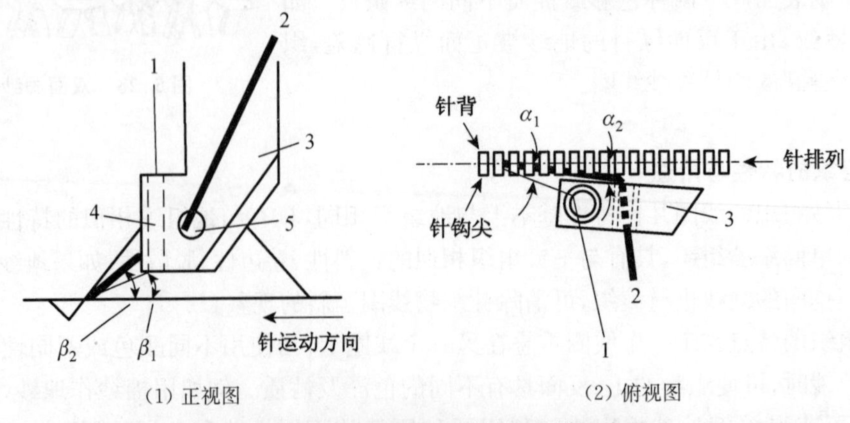

(1) 正视图　(2) 俯视图

图 5-30　添纱组织用导纱器及垫纱示意图

3. 扑头针

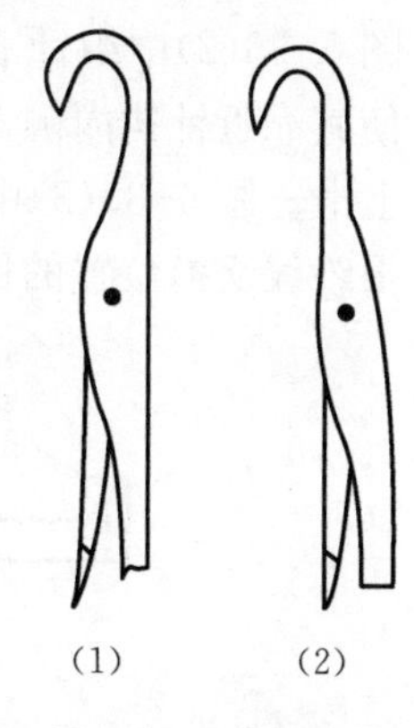

图 5-31　普通织针与扑头针

图 5-31 所示为普通织针和扑头针的结构。图 5-31(1)所示普通织针的针钩内侧不平，垫在针钩内侧的两种纱线，随织针下降，易翻滚错位，影响覆盖效果。图 5-31(2)所示扑头针的针钩内侧较直，在成圈时两种纱线的相对位置较为稳定，因此适用于添纱组织的编织。

除了对垫纱位置及织针的要求外，沉降片的外形、圆纬机的针筒直径、纱线本身的性质(线密度、摩擦因数、刚度等)、线圈长度、纱线张力、牵拉张力和纱线粗细等也影响到地纱和添纱线圈的正确配置。为了使添纱组织中两种纱线保持良好的覆盖关系，面纱宜选用较粗的纱线，地纱选用较细的纱线。

如果编织条件和工艺不当，编织过程中，就会发生地纱和面纱位置交换现象，地纱线圈翻到织物正面，即产生“跳纱”疵点(也称“翻丝”)。在生产过程中如果发生“跳纱”织疵，需要根据原料的性质和各种编织条件，重新选择合适的工艺参数，如喂纱张力、垫纱角等，以保证地纱和面纱线圈正确配置。

(二) 添纱组织的编织

1. 全部线圈添纱组织的编织

这类组织的成圈过程与平针组织相同，仅采用专门的导纱器和织针，合理选择工艺参数，确保地纱和添纱正确配置。

2. 交换添纱组织的编织

交换添纱组织编织时，需要根据花型的需要，变换添纱和地纱的位置。通常采用专用沉降片来完成添纱和地纱位置的翻转。

(1) 采用辅助沉降片的纱线翻转过程　这种方法在成圈过程中采用两种沉降片，如图 5-32所示。图 5-32(1)所示为普通沉降片，起成圈作用，图 5-32(2)所示为辅助沉降片，起翻转两种纱线的作用。两种沉降片安放在同一片槽内。辅助沉降片的片杆较长，片踵也较厚，在正常情况下，它停留在机外，并不妨碍普通沉降片参加编织。当根据花纹要求，需要使地纱和添纱位置翻转时，辅助沉降片被选片机构作用向针筒中心推进，由于片鼻对地纱的压挤作用，使其翻转到面纱之后，从而导致纱线交换位置。

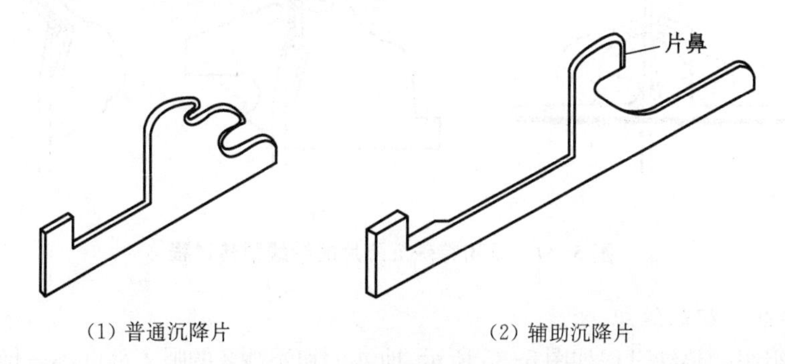

(1) 普通沉降片　(2) 辅助沉降片

图 5-32　普通沉降片与辅助沉降片

成圈过程如图 5-33 所示。图 5-33(1)中面纱 1 和地纱 2 喂到针钩内，张力较大的面纱 1 靠近针钩内侧，而地纱 2 则在上方并靠近针钩尖，此时辅助沉降片 3 处在非作用位置。

图 5-33(2)中织针下降成圈时，辅助沉降片受选片机构的作用向针筒中心推进，挤压地纱 2，使其靠近针钩内侧。原来在针钩内侧的面纱 1，因织针的下降，被普通沉降片的片颚 4 阻挡而上滑。图 5-33(3)中上滑的纱线 1 绕过已在针钩内侧的纱线 2，至纱线 2 的外侧，从而达到两根纱线交换位置的目的。图 5-33(4)为面纱 1 和地纱 2 在针钩内配置的放大图。

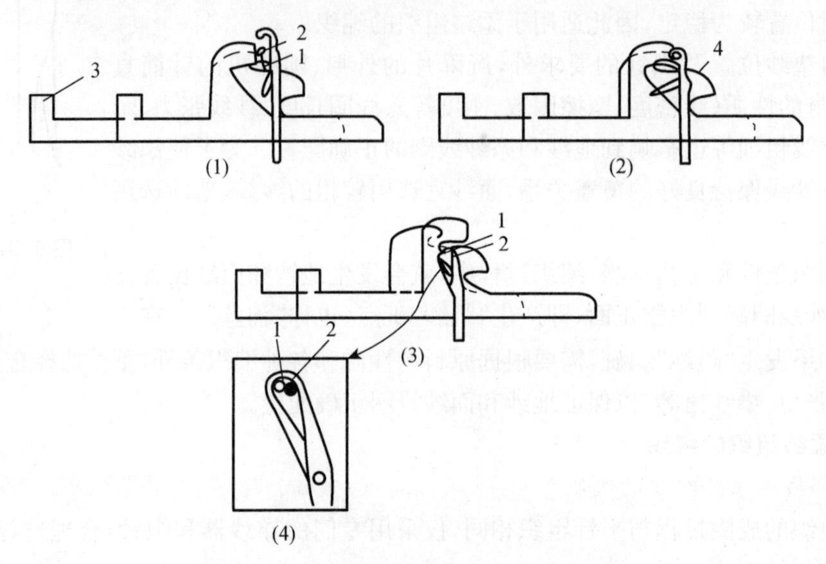

图 5-33　采用辅助沉降片的纱线翻转过程

(2) 采用特殊沉降片的纱线翻转过程　这种特殊沉降片具有倾斜的片颚，如图 5-34(1)所示，实线和虚线分别表示沉降片处于正常工作和翻纱时的位置。图 5-34(2)表示正常编织，此时织针下降，在沉降片上形成线圈，面纱 1 和地纱 2 按正常添纱原理成圈。图 5-34(3)表示线圈的翻转，沉降片向右推进，进入针钩内的面纱 1 和地纱 2 随着织针下降，遇到沉降片的倾斜片颚上沿的阻挡，因而倾斜下滑，产生离针而去的趋势。经此倾斜前滑的作用后，受张力作用的纱线 1 越过地纱 2 而到达靠近针钩尖的位置，使面纱 1 和地纱 2 的顺序翻转，达到两纱线交换位置的目的。

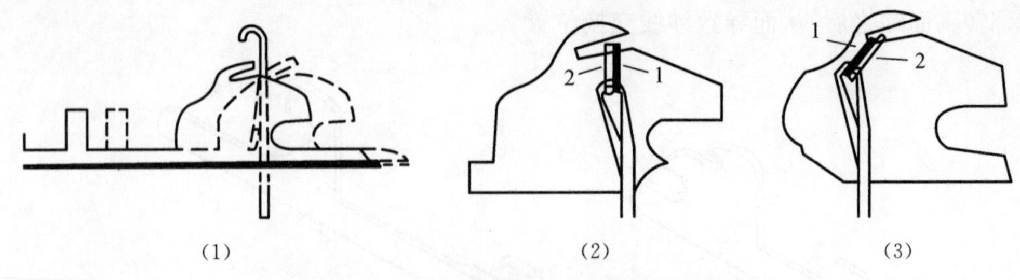

图 5-34　采用特殊沉降片的纱线翻转过程

3. 浮线添纱组织的编织

浮线添纱组织的垫纱过程如图 5-35 所示，地纱 1 和添纱 2 的喂入高度不一样，如图 5-35(1)所示。地纱 1 的垫纱位置较低，能垫到所有的织针针钩内，进行成圈。添纱 2 的垫纱位置较高，织针 3 和织针 4 垫不到添纱，而其他针都垫到添纱。当成圈后，织针 3 和织针 4 上仅由地纱成圈，添纱成浮线，而其他织针添纱和地纱都成圈，形成双线圈，从而形成浮线添纱组织。

图 5-35(2)和图 5-35(3)分别为图 5-35(1)的侧视和俯视图。

4. 绣花添纱组织的编织

编织绣花添纱组织时的垫纱过程如图 5-36 所示，这种组织的绣花线 2(面纱)不和地纱穿在同一导纱器上，而是穿在专门的导纱片 1 上，导纱片受选片机构 3 的控制可以摆到针前和针后的位置。编织时，根据花纹要求导纱片摆至所需绣花纱线的织针前面，将绣花线垫到针上，然后摆回针后，再垫上地纱。针上便同时垫上两根纱线，脱圈后，即生成添纱组织。未垫上绣花线的织针只编织地纱。

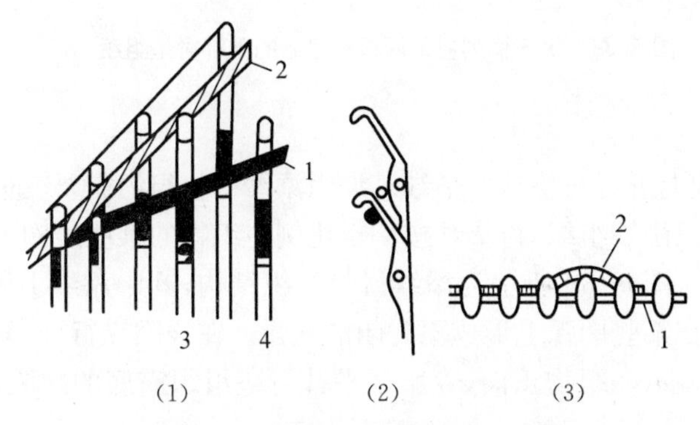

图 5-35 浮线添纱组织的垫纱过程

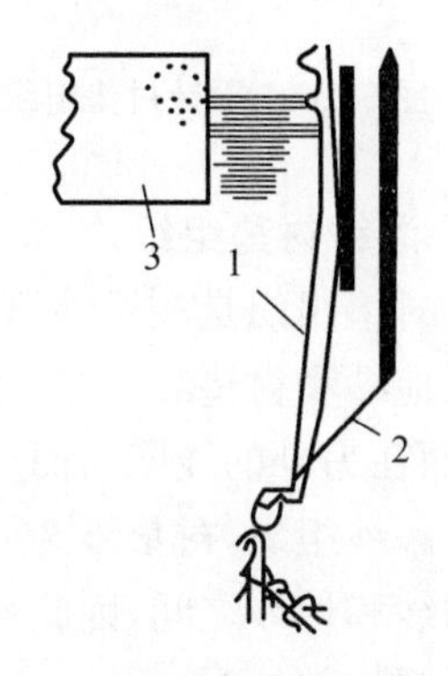

图 5-36 绣花添纱组织的垫纱过程

第四节 衬垫组织与编织工艺

一、衬垫组织的结构与分类

衬垫组织是在编织地组织线圈的同时，将一根或几根衬垫纱线按一定的比例垫放在某些线圈上形成不封闭的悬弧，在其余线圈上呈浮线停留在织物反面而形成的一种花色组织。衬垫组织的基本结构单元为地组织形成的线圈，以及衬垫纱形成的悬弧和浮线。衬垫组织的地组织可以是平针组织、添纱组织、单面集圈组织和变化平针组织等，常用平针组织和添纱组织两种。

(一) 平针衬垫组织

平针衬垫组织以平针为地组织，编织平针衬垫组织需要两根纱线，一是地纱，编织平针地组织，二是衬垫纱。在平针组织的基础上，衬垫纱按一定的比例编织成不封闭的圈弧悬挂在平针组织的部分线圈上，所以平针衬垫组织又称两线衬垫组织。平针衬垫组织的线圈结构如图 5-37 所示，地纱 1、3 编织平针组织，衬垫纱 2、4 按 1∶1 的比例编织成不封闭的圈弧悬挂在地组织上，即一枚针上形成圈弧，一枚针上形成浮线。衬垫纱形成的悬弧和浮线都处于织物的反面，但是在线圈纵行之间，衬垫纱和平针线圈沉降弧产生交叉，衬垫纱显示在织物的正面，如图中 a、b 处，造成衬垫纱在正面露底。由于衬垫纱不成圈，因此常采用比地纱粗的纱线，或采用花式纱线形成花纹效应。根据花纹要求还可以在同一个横列同时衬入多根衬垫纱，如图 5-38所示，在地纱 1 形成的平针组织基础上，每一个横列同时衬入两根衬垫纱，即衬垫纱 2 和衬垫纱 3，两根衬垫纱的色彩和垫放位置不同，既增加了花纹效应，也提高了织物的厚度。

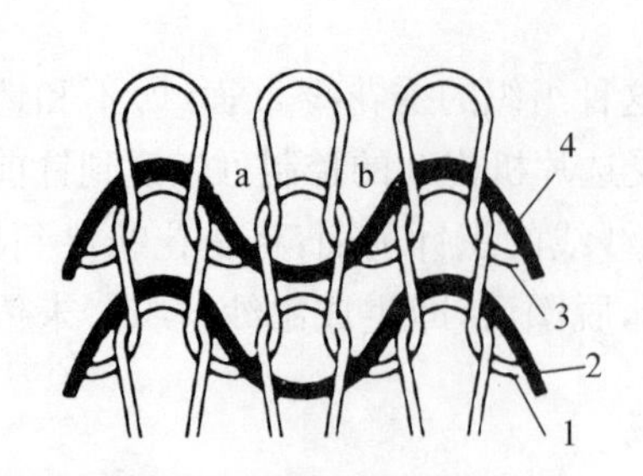

图 5-37 平针衬垫组织结构

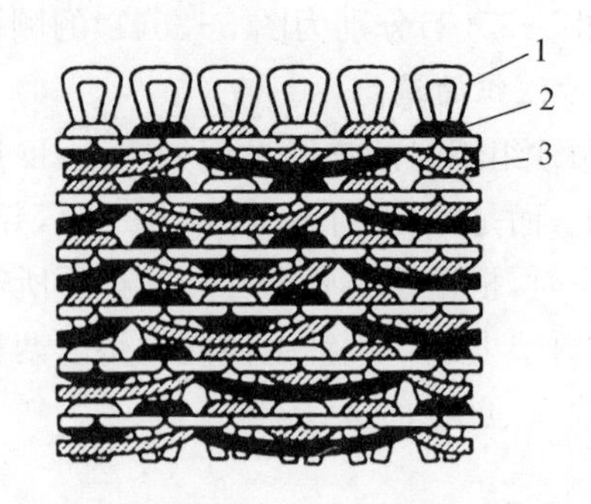

图 5-38 每一横列衬入两根衬垫纱的平针衬垫组织

(二) 添纱衬垫组织

添纱衬垫组织是在添纱组织的基础上进行衬垫纱的垫纱。编织添纱衬垫组织需要三根纱线，添纱、地纱和衬垫纱，添纱和地纱编织添纱组织，衬垫纱按一定比例在织物的某些线圈上形成悬弧，而在另外的线圈后面形成浮线。图 5-39 所示为添纱衬垫组织结构，其中添纱 1 和地纱 2 编织添纱组织，衬垫纱 3 周期地性在某些圈弧上形成不封闭的悬弧。在线圈纵行处，衬垫纱夹在添纱和地纱之间，因此衬垫纱不显示在织物正面，克服了平针衬垫组织露底的缺陷，从而改善了织物的外观。

图 5-39 添纱衬垫组织结构

添纱衬垫组织的地组织由添纱和地纱组成，添纱处于织物的正面，因此织物的外观取决于添纱的品质，在织物的反面，衬垫纱的悬弧及浮线覆盖了地纱。添纱衬垫组织的使用牢度优于平针衬垫组织，因为即使面纱被磨断了，仍然有地纱锁住衬垫纱，提高了衬垫纱在织物中的牢度。

(三) 衬垫纱的衬垫比

衬垫比是指衬垫纱在地组织上形成的不封闭悬弧跨越的线圈纵行数与浮线跨越的线圈纵行数之比，常用的有 1∶1、1∶2 和 1∶3 等，图 5-37 所示组织的衬垫比为 1∶1，图 5-38 所示组织的衬垫比为 1∶3。

衬垫纱的垫纱方式，一般有三种，即直垫式、位移式和混合式，如图 5-40 所示。图中符号“·”表示织针；横向表示线圈横列，次序是自上而下；纵向表示线圈纵行，次序是自右向左；纱线在针上方的半圆表示针上形成悬弧，针下方的线段表示针上形成浮线。图 5-40 中，(1)为直垫式，纱线始终在同一些针上形成悬弧，形成纵向直条纹外观；(2)、(3)为位移式，悬弧的位置发生规律性的位移，其中(2)的衬垫比为 1∶1，垫纱位移两个横列一个循环，可形成凹凸效应外观，(3)的衬垫比为1∶2，垫纱位移三个横列一个循环，可形成斜纹外观；(4)为混合式，衬垫比为1∶3，垫纱方式由直垫和位移式结合，可形成方块形外观。

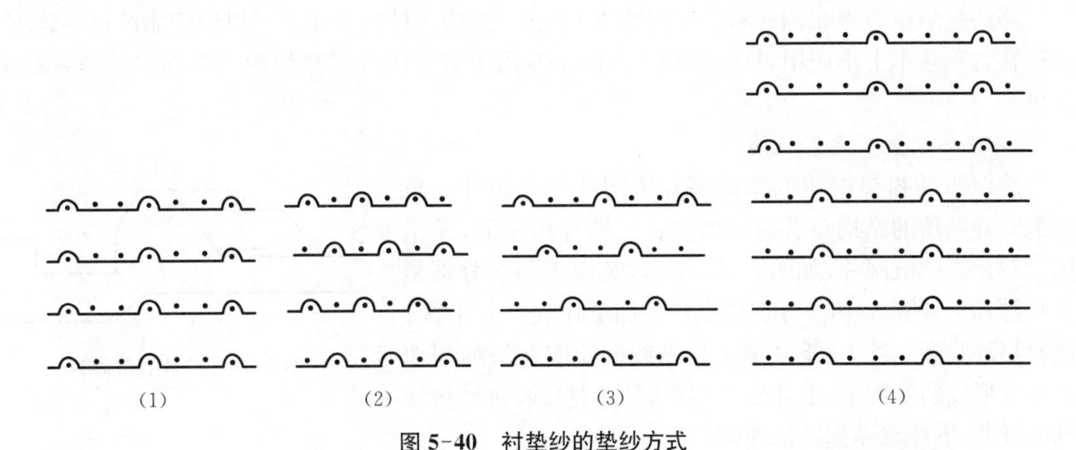

图5-40　衬垫纱的垫纱方式

在上面花纹效应中，每种织物均采用一种衬垫比。如果花纹需要，也可以在同一织物的不同横列采用不同的衬垫比，如图5-41所示。

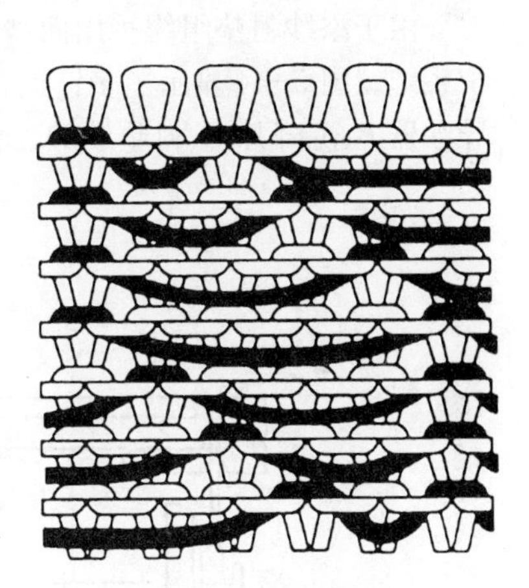

图5-41　同一织物采用不同衬垫比

二、衬垫组织的特性与用途

由于衬垫纱的作用，衬垫组织与它的地组织有着不同的特性。

衬垫组织中使用的衬垫纱一般较粗，而且由于衬垫纱突出在织物的反面，在衬垫纱与地组织之间形成了静止的空气层，提高了织物的厚度和保暖性。衬垫组织广泛应用于绒布生产，在后整理过程中进行拉毛，将衬垫纱线拉成短绒状，进一步提高了织物的厚度和保暖性。也可以利用不同粗细的纱线或花色线作为衬垫纱来达到各种花色效应。

添纱衬垫织物的脱散性较小，仅沿逆编织方向脱散，有了破洞不易扩散。由于悬弧和浮线的存在，添纱衬垫织物的横向延伸性较小，尺寸稳定。

由于良好的保暖性及尺寸稳定性，衬垫组织广泛用于保暖服装、运动衣、休闲服、T恤衫等。通过衬垫纱还能形成花纹效应，可采用不同的衬垫方式和花式纱线，在织物的工艺反面形成各种图案，作为服装的外观效应面，提高织物的美观性。

三、衬垫组织的编织工艺

(一) 平针衬垫组织的编织工艺

平针衬垫组织由地纱编织平针组织，衬垫纱按照一定比例进行针前垫纱形成悬弧，在单面多针道针织机上即可编织平针衬垫组织，平针衬垫组织的编织如图5-42所示，编织一个横列需要两路成圈系

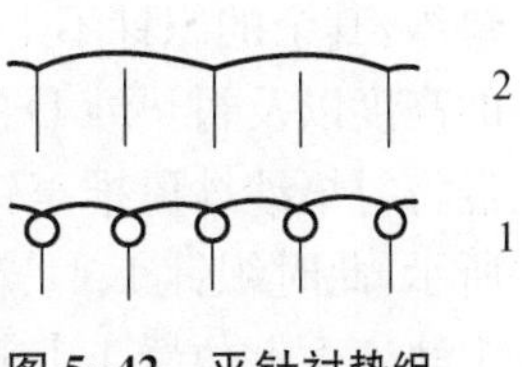

图5-42　平针衬垫组织的编织图

统,第1路编织地纱,形成平针地组织,第2路编织衬垫纱,织针按照1∶1的比例垫入衬垫纱,垫入衬垫纱的针上形成悬弧,不垫衬垫纱的针上衬垫纱形成浮线处于织物的反面。

(二)添纱衬垫组织的编织工艺

添纱衬垫组织可在钩针和舌针圆纬机上编织,采用钩针的台车上可以编织添纱衬垫组织,但现在台车基本上不使用,目前采用较多的是专用于编织添纱衬垫组织的单面多针道舌针圆纬机。

1. 机件配置及走针轨迹

编织添纱衬垫组织的单面多针道圆纬机上织针三角和沉降片三角的结构与普通单面多针道圆纬机不同,还采用了双片鄂的沉降片,如图5-43所示,其中1和2分别是上片鄂和下片鄂,3和4分别是上片喉和下片喉。上片颚1供衬垫纱脱到添纱上,下片颚2供旧线圈脱圈在添纱与地纱一起形成的线圈上,上片喉3用作握持衬垫纱,将衬垫纱推向针背,下片喉4握持旧线圈。

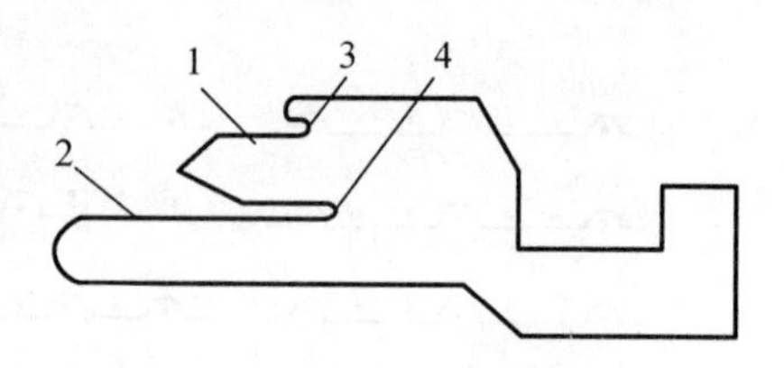

图5-43 双片颚沉降片

由于添纱衬垫组织采用面纱、地纱和衬垫纱三根纱线编织,因此编织一个横列需要三个编织系统。图5-44显示了多针道舌针圆纬机上编织添纱衬垫组织时的走针轨迹,以及织针A、导纱器B、沉降片C、衬垫纱D、面纱E和地纱F的配置情况。

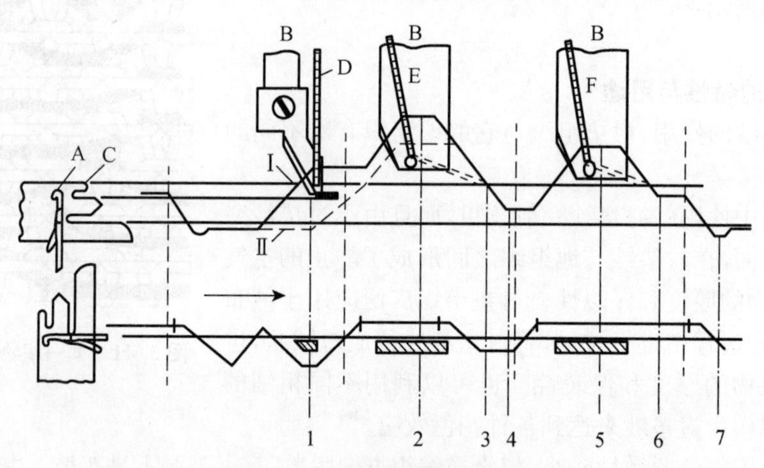

图5-44 机件配置及走针轨迹

2. 多针道圆纬机编织添纱衬垫组织的过程

(1) 垫入衬垫纱。根据垫纱比的要求,需要形成悬弧的部分织针在三角的选择下上升,衬垫纱垫在针前,而其余织针不上升,衬垫纱在针后形成浮线。如当衬垫比为1∶2时,则1、4、7、…织针上升,上升的高度如图5-44实线织针轨迹Ⅰ中1的位置,织针1、4、7针钩内垫入衬垫纱,其余的织针不上升,如图5-44虚线织针轨迹Ⅱ,衬垫纱处于针背后。织针1、4、7上升的高度以及衬垫纱D的针前垫纱如图5-45(1)所示。接着,沉降片向针筒中心运动,借助上片喉将衬垫纱纱段推至针后,织针1、4、7、…继续上升,衬垫纱从针钩移到针杆上,如图5-45(2)所示,此时织针1、4、7、…的高度如图5-44中轨迹Ⅰ上2的位置。当织针1、4、7、…从图5-44中轨迹Ⅰ上位置1上升至位置2时,其余织针也在上升,从而使衬垫纱纱段处于这些织针的针后形成浮线,其余织针的上升高度如图5-44中虚线轨迹所示。

(2) 垫入面纱。两种高度的织针随针筒回转,在三角的作用下,下降至图 5-44 中轨迹Ⅰ上 3 的位置,使面纱 E 垫入,如图 5-45(3)所示。所有的织针继续下降至图 5-44 中轨迹Ⅰ上 4 的位置,织针 1、4、7、…上的衬垫纱 D 脱落在面纱 E 上,并搁在沉降片的上片颚上,如图 5-45(4)所示。

(3) 垫入地纱并成圈。针筒继续回转,所有的织针上升至图 5-44 中轨迹Ⅰ上 5 的位置,此时面纱 E 形成的圈弧仍然在针舌上,然后垫入地纱 F,如图 5-45(5)所示。随着针筒回转,所有的织针下降至图 5-44 中轨迹Ⅰ上 6 的位置,此时织针、沉降片与三种纱线的相对关系如图 5-45(6)所示。当所有织针继续下降至图 5-44 中轨迹Ⅰ上 7 的位置时,织针下降到最低点,针钩将面纱和地纱一起在沉降片的下片颚上穿过旧线圈,形成新线圈。这时衬垫纱就被夹在面纱和地纱之间,如图 5-45(7)所示,至此一个横列编织完成。

在成圈过程中,织针和沉降片分别按图 5-45(1)~(7)中箭头方向运动。当织针再次从图 5-45(7)所示的位置上升,沉降片重新向左运动,这时成圈过程又回到图 5-45(1)的位置,继续下一个横列的编织。

按照上述方法编织添纱衬垫组织时,由于衬垫纱脱落在面纱上,即衬垫纱被面纱束缚,因此,面纱的线圈长度要大于地纱,这样可以减少衬垫纱在织物正面的露出。一般面纱的线圈长度是地纱的 1.1~1.2 倍。

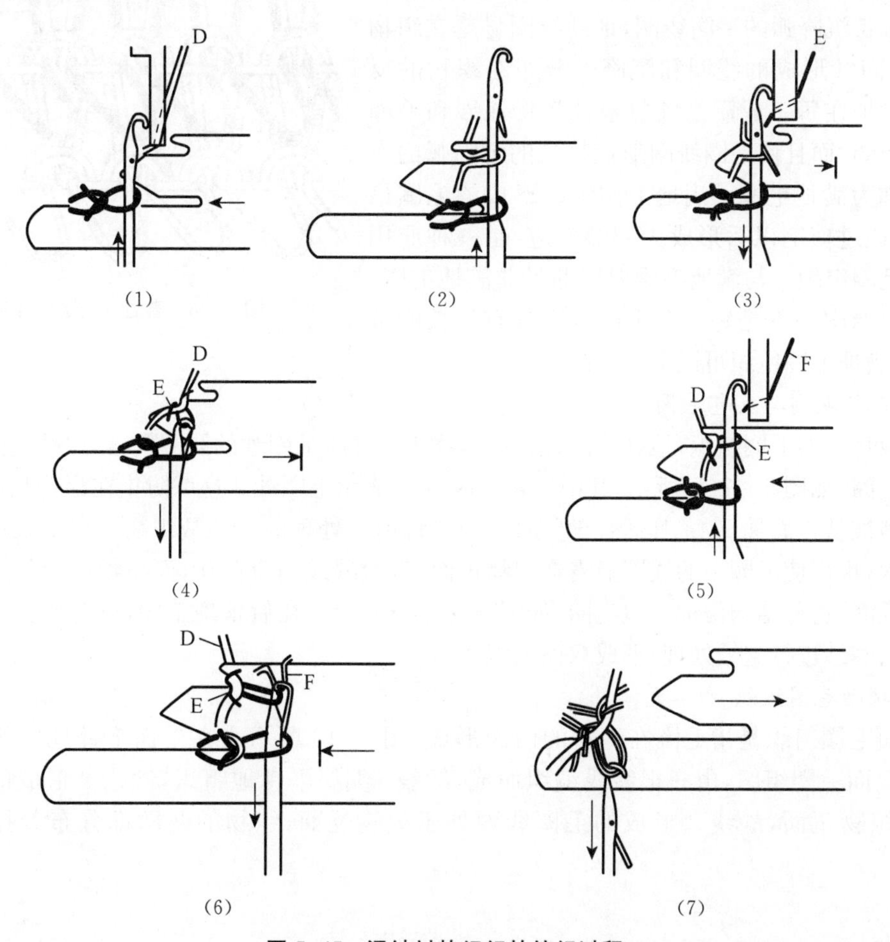

图 5-45　添纱衬垫组织的编织过程

第五节　毛圈组织与编织工艺

一、毛圈组织的结构与分类

毛圈组织是由平针线圈和带有拉长沉降弧的毛圈线圈组合而成的一种花色组织。毛圈组织一般由两根或三根纱线编织而成，其中一根为地纱，编织地组织线圈，另一根或两根为毛圈纱，编织具有拉长沉降弧的毛圈线圈。毛圈组织的地组织可以是单面的平针组织，也可以是双面的罗纹组织，但一般以平针组织为地组织较多。毛圈组织可以分为普通毛圈和花式毛圈两类，并有单面毛圈和双面毛圈之分，单面毛圈是只在织物的一面形成毛圈，双面毛圈是在织物的两面形成毛圈。

（一）普通毛圈组织

1. 满地与非满地毛圈组织

普通毛圈组织是指每一个毛圈线圈的沉降弧都被拉长形成毛圈。图5-46所示为一普通毛圈组织，其地组织为平针组织，每个地组织的平针线圈上都挂有一个拉长沉降弧的毛圈线圈，地纱线圈显露在织物正面，毛圈纱形成的线圈和沉降弧分布在织物的反面。通常把在每一成圈系统每根针都将地纱和毛圈纱编织成圈，而且使毛圈线圈形成拉长的沉降弧的毛圈组织称为满地毛圈。满地毛圈组织形成的毛圈最密，毛圈通过剪毛以后形成天鹅绒效应，是一种应用广泛的毛圈组织。与满地毛圈对应的是非满地毛圈。非满地毛圈中并不是每一个毛圈线圈都有拉长的沉降弧，非满地毛圈组织可以形成凹凸效应。

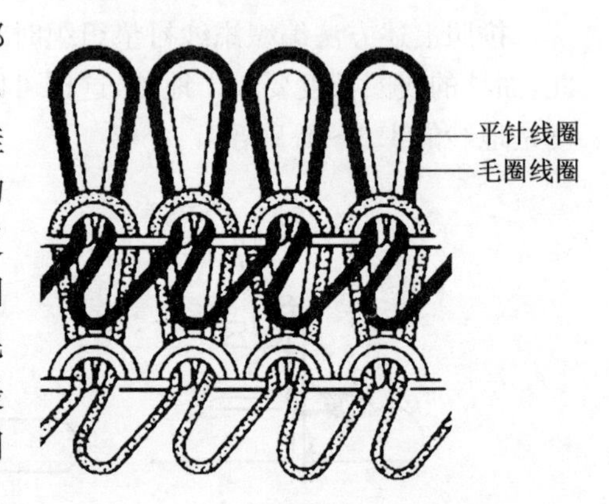

图5-46　普通毛圈组织结构

2. 正包毛圈与反包毛圈

一般普通的毛圈组织，地纱线圈显露在织物正面并将毛圈纱的线圈覆盖，这种毛圈组织俗称正包毛圈，如图5-47(1)所示，其中1表示地纱，2表示毛圈纱。这可防止在穿着和使用过程中毛圈纱被从正面抽出，尤其适合于要对毛圈进行剪毛处理的天鹅绒织物。如果采用特殊的编织技术，也可使毛圈纱的线圈显露在织物正面，将地纱线圈覆盖住，而织物反面仍是拉长沉降弧的毛圈，这种结构俗称反包毛圈，如图5-47(2)所示。在后整理工序，可对反包毛圈正反两面的毛圈纱进行起绒处理，形成双面绒织物。

3. 双面毛圈组织

双面毛圈组织是指毛圈在织物的两面形成，图5-48所示为在单面平针地组织基础上形成的双面毛圈组织，由三根纱线编织而成，纱线1编织平针地组织，纱线2形成的毛圈线圈处于织物正面，纱线3形成的毛圈线圈处于织物反面，织物的两面都分布着拉长的沉降弧。

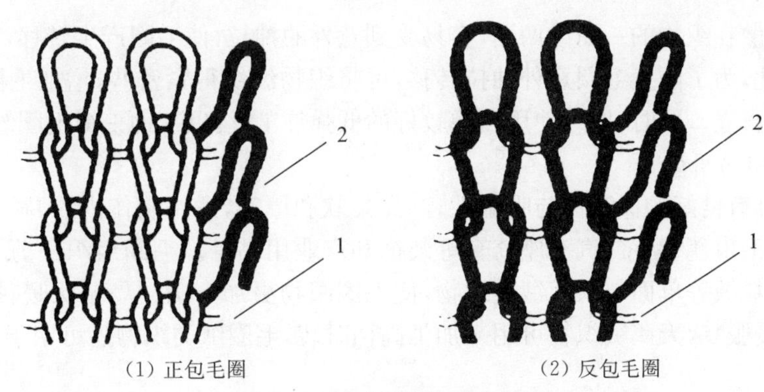

(1) 正包毛圈　　(2) 反包毛圈

图 5-47　正包毛圈与反包毛圈

(二) 花式毛圈组织

花式毛圈组织是指通过毛圈形成花纹图案和效应的毛圈组织，一般是通过选针形成花纹效应。可分为提花毛圈组织、高度不同的毛圈组织等。

1. 提花毛圈组织

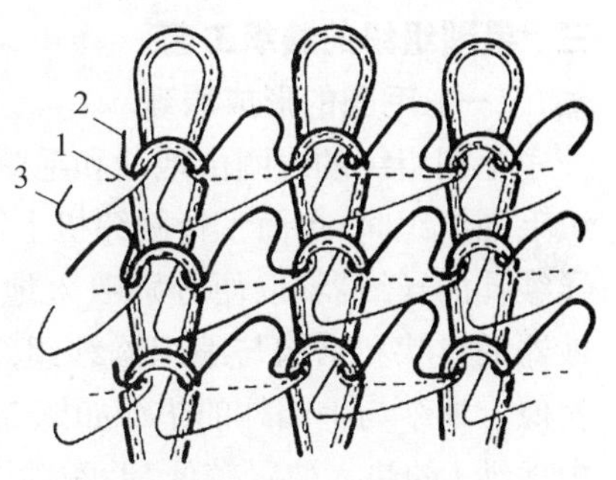

图 5-48　双面毛圈组织结构

采用不同色彩的毛圈纱，通过选针或选沉降片装置，使毛圈纱根据花纹要求在某些线圈上形成拉长的沉降弧，称为提花毛圈组织，可以是满地提花毛圈，如图 5-49(1)所示，一个横列由两种不同颜色的毛圈线圈组成，而且每个毛圈线圈都有拉长的沉降弧，也可以是非满地提花毛圈，如图 5-49(2)所示，部分毛圈线圈的沉降弧没有被拉长，织物的反面部分区域被拉长的沉降弧覆盖，其他区域没有拉长的沉降弧，比较平整。

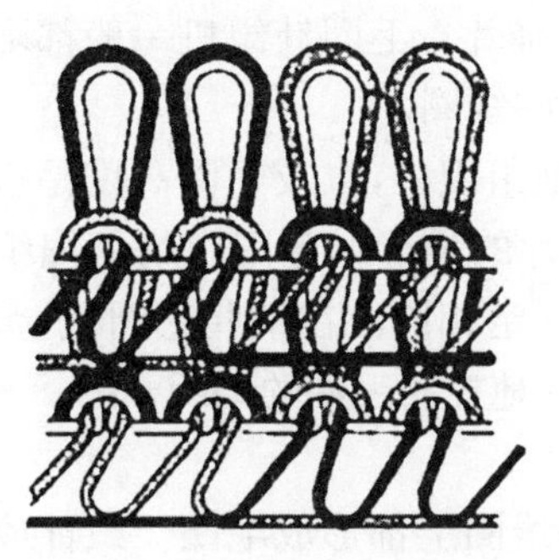

(1) 满地提花毛圈组织

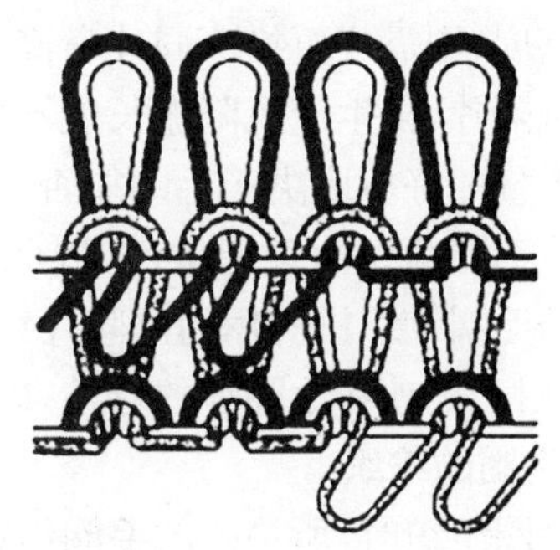

(2) 非满地提花毛圈组织

图 5-49　提花毛圈组织

2. 不同高度的毛圈组织

毛圈组织中平针线圈由较低的毛圈来代替，这样形成了两种不同高度的毛圈，按照花纹要求配置两种不同高度的毛圈，在织物表面形成凹凸花纹效应。

二、毛圈组织的特性与用途

1. 毛圈组织的特性

由于毛圈组织中加入了毛圈纱线，织物较普通平针组织柔软、厚实、紧密。但在使用过程中，由于毛圈松散在织物的一面或两面，容易受到意外的抽拉，使毛圈产生转移，这就破坏了织物的外观。因此，为了防止毛圈意外抽拉转移，可将织物编织得紧密些，增加毛圈转移时的阻力，并可使毛圈直立。同时，地纱使用回弹较好的低弹加工丝，以帮助束缚毛圈纱线。

2. 毛圈组织的用途

毛圈组织具有良好的保暖性与吸湿性，产品柔软和厚实，适用制作内衣、睡衣、浴衣、休闲服等服装，以及毛巾毯、窗帘、汽车座椅套等装饰和产业用品等。毛圈组织经剪毛和起绒后可形成天鹅绒、摇粒绒等单面与双面绒类织物，使毛圈织物更加丰满、厚实、保暖，摇粒绒织物可用于秋冬季保暖服装，天鹅绒织物可用来加工高档时装，毛圈绒类织物还可用于家用及其他装饰用领域。

三、毛圈组织的编织工艺

(一) 毛圈的形成原理

毛圈组织的线圈由地纱和毛圈纱构成，因此编织毛圈组织时，单面舌针圆纬机上需要配置带两个导纱孔的导纱器，以便分别喂入地纱和毛圈纱，导纱器的形状和结构与编织添纱组织应用的导纱器相似。地纱与毛圈纱的垫纱如图 5-50(1)所示，其中地纱 1 的垫入位置较低，毛圈纱 2 的垫入位置较高。地纱 1 在沉降片的片鄂上弯纱形成平针线圈，毛圈纱 2 在沉降片的片鼻上弯纱形成具有拉长沉降弧的毛圈线圈，如图 5-50(2)所示。片鼻上沿至片鄂上沿的垂直距离 h 称为沉降片片鼻高度。若要改变毛圈的高度，则需要更换不同片鼻高度的沉降片。毛圈针织机一般都配备了一系列片鼻高度不同的沉降片，供生产沉降弧长度不同的毛圈线圈。

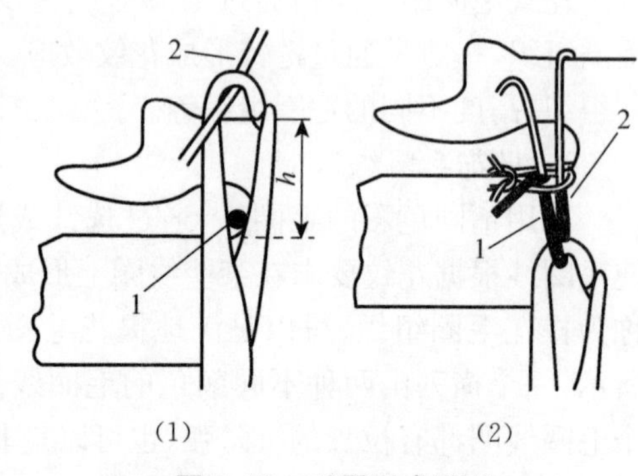

图 5-50 毛圈形成原理

毛圈织物质量的好坏取决于毛圈能否紧固在地组织中，以及毛圈高度是否均匀一致。由于沉降片是形成毛圈组织的关键机件，因此，沉降片的设计对毛圈织物的编织有着直接的影响。不同型号的毛圈针织机所用的沉降片结构不一定相同。在某些毛圈机上，则采用了双沉降片技术，分别用于地纱和毛圈纱的弯纱，以便更好地控制毛圈的编织。

(二) 普通毛圈的编织

编织普通毛圈组织时，所垫入的毛圈纱在每一线圈上都形成毛圈。织针或沉降片不需要经过选择。

1. 正包毛圈的编织

正包毛圈组织中地纱形成的线圈处于织物的正面，毛圈纱形成的线圈以及沉降弧处于织物的反面，其编织工艺与添纱组织类似，不同的是，毛圈纱要形成拉长的线圈，所以毛圈纱要在沉降片的片鼻上进行弯纱成圈，如图 5-50 所示。也有的毛圈针织机上采用双沉降片弯纱成圈，如图 5-51 所示，其中 1 为脱圈沉降片，2 为握持毛圈沉降片，它们相邻排列在同一槽中。由于两种沉降片的片踵高度不一样，因此在沉降片三角的作用下，它们的运动有所不同，毛圈纱在握持毛圈

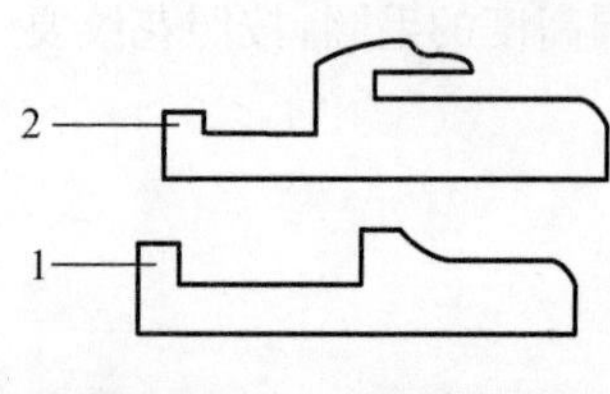

图 5-51 双沉降片结构

沉降片的片鼻上进行弯纱成圈，地纱在握持毛圈沉降片的片颚上弯纱，脱圈沉降片与握持毛圈沉降片配合完成毛圈组织的编织。

2. 反包毛圈的编织

反包毛圈中毛圈纱形成的线圈显示在织物的正面，因此在编织反包毛圈时，要改变毛圈纱与地纱在针钩中的垫纱位置。通常采用特殊设计的沉降片和织针来实现纱线的翻转，不同的机型其沉降片和织针的构型也有差异。图 5-52 所示的是一种特殊沉降片形成反包毛圈的原理。毛圈纱 1 和地纱 2 垫入针钩后，沉降片向针筒中心挺进，利用片鼻上的一个台阶 3 将毛圈纱推向针背，随着织针的下降，毛圈纱在针钩中占据比地纱更靠近针背的位置。这样在脱圈后，毛圈纱线圈显露在织物正面，将地纱线圈覆盖住，织物反面仍是拉长沉降弧的毛圈。

3. 双面毛圈的编织

编织双面毛圈组织，需要用到两片沉降片。如图 5-53 所示，其中 1 是正面毛圈用沉降片，2 是反面毛圈用沉降片。两片沉降片相邻插在同一片槽中，受各自沉降片三角的控制。

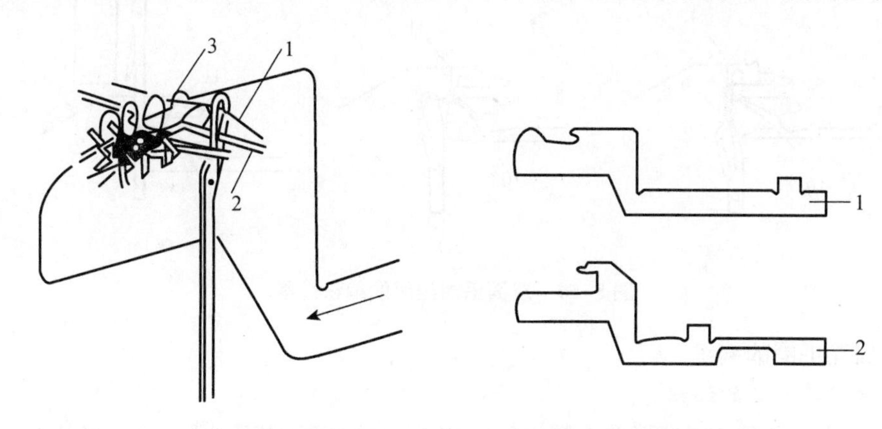

图 5-52　反包毛圈的形成原理　　　图 5-53　双面毛圈用沉降片

以平针为地组织的双面毛圈的编织过程如图 5-54 所示。

(1) 垫入地纱。如图 5-54(1)所示，织针上升完成退圈后，从导纱器 2 引入的地纱 1 垫在开启的针舌外。

(2) 垫入正反面毛圈纱及正面纱弯纱。如图 5-54(2)所示，正面毛圈纱 3 垫放在比地纱 1 位置低的针舌外，然后正面毛圈沉降片 4 向针筒中心挺进，利用片喉将毛圈纱 3 弯纱。同时，反面毛圈纱 5 垫放在比地纱 1 位置高的针钩下方。

(3) 反面毛圈纱弯纱。如图 5-54(3)所示，随着织针的下降，针钩勾住反面毛圈纱 5 进行弯纱，旧线圈 6 将针舌关闭套圈。反面毛圈沉降片 7 向针筒中心挺进，利用片喉整理上一横列形成的反面毛圈 8。

(4) 形成新线圈。如图 5-54(4)所示，织针进一步下降至最低位置，勾住地纱和正反面毛圈纱穿过旧线圈，形成新线圈 9、正面毛圈 10 和反面毛圈 11。

(5) 抽紧正面毛圈。如图 5-54(5)所示，织针从最低位置上升开始退圈，为了防止正面毛圈 10 重新套入针钩，正面毛圈沉降片 4 应处于向针筒中心挺进位置，利用其片喉将正面毛圈 10 推向针后并抽紧它。

(6) 抽紧反面毛圈。如图 5-54(6)所示，随着织针的进一步上升放松线圈，反面毛圈沉降片7先是向针筒外侧退出，使反面毛圈11从沉降片7的上方移动至片鼻台阶处，接着沉降片7向针筒中心挺进，利用片鼻台阶抽紧反面毛圈11。

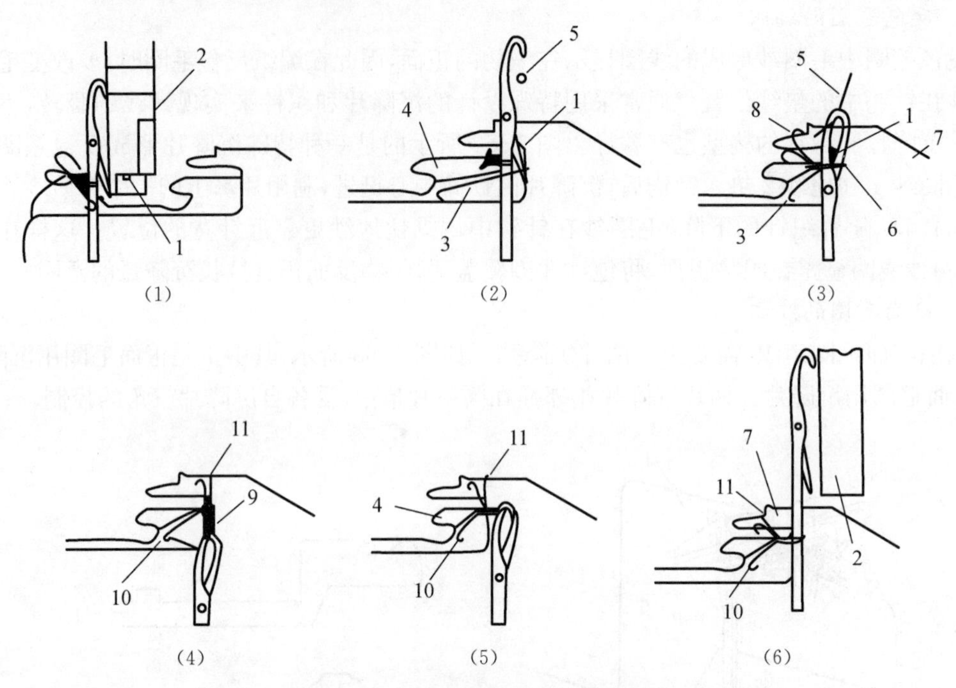

图5-54 双面毛圈组织的编织过程

(三) 提花毛圈的编织

1. 满地提花毛圈的编织

图5-55所示是两色满地提花毛圈组织的编织过程，它采用了选针、双沉降片和预弯纱技术。其基本原理是地纱和各色毛圈纱先分别单独预弯纱，最后一起穿过旧线圈，形成新线圈。其成圈过程如下：

(1) 起始位置。如图5-55(1)所示，此时织针1的针头大约与握持沉降片4的片颚6相平齐。

(2) 垫入地纱。如图5-55(2)所示，所有织针上升到退圈最高点，地纱2通过导纱器3垫入针钩，握持沉降片4略向针筒中心移动以握持住旧线圈，而毛圈沉降片9向外退出为导纱器让出空间。

(3) 地纱预弯纱。如图5-55(3)所示，织针结束下降，旧线圈5将针舌关闭，但不脱圈，这相当于集圈位置。在织针下降过程中，地纱搁在握持沉降片4的片鼻边沿7上预弯纱，使线圈达到后来地组织中所需长度。与此同时，毛圈沉降片9向中心运动，用片鼻12握持住预弯纱的地纱2。

(4) 被选中的针垫入第一色毛圈纱。如图5-55(4)所示，在随后的第一毛圈纱编织系统中，选针器根据花纹选针，被选中的织针上升被垫入第一色毛圈纱10，此时地纱2夹在握持沉降片边沿7与毛圈沉降片片鼻12之间，而旧线圈5被片喉8握持。此系统未被选中的织针不上升，不垫入毛圈纱，如图5-55(5)所示。

(5) 第一色毛圈纱预弯纱。如图5-55(6)所示，织针下降勾住毛圈纱10，使其搁在毛圈沉降片9的边沿11上预弯纱，形成毛圈；此时，预弯纱的地纱2在张力作用下被握持在毛圈沉降片片鼻 12 之下。弯纱结束时，毛圈沉降片 9 略向外退，使毛圈纱搁在片鼻 12 的边沿 13 上，如图 5-55(7)所示，织针再次处于集圈位置。

(6) 第一次未被选中的织针垫入第二色毛圈纱。如图 5-55(8)所示，在第二毛圈纱编织系统中，再次进行选针，第一毛圈纱编织系统中未被选中的织针在第二毛圈纱编织系统被选中而上升退圈，并垫入第二色毛圈纱 14，毛圈沉降片 9 略向针筒中心移功，将第一色毛圈纱推向针背。此系统未选中的织针不上升，预弯纱的地纱 2 搁持在握持沉降片边沿 7 上，第一色毛圈纱 10 搁持在片鼻 12 的边沿 13 上，如图 5-55(9)所示。

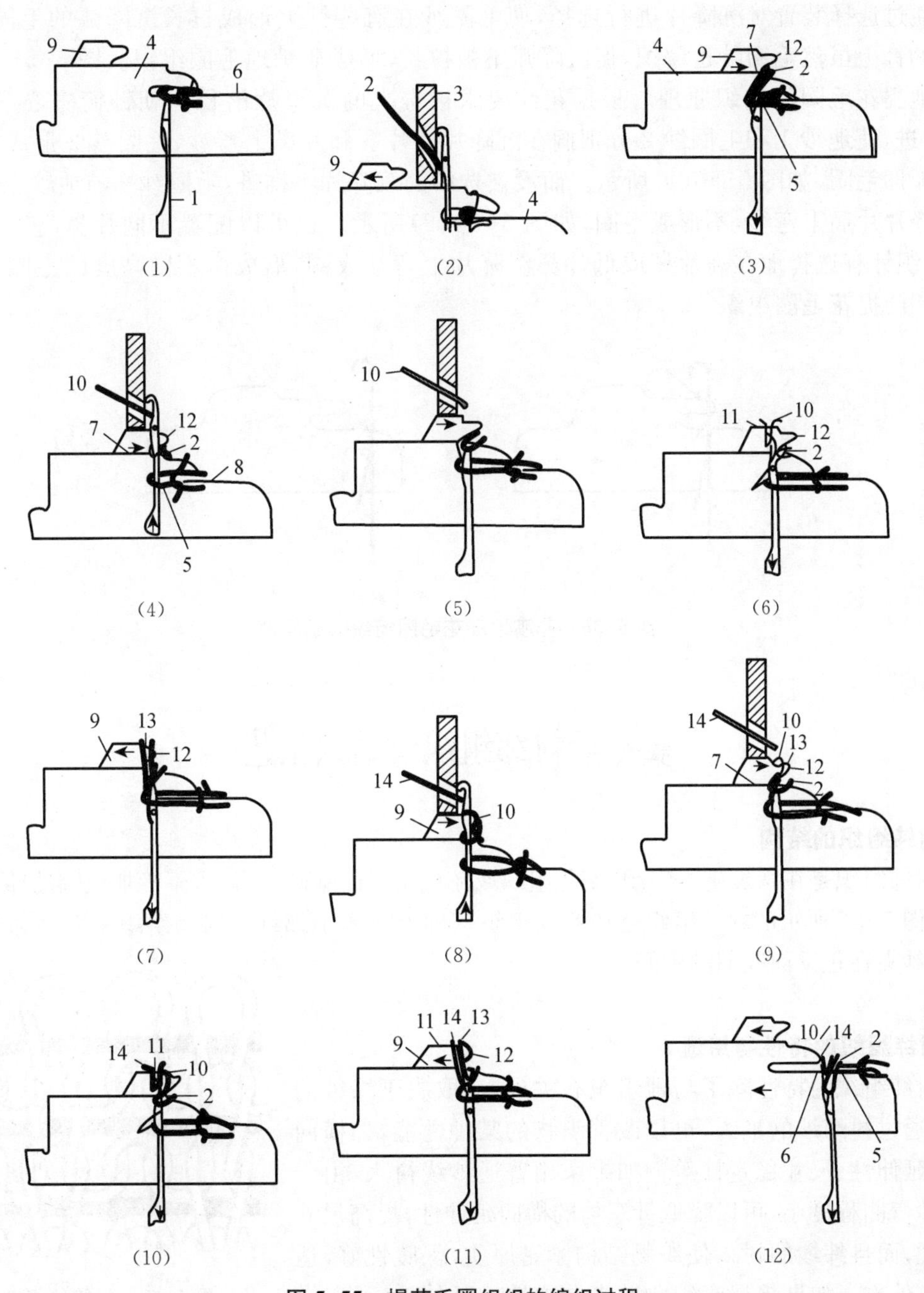

图 5-55　提花毛圈组织的编织过程

（7）第二色毛圈纱预弯纱。如图 5-55(10)所示，织针下降，第二色毛圈纱 14 搁持在毛圈沉降片的上边沿 11 上预弯纱形成毛圈。随着针的下降，毛圈沉降片 9 略向外退，使毛圈纱从上边沿 11 移到片鼻 12 的边沿 13，如图 5-55(11)所示。

（8）旧线圈脱在预弯纱的地纱和毛圈上形成新线圈。如图 5-55(12)所示。两片沉降片向外运动，放松预弯纱的地纱 2 和毛圈纱 10 及 14；织针下降，钩住这些纱线穿过位于握持沉降片片颚 6 上的旧线圈 5，形成封闭的新线圈。

2. 凹凸提花毛圈组织的编织

通过选择装置对沉降片进行选择，使毛圈纱在有些针上形成拉长沉降弧的毛圈线圈，另外的针上虽然毛圈纱也编织，但沉降弧不被拉长，形成非满地毛圈组织。图 5-56 显示了非满地提花毛圈的编织原理。根据花纹要求被选上的沉降片沿径向朝针筒中心（箭头方向）推进，使地纱 1 和毛圈纱 2 分别搁在沉降片的片颚和片鼻上弯纱，毛圈纱 2 形成拉长的沉降弧即毛圈，如图 5-56(1)所示。而没被选中的沉降片不推进，毛圈纱 2 与地纱 1 一样搁在沉降片片颚上弯纱，不形成毛圈，如图 5-56(2)所示。也可以配置不同片鼻高度的沉降片，使织针有选择地在高片鼻或低片鼻沉降片上弯纱成圈，形成由不同高度的毛圈线圈构成的凹凸提花毛圈组织。

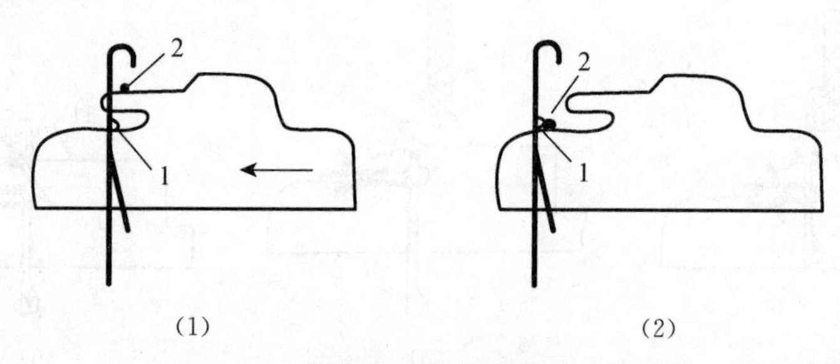

图 5-56 非满地提花毛圈组织编织原理

第六节 衬纬组织与编织工艺

一、衬纬组织的结构

衬纬组织是在纬编基本组织、变化组织或花色组织的基础上，衬入不参加成圈的纬纱而形成的，图 5-57 所示的衬纬组织是在罗纹组织基础上衬入了纬纱。衬纬组织一般多为双面结构，纬纱夹在正反面线圈的中间。

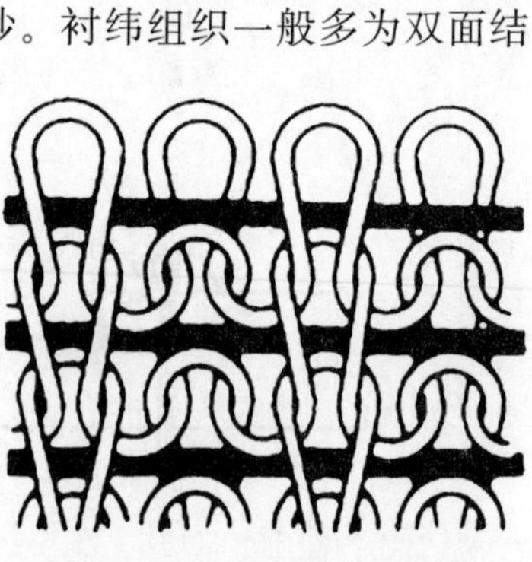

二、衬纬组织的特性与用途

衬纬组织的特性除了与地组织有关外，还取决于纬纱的性质，通过衬纬纱的加入，可以改善织物的某种性能，如横向弹性、延伸性、尺寸稳定性等。如果采用普通纱线衬入，由于衬纬纱弯曲程度小，可以降低针织物的横向延伸性，提高尺寸稳定性，而且纬纱的衬入使织物结构紧密厚实，保暖性好，适宜制作外衣。如果想提高织物的横向弹性或延伸性，可以在

图 5-57 衬纬组织结构

地组织的基础上衬入高弹性纬纱。但弹性纬纱衬纬织物不适合用于裁剪缝制的服装,因为一旦坯布被裁剪,不成圈的弹性纬纱将回缩,所以弹性纬纱衬纬织物一般用于无缝内衣、领口、袖口、袜子等成型产品。

三、衬纬组织的编织工艺

在双针床针织机上编织衬纬组织时,需要在针织机上加装衬纬导纱器,使纬纱喂入上下织针的背面,不进入针钩编织,而是以直线状被夹在两个针床的圈柱中间。衬纬组织的编织方法如图 5-58 所示,(1)中的 1、2 是上下织针运动轨迹;地纱 3 穿在导纱器 4 的导纱孔内,喂入织针上进行编织;纬纱 5 穿在专用的衬纬导纱器 6 内,喂入上下织针的针背一面。由于上下织针在起针三角作用下,出筒口进行退圈,从而把纬纱夹在上下织针的针背面,使其不参加编织,如图 5-58(2)所示。编织衬纬组织也可以不用衬纬导纱器 6,选用针织机的一个成圈系统来垫入纬纱,但这一成圈系统的安装应满足衬纬纱的正确垫放要求,同时这一成圈系统的上下织针都不参加编织,这样一路喂入衬纬纱,一路编织地组织,两路形成一个横列的衬纬组织。

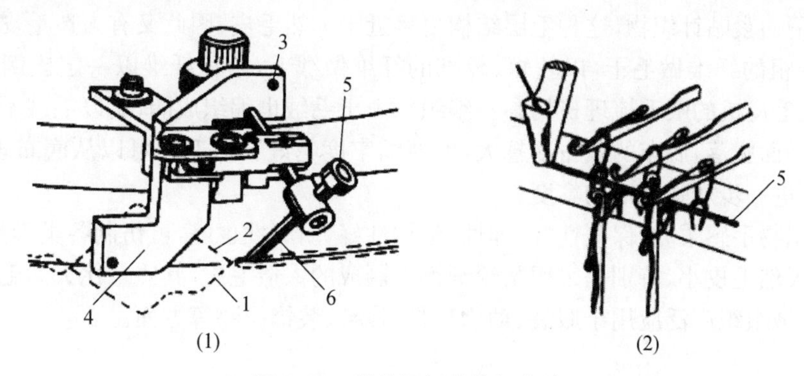

图 5-58　衬纬组织的编织方法

第七节　长毛绒组织与编织工艺

一、长毛绒组织的结构与分类

将纤维束或毛纱与地纱一起喂入而编织成圈,使纤维的头端突出在织物反面形成绒毛状,称为长毛绒组织。

长毛绒组织一般在纬平针组织的基础上形成,根据纤维束喂入形式,可分为毛条喂入式和毛纱割圈式两类,每一类又有普通长毛绒和花色(提花或结构花型)长毛绒之分。图 5-59 所示为普通长毛绒组织,地组织为平针组织,每个地组织线圈上均分布有纤维束。图 5-60所示为一种花色长毛绒组织,按照花型要求进行选针编织,通过 1 隔 1 的选针,被选上的织针形成附有纤维束的线圈 1,而未被选中的织针不成圈,形成浮线 2,这种长毛绒结构存在较多的浮线,可以增加织物在横向的尺寸稳定性。也可以喂入不同颜色的纤维束,使织针有选择地勾取不同颜色的纤维束,形成提花长毛绒。还可以通过控制织针上升的高度,使部分织针勾取纤维束,而其他织针不勾取纤维束,只编织地纱线圈,形成花色长毛绒组织。

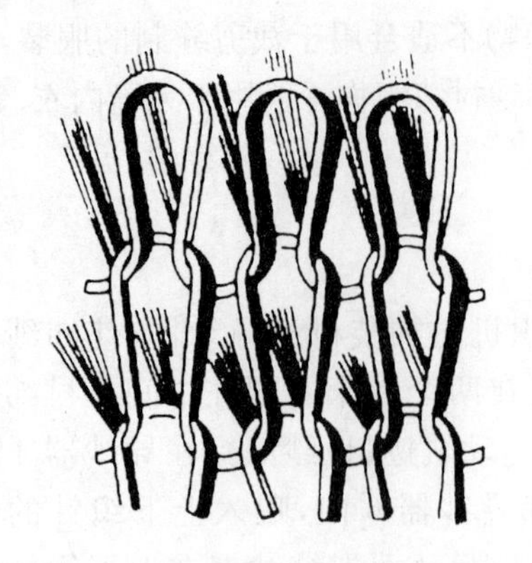

图 5-59 普通长毛绒组织的结构

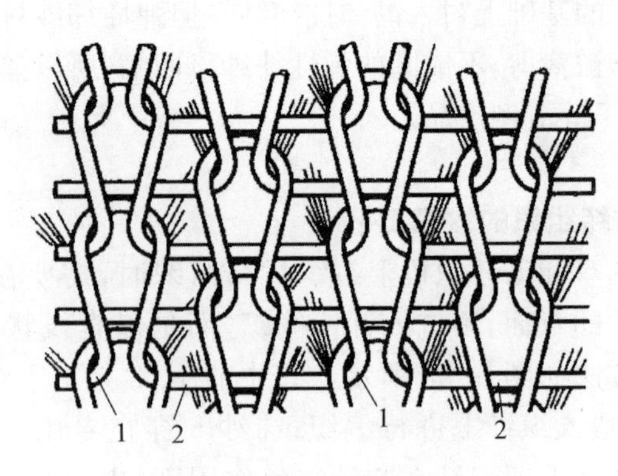

图 5-60 花色长毛绒组织的结构

二、长毛绒组织的特性与用途

可以利用各种不同性质的合成纤维编织长毛绒组织，由于喂入纤维的长短与粗细有差异，使纤维留在织物的表面长度不一，因此可以做成毛干和绒毛两层，毛干留在织物表面，绒毛处于毛干层的下面紧贴针织物，这种毛层结构更接近于天然毛皮，因此又有人造毛皮之称。一般可用较长、较粗的纤维做毛干，以较短、较细的纤维做绒毛，两种纤维以一定比例混合制成毛条，直接喂入毛皮机的喂毛梳理机构参与编织。由于毛绒也编织成圈，所以毛绒不易从织物表面有毛绒的一面脱落，底布的紧密度越大，毛绒的牢度越好。但毛绒可以从底布表面脱落，故要采取措施，进一步加强绒毛的牢度。

长毛绒织物手感柔软，保暖性好，弹性、延伸性好，耐磨性也好，可仿制各类天然毛皮，单位面积质量比天然毛皮小，特别是采用腈纶纤维束制成的人造毛皮，其质量比天然毛皮小一半左右，所以长毛绒组织广泛应用于服装、动物玩具、拖鞋、装饰织物等方面。

三、长毛绒组织的编织工艺

在采用舌针与沉降片的单面圆纬机上编织长毛绒组织时，每一成圈系统需附加一套纤维毛条梳理喂入装置，将纤维喂入织针，以便形成长毛绒。

毛条梳理喂入装置如图 5-61 所示，毛条 1 被一对罗拉 2 和 3 所握持，进入刺辊 4，刺辊 4 的表面覆盖着呈螺旋线配置的金属针布，它的线速度略大于罗拉表面线速度。这样，纤维从罗拉转移到针布时，由于针布的抓取，可对纤维条进行一定的分梳、牵伸，将毛条梳长、拉细，然后成游离状的纤维束 5，并喂入退圈织针 6 的针钩内。

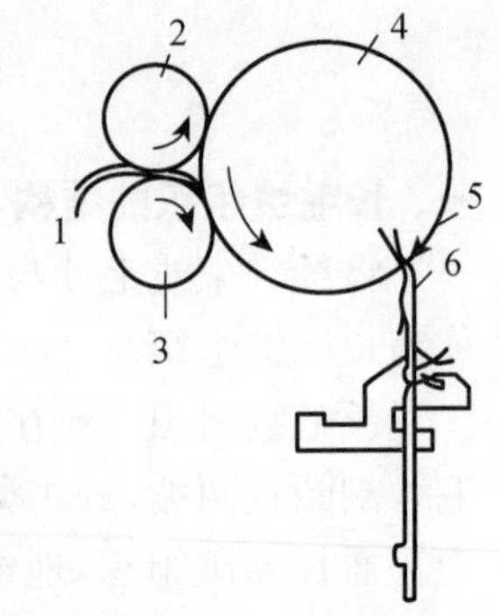

图 5-61 毛条梳理喂入装置

长毛绒组织的编织过程如图 5-62 所示。当针钩勾取纤维束后，针头后上方装有一根吸风管 A，利用气流吸引力将未被针钩勾住而附着在纤维束上的散乱纤维吸走，并将纤维束吸向针钩，使纤维束的两个头端靠后，呈 V 字形紧贴针钩，以利于编织，如图 5-62 针 1、2、3、4 所示。

当织针进入垫纱成圈区域时逐渐下降，如图 5-62 针 5、6、7 所示，织针从导纱器 B 中喂入地纱。此时，为使地纱始终处于长毛绒织物的工艺正面，地纱垫于纤维束下方，两者一起编织成圈，纤维束的两个头端露在长毛绒组织的工艺反面，形成毛绒。

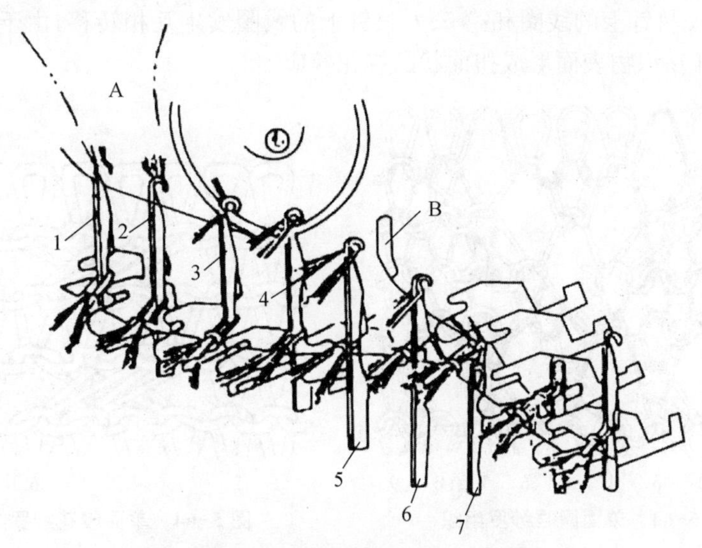

图 5-62 长毛绒组织的编织过程

为了生产提花或结构花型的长毛绒织物，或是这两者的组合，可通过电子或机械选针装置，对经过每一纤维束梳入区的织针进行选针，使选中的织针退圈并上升到较高的位置勾取相应颜色的纤维束和地纱，编织长毛绒，没选中的织针退圈后只能勾到地纱，不形成长毛绒。

第八节 纱罗组织与菠萝组织

纱罗组织和菠萝组织都是通过转移线圈部段形成的组织，纱罗组织是通过转移线圈针编弧部段形成的，菠萝组织是转移线圈沉降弧部段形成的。通过针编弧或沉降弧的转移可以赋予织物特殊的外观。

一、纱罗组织

在纬编基本组织的基础上，按照花纹要求将某些线圈进行移圈，即将某些针上的针编弧从某一纵行转移到另一纵行形成的组织，称为纱罗组织。

(一) 纱罗组织的分类与结构

根据地组织的不同，纱罗组织可分为单面和双面两类。利用地组织的种类和移圈方式的不同，可在针织物表面形成各种花纹图案。

1. 单面纱罗组织

单面纱罗组织一般在纬平针的基础上，通过转移线圈针编弧形成，移圈方式按照花纹要求进行，可以在不同针上以不同方式进行移圈，形成具有一定花纹效应的孔眼或者绞花。

图 5-63 为单面网眼纱罗组织。图中第Ⅰ横列中的针 2、4、6、8 上的线圈转移到针 3、5、7、9 上；第Ⅱ横列中的针 2、4、6、8 将在空针上垫纱成圈，形成悬弧，在织物表面，2、4、6、8 纵行暂时中断，从而形成孔眼。如果移圈按照一定的方向发生位移，则产生不同图案的网眼，

图 5-63 中，第Ⅲ、Ⅳ、Ⅴ、Ⅵ横列处，产生了菱形网眼效应。

图 5-64 为一种单面绞花纱罗组织。移圈是在部分针上相互进行的，由图 5-64 可见，每隔一个横列，第 3、4 枚针上的线圈和第 5、6 枚针上的线圈发生互相转移，由于移圈处的线圈纵行并不中断，这样在织物表面形成扭曲状的绞花效应。

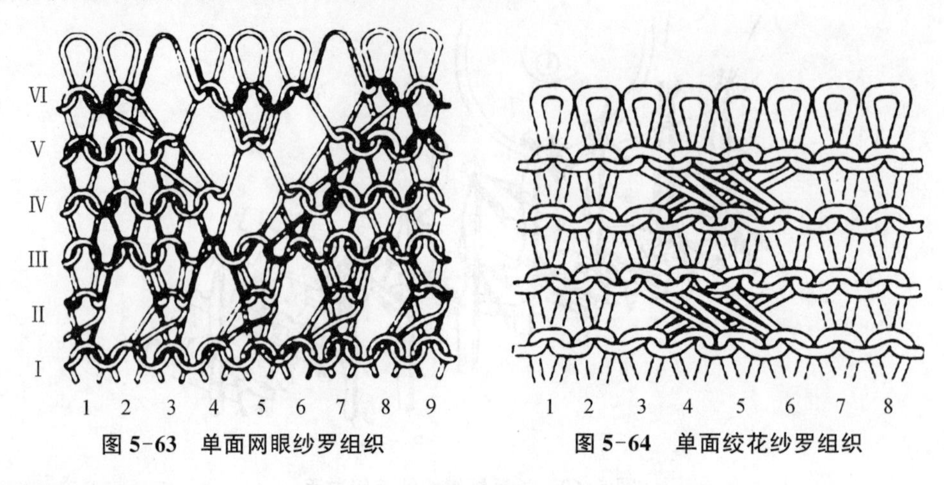

图 5-63 单面网眼纱罗组织　　图 5-64 单面绞花纱罗组织

2. 双面纱罗组织

形成双面纱罗组织时，可以在同一个针床的织针之间进行移圈，即上针的某些线圈转移到相邻的上针上，或者下针的某些线圈转移到相邻的下针上；也可以在两个针床之间进行移圈，即上针的某些线圈转移到相邻的下针上，或者下针的某些线圈转移到相邻的上针上。

图 5-65 是以 1+1 罗纹为基础形成的移圈组织。其中图 5-65(1)所示为在两个针床之间进行移圈的双面纱罗组织，正面线圈纵行 1 上的线圈 3 被转移到另一个针床相邻的针即反面线圈纵行 2 上，由于线圈的转移，导致线圈中断，形成孔眼 4。图 5-65(2)所示为在同一针床上进行移圈的双面纱罗组织。在第Ⅰ横列，将同一面两个相邻线圈朝不同方向转移到相邻的针上，即下针 5、7 上的线圈分别转移到下针 3、9 上。在第Ⅱ横列，将下针 3 上的线圈转移到下针 1 上。移去线圈的下针 3、5、7 连续几个横列不参加编织，而后再重新成圈，则在双面针织物上可以看到一块单面平针组织区域，这样在织物表面就形成凹纹效应。在两个线圈合并的地方，产生凸起效应，从而使织物的凹凸效果更明显。

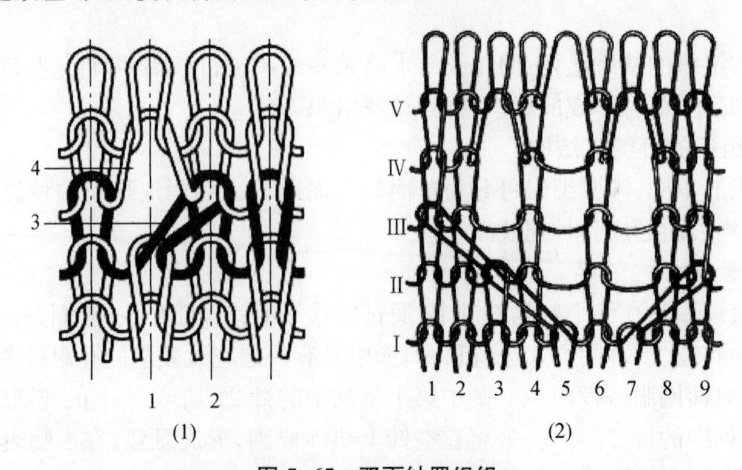

图 5-65 双面纱罗组织

(二) 纱罗组织的特性

纱罗组织可以形成孔眼、凹凸、纵行扭曲等效应。如将这些结构按照一定的规律分布在针织物表面,则可形成所需的花纹图案。

纱罗组织的线圈结构,除移圈处的线圈圈干有倾斜和两线圈合并处针编弧有重叠外,一般与它的基础组织无多大差异,因此纱罗组织的性质与它的基础组织相近。

纱罗组织的移圈原理可以用来编织成型衣片,改变针织物组织结构,也可以使织物由单面编织改为双面编织或由双面编织改为单面编织。

纱罗组织需要进行移圈,其生产效率较低,主要用于生产毛衫、妇女时尚内衣等产品。

(三) 纱罗组织的编织

纱罗组织既可以在圆机上也可以在横机上编织。在圆机上编织纱罗组织,一般在罗纹组织的基础上进行移圈,机器上采用的织针针杆下部带有扩圈片,还需配置专供移圈用的三角座和选针机构,将需要移圈的针上升到高于退圈时所处的位置,通常将下针的线圈转移到上针。移圈过程如图 5-66 所示,通过选针机构的选针,下针 1 上升到高于退圈高度的位置,下针 1 上的弹性扩圈片 2 将针编弧 5 扩大,并被上抬至高于上针。接着,上针 3 径向外移,其针头伸入下针的针编弧内。随后,下针 1 下降,弹性扩圈片 2 的上端在上针的作用下张开,将针编弧 5 留在上针 3 上,与上针的线圈 4 一同处于针钩内,完成下针线圈转移到上针的过程。

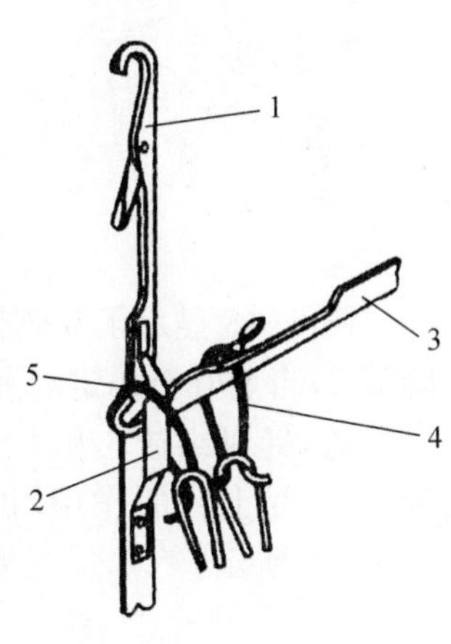

图 5-66　纱罗组织的移圈过程

二、菠萝组织

菠萝组织是新线圈在成圈过程中同时穿过旧线圈的针编弧与沉降弧而形成的纬编花色组织。菠萝组织编织时,必须将旧线圈的沉降弧套到针上,使旧线圈的沉降弧连同针编弧一起脱圈到新线圈上。

(一) 菠萝组织的分类与结构

菠萝组织可以在单面组织的基础上形成,也可以在双面组织的基础上形成。菠萝组织的结构如图 5-67 所示。其中图 5-67(1)是以平针组织为基础形成的菠萝组织,其沉降弧可以转移到右边针上(图中 a),也可以转移到左边针上(图中 b),还可以转移到左右相邻的两枚针上(图中 c)。图 5-67(2)是在 2+2 罗纹基础上转移沉降弧而形成的菠萝组织,两个纵行 1 之间的沉降弧 2 转移到相邻两枚针 1 上,形成孔眼 3。

(二) 菠萝组织的特性与用途

菠萝组织也可以形成孔眼、凹凸等效应,不过菠萝组织的孔眼效果不如纱罗组织。菠萝组织针织物的强力较低,因为菠萝组织的线圈在成圈时,沉降弧是拉紧的,当织物受到拉伸时,各线圈受力不均匀,张力集中在张紧的线圈上,纱线容易断裂,使织物表面产生破洞。菠萝组织较多地应用于生产毛衫等产品。

(三) 菠萝组织的编织

编织菠萝组织时,关键是将旧线圈的沉降弧转移到相邻的针上,沉降弧的转移是借助专门的扩圈片或钩子来完成的。扩圈片或钩子有三种:左侧扩圈片或钩子用来将沉降弧转移到左面针上;右侧扩圈片或钩子用来将沉降弧转移到右面针上;双侧扩圈片或钩子用来将沉降弧转移到相邻的两枚针上。扩圈片或钩子可以装在针盘或针筒上。

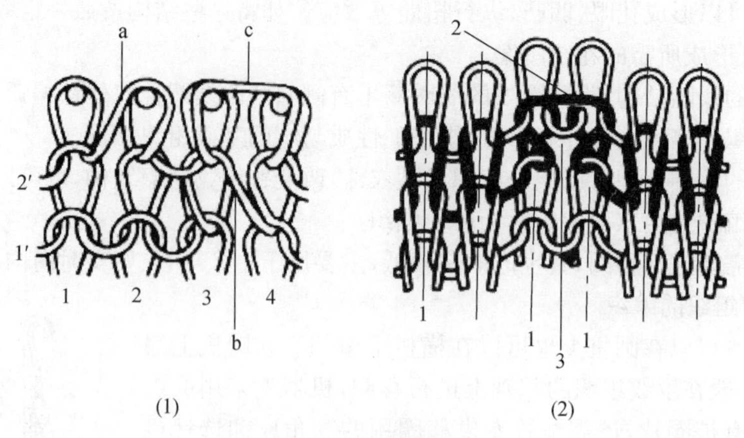

图 5-67 菠萝组织

图 5-68 显示了双侧扩圈片转移沉降弧的过程。随着双侧扩圈片 1 的上升，逐步扩大沉降弧 2，当上升至一定高度后，扩圈片 1 上的台阶将沉降弧向上抬，使其高于针盘织针 3 和 4；接着，针盘织针 3 和 4 向外移动，穿过扩圈片的扩张部分，如图 5-68(1)所示；然后，扩圈片下降，受上针的作用，扩圈片上端分开，把沉降弧留在针盘织针 3 和 4 的针钩上，如图 5-68(2)所示。

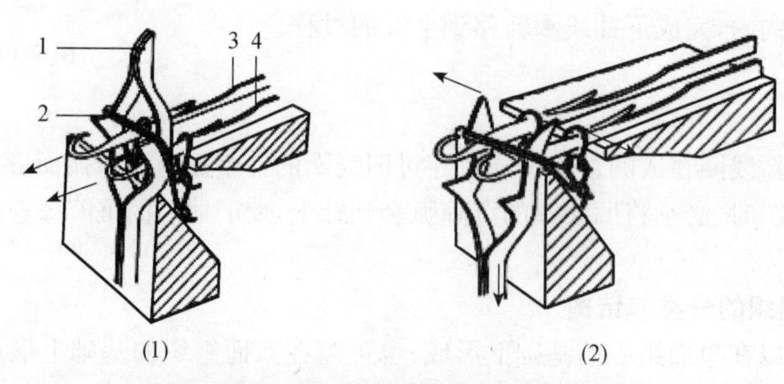

图 5-68 双侧扩圈片转移沉降弧的过程

第九节 复合组织与编织工艺

复合组织由两种或两种以上的纬编组织复合而成。它可以由不同的基本组织、变化组织和花色组织复合而成。根据纬编组织特性，将各种组织横列结合或者各种组织结构单元结合，复合成所要求的组织结构，改善织物的外观及各项性能。复合组织可以分为单面复合组织和双面复合组织。

一、单面复合组织

常用的单面复合组织是在平针组织的基础上，通过成圈、集圈、浮线等不同的结构单元组合而成的。单面复合组织克服了平针组织线圈歪斜、边缘卷边等缺陷，改善了织物的脱散性，增加了尺寸稳定性，可以形成各种花色效应。

图 5-69 所示织物是在平针的基础上按规律配置集圈单元形成的单面复合组织，一个完全组织高 8 个横列宽 5 个纵行，单针双列集圈单元在完全组织中呈菱形排列，因此布面上形成菱形孔眼外观，可用于制作 T 恤衫。

图 5-70 所示织物是由成圈、集圈和浮线三种结构单元复合而成的单面复合组织。一个完全组织高 4 个横列、宽 4 个纵行，在每一横列的编织中，织针呈现 2 针成圈、1 针集圈、1 针浮线的循环，且下一横列相对于上一横列右移 1 针，使织物表面形成较明显的仿哔叽机织物的斜纹效应。由于浮线和悬弧的存在，织物的纵、横向延伸性减小，结构稳定，布面挺括，可用来制作衬衣等产品。

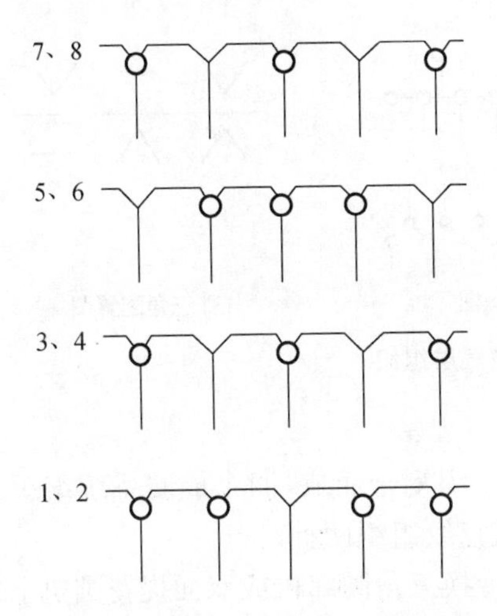

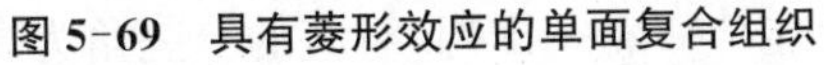
图 5-69　具有菱形效应的单面复合组织

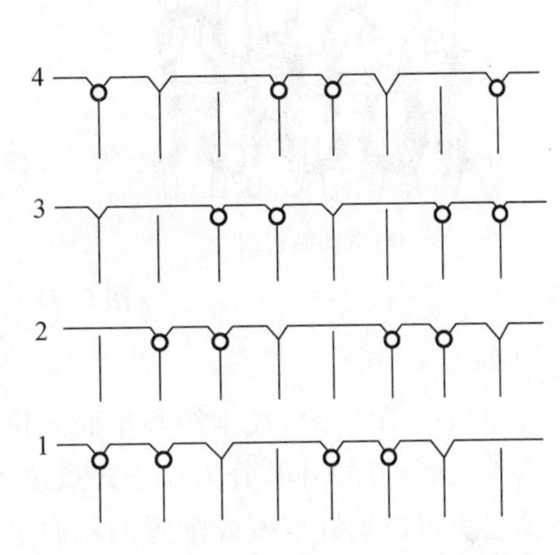

图 5-70　具有斜纹效应的单面复合组织

上面两种组织可以在多针道针织机上编织，也可以在配置其他选针机构的单面圆纬机上编织。关于选针机构的工作原理和织物设计方法，在第六章选针机构中介绍。

二、双面复合组织

根据上下织针的排针配置不同，双面复合组织可分为罗纹型和双罗纹型复合组织。罗纹型复合组织采用罗纹配针，即上下针交错排列；双罗纹型复合组织采用双罗纹配针，即上下针相对配置。

(一) 罗纹型复合组织

罗纹型复合组织由罗纹组织或者不完全罗纹组织与其他组织复合而成。由于复合形式多样，罗纹型复合组织种类较多，常用的有罗纹空气层组织、点纹组织、罗纹网眼组织、胖花组织、衍缝组织等。

1. 罗纹空气层组织

罗纹空气层组织的学名称为米拉诺组织，它由罗纹组织和平针组织复合而成，其线圈结构与编织图分别如图 5-71(1)、(2)所示。该组织由三个成圈系统编织一个完全组织，第 1 系统编织一个 1+1 罗纹横列；第 2 系统上针退出工作，下针全部参加工作，编织一行正面平针；第 3 系统下针退出工作，上针全部参加工作，编织一行反面平针，这两行单面平针形成一个完整的双层线圈横列。通过各成圈系统三角的变换，在罗纹机上可以编织该织物，其三角配置情况如图5-71(3)所示。

从图 5-71 可以看出，该织物正反面的两个平针组织之间没有联系，在织物中形成空气层结构，并且在织物表面有凸起的横棱效应，织物的正反面外观相同。

在罗纹空气层组织中，由于平针线圈浮线状沉降弧分布在织物平面，使针织物横向延伸度较小，尺寸稳定性提高。同时，这种织物比同机号同细度纱线编织的罗纹织物厚实、挺括，保暖性较好，因此在内衣、毛衫等方面得到广泛应用。

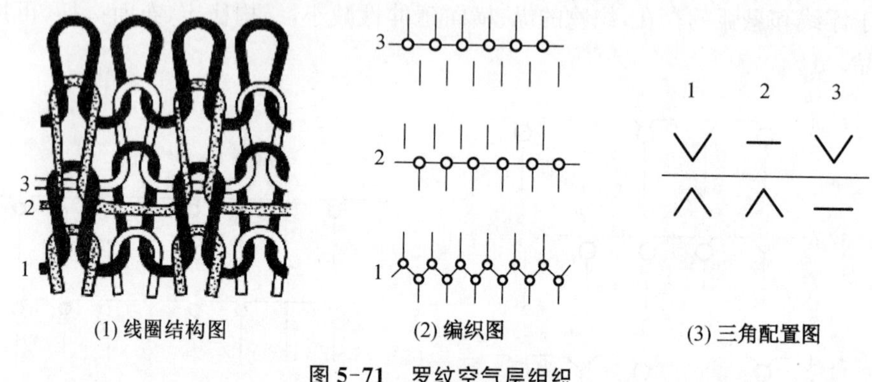

图 5-71　罗纹空气层组织

2. 点纹组积

点纹组织由不完全罗纹组织与单面变化平针组织复合而成，四个成圈系统编织一个完全组织。由于成圈顺序不同，分为瑞士式点纹和法式点纹组织两种。

点纹组织可在织针呈罗纹配置的双面多针道变换三角圆纬机或双面提花圆机上编织。上针需要一隔一参加编织，所以上针采用高踵针和低踵针一隔一排列，对应的上三角为高、低两条三角跑道，下针一路成圈系统都编织，一路都不编织，所以下针可以采用同一档三角控制编织。

图 5-72(1)、(2)为瑞士式点纹组织的线圈结构和编织图。第 1 系统上针高踵针与全部下针编织一行不完全罗纹，第 2 系统上针高踵针编织一行变化平针，第 3 系统上针低踵针与全部下针编织另一行不完全罗纹，第 4 系统上针低踵针编织另一行变化平针。每枚针在一个完全组织中成圈两次，形成两个横列。如果在双面多针道针织机上编织该组织，其三角配置如图 5-72(3)所示。

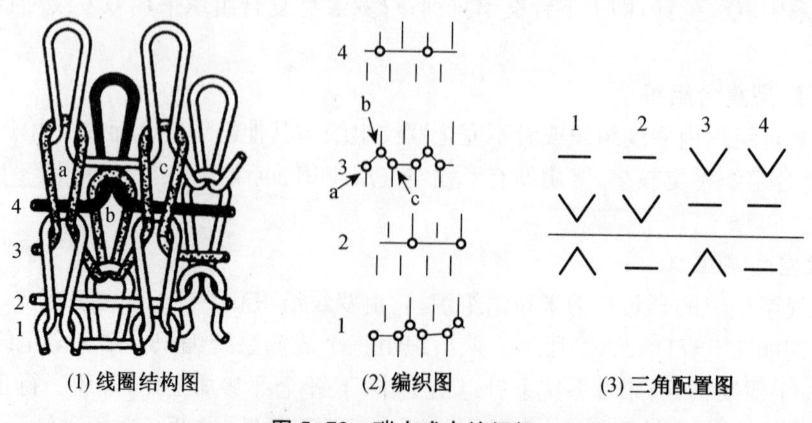

图 5-72　瑞士式点纹组织

图 5-73(1)、(2)分别为法式点纹组织的线圈结构和编织图。虽然在一个完全组织中也是两行单面变化平针，另外两行不完全罗纹，但是编织顺序与瑞士式点纹组织不同。第 1 系统上针低踵针与全部下针编织一行不完全罗纹，第 2 系统上针高踵针编织一行变化平针，第 3 系统上针高踵针与全部下针编织另一行不完全罗纹，第 4 系统上针低踵针编织另一行变化平针。该组织如果在双面多针道针织机上编织，其三角配置如图 5-73(3)所示。

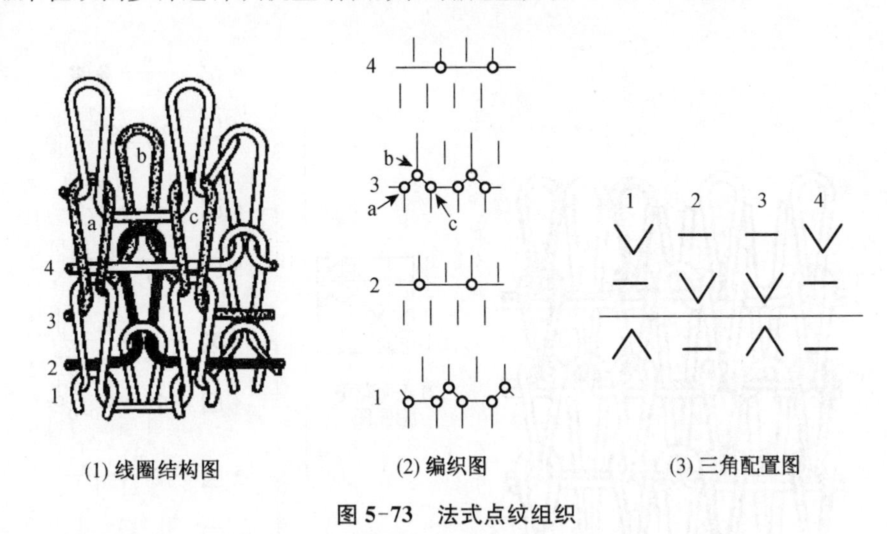

(1) 线圈结构图 (2) 编织图 (3) 三角配置图

图 5-73 法式点纹组织

分析比较图 5-72 和 5-73 可以看出，瑞士式点纹组织中，从正面线圈 a 与 c 到反面线圈 b 的沉降弧是向下弯曲的，而且线圈 b 的线圈指数是 0，因此沉降弧弯曲较小，织物结构紧密，尺寸较为稳定，延伸度小，横密增加，纵密减小，表面平整。法式点纹从正面线圈 a 与 c 到反面线圈 b 的沉降弧是向上弯曲的，而且法式点纹中线圈 b 的线圈指数是 2，受到较大拉伸，故其沉降弧弯曲较大并且在弹性恢复力作用下力图伸展，从而将线圈 a 与 c 向两边推开，使得线圈 a 与 c 所在的纵行纹路清晰，织物幅宽增大，表面丰满。

点纹组织可用来生产 T 恤衫、休闲服等产品。

3. 胖花组织

胖花组织是按照花纹要求将单面线圈架空地配置在双面纬编地组织中的一种双面纬编花色组织，一般通过各成圈系统不同色纱的喂入，在织物表面形成色彩图案。这种组织的特点是形成胖花的单面线圈与地组织的反面线圈之间没有联系。因而，单面胖花线圈就呈架空状凸出在针织物的表面，形成凹凸花纹效应。

胖花组织一般分为单胖和双胖两种。

(1) 单胖组织。单胖组织是指在一个正面线圈横列中仅有一次单面编织，单面编织形成的胖花线圈的大小与地组织中正面线圈大小一致。根据色纱数多少，单胖组织又可分为素色、两色、三色单胖组织等。

图 5-74(1)、(2)、(3)分别为两色单胖组织的线圈结构图、对应的正面花型意匠图及编织图。一个完全组织由 4 个横列组成，8 个成圈系统编织。下针每两个成圈系统形成一个正面线圈横列，其中 1、3、5、7 路成圈系统为双面编织，喂入一种色纱，形成地组织，2、4、6、8 路成圈系统下针单面编织，喂入另一种色纱，形成胖花线圈，正面的胖花线圈与地组织中正面线圈大小一致，而且胖花线圈与地组织正面线圈色彩不同，正面形成如图 5-74(2)所示的花型效

果。上针每四个成圈系统形成一个反面线圈横列，因此正反面线圈高度之比为 1∶2，正反面线圈纵密比为 2∶1。反面线圈被拉长，织物下机后，被拉长的反面线圈力图收缩，使下针单面编织形成的胖花线圈凸出在针织物表面，形成胖花效应；而且，上针只喂入同一种色纱，所以反面没有色彩的变化。由于单胖组织在一个线圈横列中只进行一次单面编织，所以正面花纹不够凸出，可采用双胖组织，使胖花线圈更加突出在织物正面。

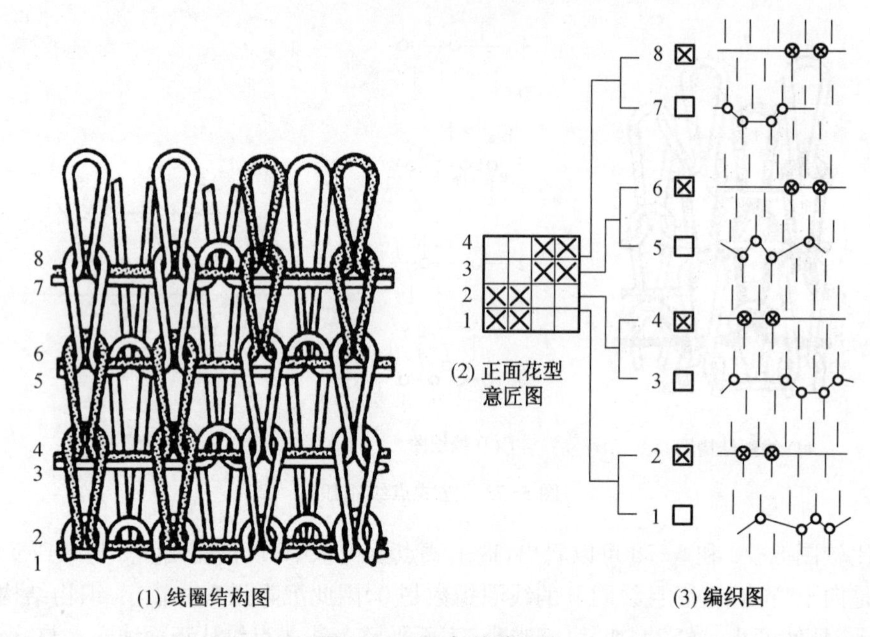

图 5-74 两色单胖组织

(2) 双胖组织。双胖组织是指在一个完整的正面线圈横列中连续重复两次单面编织，根据色纱数多少也可分为单色和多色。

图 5-75(1)、(2)、(3)为两色双胖组织的线圈结构图、对应的正面花型意匠图及编织图。一个完全组织由 4 个横列组成，12 个成圈系统编织。每三个成圈系统的下针编织一个正面线圈横列，其中一个成圈系统编织双面地组织，另两个成圈系统连续进行单面胖花线圈的编织，因此正面的胖花线圈与地组织的正面线圈高度之比为 1∶2，上针每六个成圈系统形成一个反面线圈横列。这样正面胖花线圈与反面线圈高度之比为 1∶4，圈高差异较大。被拉长的反面线圈下机后收缩程度更大，使架空状的单面胖花线圈更加凸出在织物表面。

单胖组织和双胖组织在性质上有明显的差异。由于双胖组织单面编织次数增多，所以它的厚度、单位面积质量都比单胖组织大，花纹效应更明显，但容易勾丝和起毛起球，此外，由于双胖组织线圈结构不均匀较大，使得织物的强力降低。胖花组织不仅可以形成提花组织那样的色彩花纹，还具有凹凸效应，可以用作外衣织物，还可用来生产装饰织物，如沙发座椅套等。

胖花组织可在具有选针机构的双面提花圆机上编织。

4. 罗纹网眼组织

罗纹网眼组织是在罗纹组织基础上，按照一定规律配置集圈和浮线形成的复合组织，利用集圈与浮线在织物上形成各种形状的孔眼。图 5-76 所示为一罗纹网眼组织的线圈图及编织

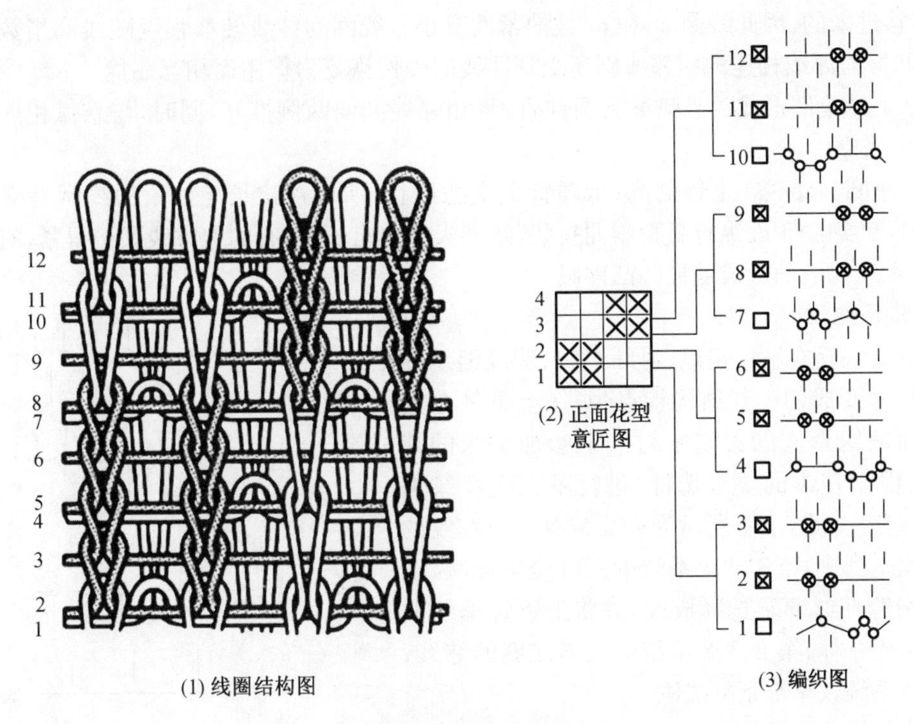

(1) 线圈结构图　　(3) 编织图

图 5-75　两色双胖组织

图。一个完全组织由六个成圈系统编织而成，第 1、4 路编织罗纹，第 2、3 路针筒针成圈，针盘低踵针集圈，第 5、6 路针筒针成圈，针盘高踵针集圈。在针织物表面形成交替排列的网眼结构，网眼产生原理如下：

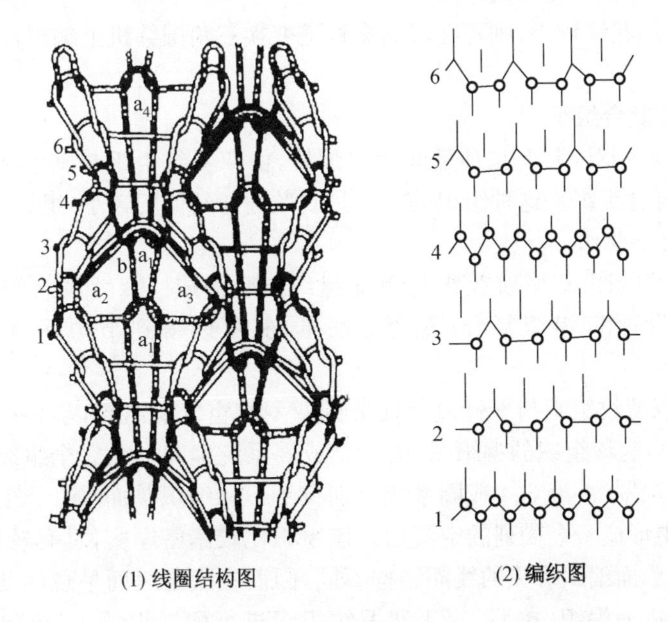

(1) 线圈结构图　　(2) 编织图

图 5-76　罗纹网眼组织

(1) 罗纹组织的反面线圈 a_1，由于其线圈指数为 2 而被拉长，线圈 a_1 的纱线是从线圈 a_2

和 a_3 转移过来的，因此线圈 a_2 和 a_3 被抽紧而变小。线圈间纱线转移程度随线圈指数增加而加大，同时，与浮线相连的相邻线圈还受到浮线的弹性恢复力作用而相互靠拢。

（2）上针集圈形成的悬弧 b 力图伸直，将相邻线圈向两侧推开，同时，与悬弧相连的相邻线圈变大、变圆。

（3）集圈与浮线在上针的高、低踵针上交替进行，所以被拉长与抽紧的线圈是交替排列的。这样，针织物正面纵行呈歪斜曲折状，线圈大小也有不同，有的地方线圈挤得紧，有的地方很稀松，在织物表面形成菱形凹凸网眼。

5. 绗缝组织

绗缝组织是在平针组织、衬纬组织、罗纹组织的基础上复合而成的。其结构特点为：在上下针分别进行单面编织形成的夹层中衬入不参加编织的纬纱，然后根据花纹的要求选针，进行不完全罗纹编织，形成绗缝。图 5-77 所示为表面带有 V 形花纹的绗缝组织。其中，第 1、4、7 系统的上针全部成圈，下针仅按绗缝花纹要求选择成圈，并将上下针编织的两面连接成一体；第 2、5、8 系统衬入不成圈的纬纱；第 3、6、9 系统仅全部下针成圈。

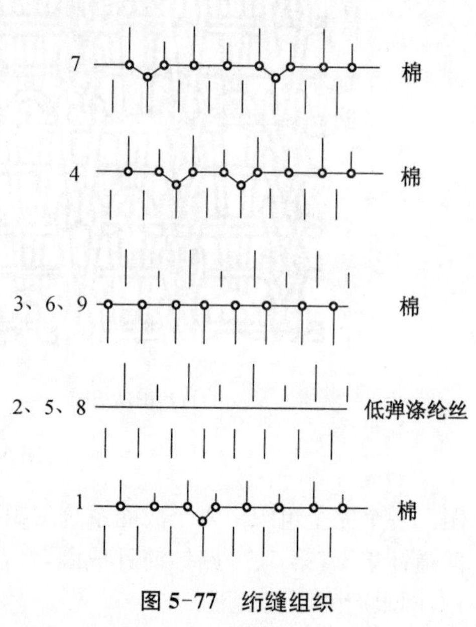

图 5-77 绗缝组织

绗缝组织中绗缝线圈的不同规律配置可以使织物表面形成各种图案。由于在没有绗缝的区域内为双层织物，而且两层结构中间夹有衬纬纱，有较多的空气层，所以绗缝织物较厚实蓬松，保暖性好，尺寸也较稳定，是生产冬季保暖内衣的理想面料。

如果绗缝组织的花纹较小，则可在双面多针道变换三角圆纬机上编织，花纹较大则采用双面提花圆机编织。

（二）双罗纹型复合组织

编织时上下针槽相对，上下织针呈双罗纹配置，由双罗纹组织与其他组织复合而成的组织，称为双罗纹型复合组织。这种组织的特点是脱散性与延伸度较小，组织结构比较紧密。

1. 双罗纹空气层组织

双罗纹空气层组织由双罗纹组织与单面组织复合而成。双罗纹组织可以与平针组织复合，也可以与变化平针组织复合，复合方法不同，可以得到结构不同的双罗纹空气层组织。

图 5-78 是由双罗纹组织与平针复合而成的双罗纹空气层组织，学名称为蓬托地罗马组织。其中图 5-78(1)为该组织的编织图，由 4 个成圈系统编织一个完全组织，其中，第 1、2 成圈系统编织一横列双罗纹，第 3、4 成圈系统分别在上下针编织单面平针。上下针分别进行单面编织后，在织物中形成一个横列的空气层。该组织比较紧密厚实，具有较好的弹性。此外，由于双罗纹编织和单面编织形成的线圈结构不同，因而在织物表面呈现凹凸横棱效应。这种组织可以在双罗纹机上编织，按照 1+1 双罗纹组织进行配置织针，三角配置如图 5-78(2)所示。

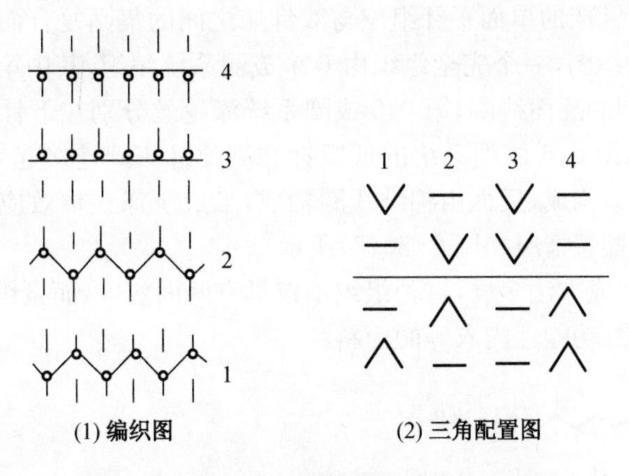

图 5-78　双罗纹与平针复合的空气层组织

图 5-79 是由双罗纹组织与变化平针复合而成的双罗纹空气层组织，其中(1)为该组织的编织图，由 6 个成圈系统编织一个完全组织。第 1、6 成圈系统一起编织一个横列双罗纹；第 2、4 成圈系统下针编织变化平针，形成一个横列正面线圈；第 3、5 成圈系统上针编织变化平针，形成一个横列反面线圈。由于正反面变化平针横列之间没有联系，形成空气层。这种组织中，空气层线圈以变化平针的浮线相连，正反面横列分别由两根纱线形成，不易脱散。与上一种双罗纹空气层组织相比，此组织表面平整、厚实，横向延伸度较小。这种组织也可以在双罗纹机上编织，其三角配置如图 5-79(2)所示。

双罗纹空气层组织一般用于制作内衣和休闲服等产品。

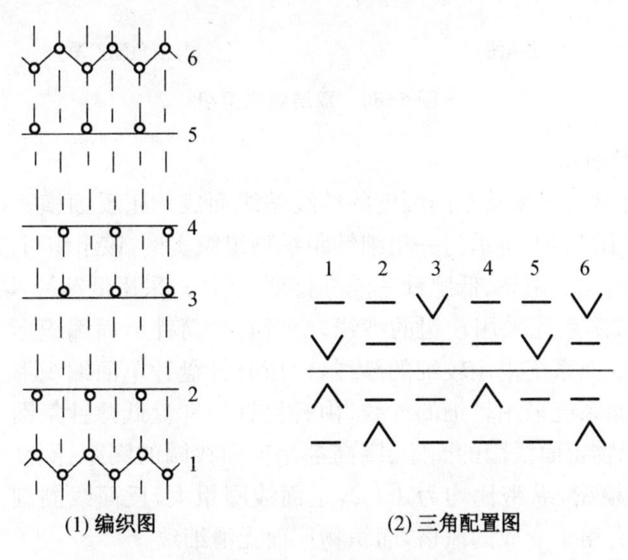

图 5-79　双罗纹与变化平针复合的空气层组织

2. 双层织物组织

双层织物组织是在双罗纹配针的针织机上，采用双罗纹组织与集圈、平针组织复合而成的，其织物两面可由不同色泽或性质的纱线线圈构成，从而使两面具有不同性能和效应。行业内又称这种组织织物为两面派织物或丝盖棉织物。

图 5-80 是由上下针床的单面平针组织与双针床之间的集圈复合而成的的双层织物。图 5-80(1)是该组织的编织图,一个完全组织由 6 个成圈系统编织,其中第 1、4 成圈系统棉纱分别在上针编织两个横列的反面线圈,第 2、5 成圈系统涤纶丝分别在下针编织两个横列正面线圈,正反面线圈之间靠第 3、6 成圈系统的低踵针和高踵针集圈连接起来,形成双层织物。这样,织物正面由涤纶线圈构成,反面由棉纱线圈构成,形成了涤盖棉效应。这种组织可以在双罗纹机上编织,其三角配置情况如图 5-80(2)所示。

双层织物组织的形成方法多样,这种组织不仅具有两面效应,而且织物厚实、保暖,尺寸稳定,可作为外衣、运动服、功能性内衣等的面料。

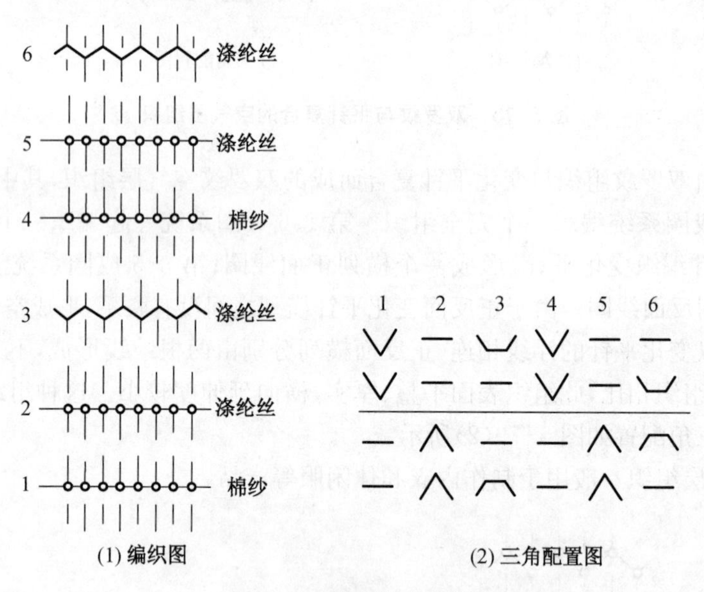

图 5-80 双层织物组织

3. 粗细针距织物组织

由不同机号的针盘与针筒及不同细度的纱线编织而成的正反面横密比不同的组织,称为粗细针距织物组织。图 5-81 所示为一粗细针距织物组织实例,该组织可以在双罗纹织针配置的机器上编织,上针仍然采用高、低踵针一隔一排列,下针只采用低踵针,因此针盘与针筒机号之比为 2∶1。第 1 成圈系统采用较粗的纱线,由所有针筒针单面编织形成织物正面;第 2、3 成圈系统采用较细的纱线,由所有针盘针单面编织形成织物反面;第 4 成圈系统采用较细的纱线,由针筒针与针盘低踵针集圈连接织物两面。该织物正面线圈的圈距、圈高都是反面线圈的圈距、圈高的 2 倍,正反面线圈横密、纵密比均为 1∶2,正面线圈粗大,反面线圈细小,因此织物正面具有粗犷豪放的风格,而织物反面光滑细致。

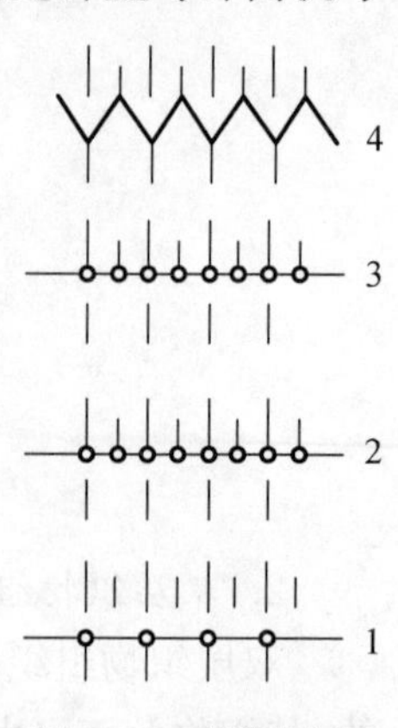

图 5-81 粗细针距织物组织

粗细针距织物组织采用两种不同粗细和不同原料的纱线进行编织,可在织物两面形成粗犷和细致的不同风格及不同的服用性能,立体感强,可制作外衣、休闲服等产品,一般将粗犷的一面作为服装的外层。

该织物可以在双罗纹机上编织,上针仍然是高、低踵针一隔一配置,下针一隔一留针,只留高踵针,或者只留低踵针,针筒留针处的针槽需特别加工，将针槽增宽，以适应编织较粗的纱线。

思考练习题

1. 结构均匀与不均匀提花组织的主要特点分别是什么？
2. 什么是线圈指数，它的大小关系到什么？
3. 何谓完全提花组织与不完全提花组织？各有何特点？试画出它们的编织图。
4. 简述提花组织的编织方法。
5. 连续集圈的次数对织物的结构及性能有何影响？
6. 何谓畦编和半畦编组织？各有何特点？试画出它们的编织图。
7. 简述集圈组织的编织方法。
8. 添纱组织有哪几种，结构各有何特点？
9. 编织添纱组织时，如何保证地纱和添纱线圈的正确配置？
10. 衬垫纱的衬垫方式有哪些？简述添纱衬垫组织的编织过程。
11. 衬纬组织的纬纱对织物性能有何影响，衬纬组织如何编织？
12. 毛圈组织有哪些种类，结构各有何特点？
13. 毛圈线圈的形成原理是什么？如何改变毛圈长度？
14. 长毛绒组织的结构和特性是什么？如何编织长毛绒组织？
15. 纱罗组织与菠萝组织在结构和编织方法方面有何不同？
16. 试比较瑞士式与法式点纹组织的异同。
17. 画出点纹组织的编织图及相对应的三角排列图。
18. 比较分析单胖组织和双胖组织的异同点。
19. 双罗纹型复合组织与罗纹型复合组织的结构和性能有什么不同？试分别举出几种双罗纹型复合组织和罗纹型复合组织的实例。

第六章 圆纬机的选针机构及产品设计

第一节 选针机构的分类

在圆纬机上编织提花、集圈等花色组织时，需要织针有选择地成圈(或集圈、不编织)，因此在每一成圈系统需要配置选针机构。选针机构直接或间接地作用于织针，对织针进行选择，使织针能够根据花纹的设计，选择性地成圈。在形成提花毛圈组织时，需要沉降片有选择地挺进或者不挺进，因此需要配置选沉降片机构。选沉降片机构的结构和原理与选针机构相似，本文对选针机构的结构、工作原理、产品设计方法进行介绍。

一、选针机构的工艺要求

选针机构要实现准确地选择织针，必须满足一定的工艺要求。

(1) 选针机构的结构应简单紧凑。选针机构的结构既影响选针的准确性又决定了选针机构的空间尺寸，选针机构尽量要结构简单，便于加工和组装，同时机件之间要紧凑，减小空间尺寸，提高机器的成圈系统数。

(2) 选针机构应操作方便，花型变换容易，节省改变花型需要的时间。

(3) 选针机件规格要统一，机件更换要方便，加工制造精度要高，保证选针准确。

(4) 改换花型时应尽可能减少选针元件的消耗。

二、选针机构的分类

选针机构的形式有多种，根据作用原理一般可分为三类：直接式选针、间接式选针和电子选针。

(一) 直接式选针机构

选针机件(如三角、提花轮上的钢米等)直接作用于织针的针踵进行选针，通过三角或提花轮上钢米的类型变化来实现织针不同功能的编织。直接式选针机构有分针三角选针机构、多针道变换三角选针机构和提花轮选针机构等。

(二) 间接式选针机构

选针机件不直接作用于织针，而是中间机件(提花片或挺针片)直接作用于织针，选针机件的选针信息通过中间机件传递给织针，使织针有选择地成圈(或集圈、不编织)。间接式选针机构主要有拨片式选针机构、推片式选针机构、竖滚筒式选针机构等。

(三) 电子式选针机构

直接式和间接式选针机构都属于机械控制，花纹信息储存在有关机件上，因此花型的大小受到限制，而且花型变换时，需要重新排列选针机件，耗时耗力。电子选针机构是通过电磁或压电元件来进行选择，花纹信息储存在计算机的存储器中，并配有计算机辅助花型准备系统，具有变换花型快和花型大小不受限制等优点，在针织机上已得到越来越多的应用。

上述选针机构除了可用于圆纬机外，有些还可用于其他纬编机，如横机和圆袜机等。

第二节　分针三角选针机构

分针三角选针机构是利用不等厚度的三角作用于不同长度针踵的织针来进行选针，一般在横机上采用。

一、选针机件

1. 织针

利用分针三角选针机构进行选针时，采用的织针与普通织针不同，普通织针针踵长度一致，而分针三角选针机构上采用的舌针针踵长度不同，分为短踵针1、中踵针2和长踵针3三种，如图6-1所示。

2. 三角

分针三角选针机构可以采用不等厚度三角或者进出活动三角来进行选针编织。

(1) 不等厚度三角　分针三角选针机构上采用的起针三角厚度不等，呈三段厚薄不同的阶梯形状，如图6-1所示，区段4位于起针三角的下部，厚度最厚，区段5位于起针三角的中部，厚度中等，区段6位于起针三角的上部，厚度最薄。

(2) 进出活动三角　分针三角选针机构上也可以采用进出可以活动的三角，起针三角厚度相同，但是向针筒中心径向挺进的距离不同（又称进出活动三角）。若该三角向针筒中心挺足（进二级）时，则其相当于最厚的三角；若该三角向针筒中心挺进一半（进一级）时，则其相当于中等厚度的三角；若该三角不向针筒中心挺进时，则其相当于最薄的三角。

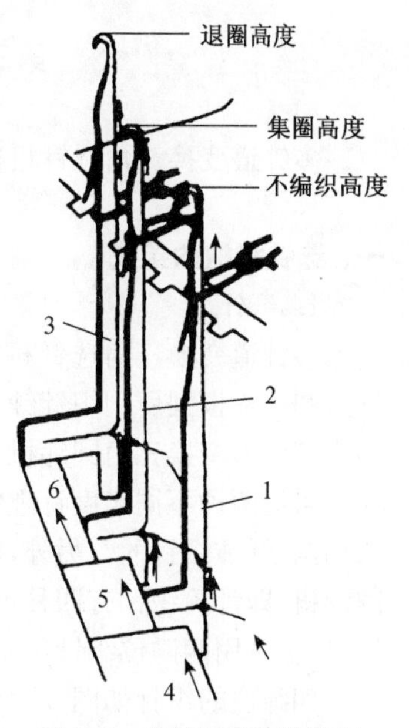

图6-1　分针三角选针原理

二、选针原理

分针三角选针机构通过配置不等厚度三角，来实现对短踵针、中踵针、长踵针的选择性编织。其选针原理如图6-1所示，三角区段4最厚，位置最低，可以作用到短踵针1、中踵针2和长踵针3，使织针起针；区段5中等厚度，位置中等，可以作用到中踵针2和长踵针3，而作用不到短踵针1，因此短踵针1只能从其内表面水平经过，不能继续上升，故仍处于不退圈位置，即不编织高度，因此短踵针不编织；中踵针2和长踵针3沿区段5升高到达区段6位置，此时织针处于集圈高度，由于区段6最薄，只可以作用到长踵针3，中踵针2只能从区段6的内表面水平经过不再继续上升，故仍保持在集圈高度，因此中踵针 2 集圈，而长踵针 3 继续沿区段 6 上升，到达退圈高度，因此长踵针 3 成圈。这样，三种针被分成了三条不同的走针轨迹，如图 6-2 所示，实现了织针不编织、集圈和成圈的选择。

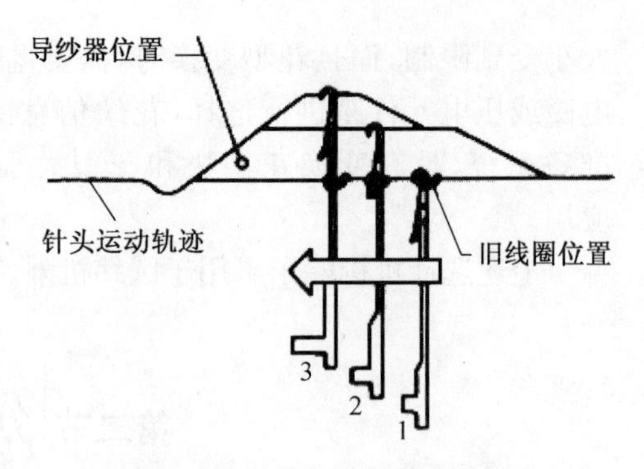

图 6-2 分针三角选针的走针轨迹

三、分针三角选针机构的特点

分针三角选针方式的选针灵活性有局限。如某一成圈系统的起针三角设计成选择短踵针成圈，那么经过该三角的所有中踵针和长踵针也只能被选择为成圈，不能进行集圈或不编织。对于长踵和中踵针来说，三角与针踵之间的作用点离开针筒较远，使三角作用在针踵上在力较大。所以，分针三角选针机构主要在圆袜机和横机上有一定的应用，在圆纬机上则不采用。

第三节 多针道变换三角选针机构

多针道变换三角选针机构利用不同高度的三角作用于不同高度针踵的织针来进行选针。

一、选针机构的组成

1. 织针

多针道变换三角选针机构的圆纬机上采用的是不同高度针踵的织针（又称不同踵位织针），圆纬机根据所用织针针踵高度的数量，叫作几针道变换三角圆纬机，如针踵高度有四种，则为四针道变换三角圆纬机。变换三角圆纬机常用的有两针道和四针道，两针道变换三角圆纬机采用两种不同高度针踵的织针，一般称高踵针和低踵针，双罗纹机的上针盘和下针筒就是采用高、低踵织针的。另外，双面提花圆纬机的针盘通常也采用两针道。单面四针道变换三角圆纬机，即针筒织针有四种不同踵位，双面 2＋4 针道变换三角圆纬机，即针筒采用四踵位织针，针盘采用两踵位织针。

四踵位的织针如图 6-3 所示，织针有 A、B、C、D 四种类型，每种类型的织针上只有一个选针踵，A、B、C、D 四种类型的织针组成了四档不同高度的选针踵。另外，A、B、C、D 四种类型的织针上都有一个同高度的起针踵 0 和压针踵 5，起针踵 0 在编织纬平针组织时采用，也有的织针没有起针踵，直接用选针踵来编织纬平针。

2. 三角

三角作用于织针的针踵，控制织针的编织。多针道变换三角圆纬机上采用了不同踵位的织针，因此相对应的是不同高度的三角跑道，例如双罗纹机上针盘和针筒都采用两踵位的织针，对应的针盘和针筒都是高低两条三角跑道。图 6-3 所示为四针道的变换三角圆纬机上针和三角的配置关系，织针具有四档选针踵，因此与四档选针踵对应的有四条三角跑道，另外还有和起针踵对应的三角跑道，以及和压针踵对应的压针三角。根据编织的织物组织，选针踵和起针踵对应的三角可以在成圈三角、集圈三角或不编织三角中变换，压针三角不需要调换。

二、选针原理

多针道变换三角圆纬机中，织针的编织形式由对应高度三角跑道中的三角类型控制，三角类型可以为成圈三角、集圈三角或不编织三角，对应的织针可以成圈、集圈或不编织，因此多针道变换三角圆纬机为三功位选针。以单面四针道变换三角圆纬机为例，如图 6-3 所示，某一路成圈系统四档选针三角从低到高依次为成圈三角、不编织三角、集圈三角和成圈三角，由图可见，织针 A 上的选针踵位 1 对应位置最低的选针三角跑道，由于最低选针三角为成圈三角，所以 A 针成圈；同样，B 针的踵位 2 对应不编织三角，所以 B 针不编织；C 针的踵位 3 对应集圈三角，所以 C 针集圈；D 针的踵位 4 对应的也是成圈三角，所以 D 针也成圈。当改变三角的类型时，对应踵位的织针编织方式发生变化，因此通过不同踵位织针和不同三角类型的排列变换，可以编织花色组织。

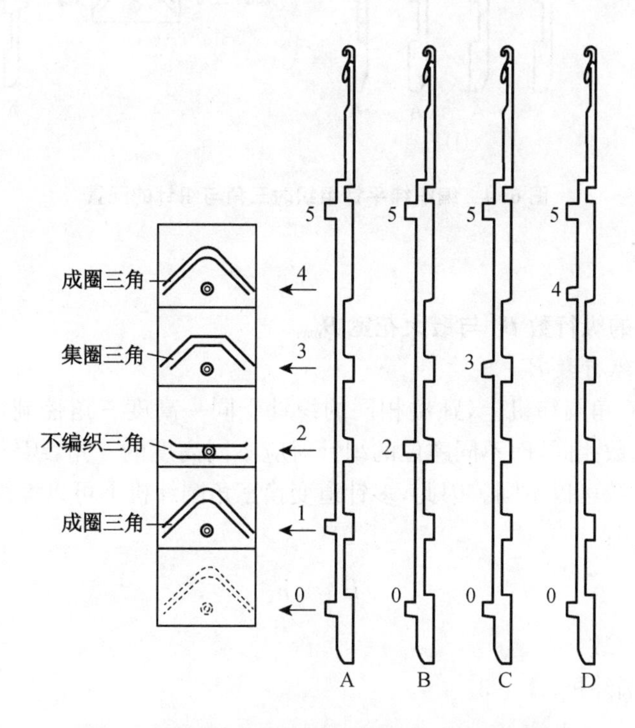

图 6-3　单面四针道针织机的织针与三角的配置

在四针道变换三角圆纬机上编织纬平针组织时，需要将每个成圈系统上 0 号针踵对应的三角跑道安装成圈三角，1～4 号选针踵对应的三角退出工作，则所有织针都被 0 号三角跑道的成圈三角上升到退圈高度而成圈，形成纬平针。有的织针只有四档选针踵，没有 0 号针踵，编织纬平针时，针筒上可以全部采用同一高度踵位的织针，每个成圈系统上对应这一踵位的三角跑道都为成圈三角，如图 6-4(1)所示，针筒上都采用 A 类针，对应的三角跑道 1 上安装成圈三角，则所有针都受三角跑道 1 控制上升到退圈高度，织针成圈，形成纬平针，其他三角跑道则不起作用；或者针筒上采用四种类型的织针，对应的四条三角跑道上都采用成圈三角，如图 6-4(2)所示，那么所有织针也都成圈，编织纬平针组织。

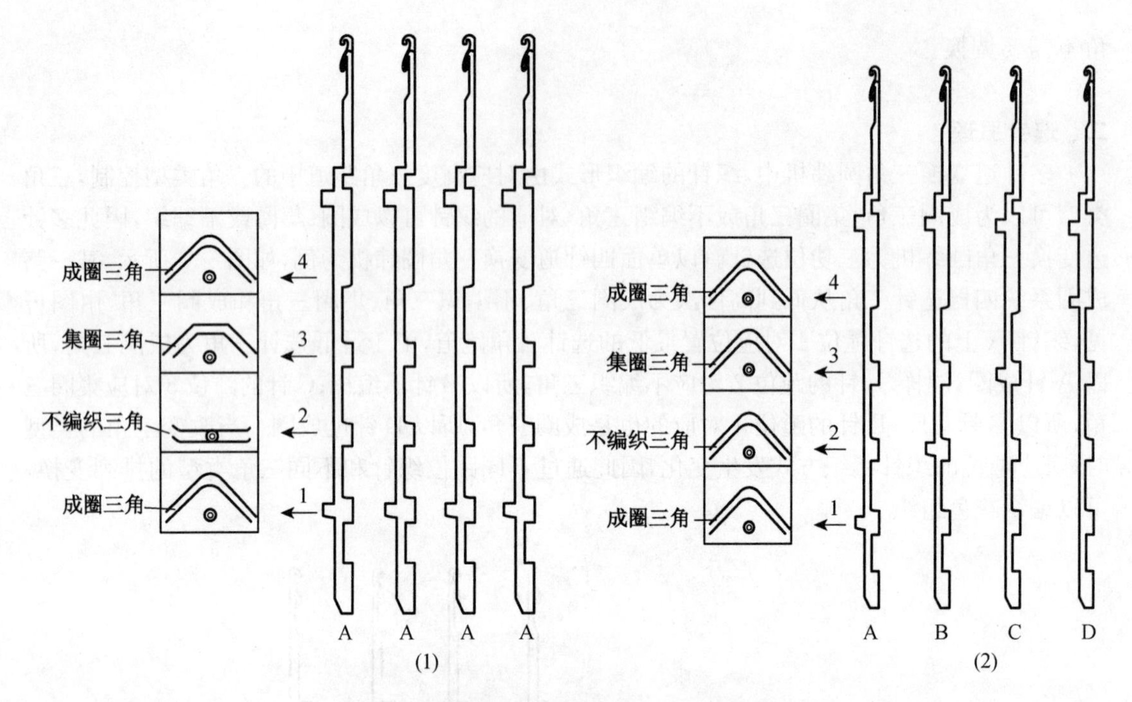

图 6-4 编织纬平针组织时三角与织针的配置

三、花型的大小

(一) 不同花纹的纵行数 B_0 与最大花宽 B_{max}

1. 不同花纹的纵行数 B_0

在多针道变换三角圆纬机上,踵位相同的织针受同一高度三角控制,织针的编织方式相同,形成的花纹纵行数相同,而不同踵位的织针对应不同高度的三角,织针的编织方式可以不同,编织的花纹纵行数可以不同。因此,多针道变换三角圆纬机上可以编织的不同花纹纵行数为织针的踵位数。即:

$$B_0 = n \tag{6-1}$$

式中:n——选针踵位数。

如对于三针道圆纬机,$B_0=3$。

四针道圆纬机,$B_0=4$。

即踵位数越多,可以编织的不同花纹纵行数越多,花型能力越大。

2. 最大花宽 B_{max}

设计非对称花型时,如果一个完全组织内花纹纵行数互不相同,针踵按顺序排列,呈"步步高"("/")或"步步低"("\")排列,则最大花宽 B_{max} 等于踵位数。即:

$$B_{max} = B_0 = n \tag{6-2}$$

设计对称花型,针踵呈"∧"或"∨"排列,则最大花宽 B_{max}:

$$B_{max} = 2B_0 = 2n \quad 或\ B_{max} = 2B_0 - 1 = 2n - 1 \tag{6-3}$$

如果将不同的花纹纵行进行无规则的排列,则最大花宽 B_{max}:

$$B_{max} = N \quad (6-4)$$

式中：N——针筒总针数。

在多针道变换三角圆纬机上，设计花型的花宽应为针筒总针数 N 的约数，这样针筒一转可以编织整数个花型。

多针道变换三角圆纬机受踵位数的制约，不同花纹纵行数较少，花型设计能力差，一般用来编织一些简单的小花型组织。当设计的花型不同花纹纵行数超过多针道变换三角圆纬机的踵位数时，则该圆纬机不能满足花型设计的要求，需要采用踵位数更多的多针道变换三角圆纬机或其他选针机构。

（二）不同花纹横列数 H_0 与最大花高 H_{max}

在多针道圆纬机上，编织一个花纹横列需要一个或多个成圈系统。如果织物组织的一个横列由一根纱线编织，只是形成结构效应，则一个成圈系统编织一个横列；如果织物组织为两色提花，每个横列由两种颜色的线圈形成，则两个成圈系统编织一个横列。同理，三色提花，则由三个成圈系统编织一个横列。对于每一个成圈系统的每一档三角，可有成圈、集圈或不编织三种选择。例如四针道机每一系统有四档三角，且各档三角的变换互相独立，所以四针道机变换三角的排列可能性 P：

$$P = 3 \times 3 \times 3 \times 3 = 3^4 = 81$$

还应扣除一个完全组织中无实际意义的排列，即每档三角都为不编织三角的排列。所以，对于四针道机来说，变换三角排列的可能性 P：

$$P = 3 \times 3 \times 3 \times 3 - 1 = 3^4 - 1 = 80$$

如对于三针道圆纬机，变换三角排列的可能性 P：

$$P = 3 \times 3 \times 3 \times -1 = 3^3 - 1 = 26$$

但是，三角排列的可能性除了与踵位数有关外，还受到圆纬机上成圈系统数的影响，例如四针道圆纬机上，三角排列可能性为 80 种，但如果机器上只有 64 个成圈系统，那么受成圈系统数的限制，则实际三角排列只能有 64 种。

因此，对于多针道变换三角圆纬机，三角排列的可能性 P：

$$P = 3^n - 1 (3^n - 1 \leqslant M) \quad \text{或} \ P = M (3^n - 1 > M) \quad (6-5)$$

式中：n——选针踵位数，即针道数。

M——机器成圈系统数。

那么，多针道变换三角圆纬机上一个完全组织中不同花纹横列数 H_0：

$$H_0 = \frac{P}{e} \quad (6-6)$$

式中：e——色纱数。

如果 $M > P$，则可以将某些花纹横列重复配置而不形成循环，则一个完全组织的花高可以大于 H_0，则最大花高 H_{max}：

$$H_{max} = \frac{M}{e} \quad (6-7)$$

在多针道变换三角圆纬机上设计花型时，花纹完全组织的高度既要考虑踵位数又要考虑成圈系统数，如果机器上的踵位数或者成圈系统数不满足要求，则该机器不能织造该花型。

在实际设计花型时，既要从多针道圆纬机成圈机件的配置考虑形成花纹的可能性，还应兼顾美学效果，选择合适的花高与花宽，使两者成一定比例。

四、花型设计实例

多针道变换三角圆纬机编织工艺的应用，除了设计织物外，还要根据给出的意匠图或编织图作出织针排列和三角排列。

（一）非对称型花型设计实例

图 6-5(1)为一单面花色织物的花型意匠图，花宽和花高分别是 4 个纵行和 6 个横列。该花型利用织针成圈、集圈和不编织有规律的组合，在布面上形成斜向排列的孔眼外观。意匠图中每一横列有一根纱线编织，因此每一横列只需一个成圈系统编织，花型的右侧为每一横列对应的成圈系统。

图 6-5(2)为织针排列图，一条条竖线表示织针的排列，竖线位置高低代表不同踵位的针。本例中花型花宽为 4 个纵行，且花型纵行互不相同，因此需要四种不同踵位的织针，即四针道变换三角圆纬机，织针踵位采用步步高的方式排列，A、B、C 和 D 四种织针踵位由低到高，A、B、C 和 D 四根织针一组，循环排列，排满针筒。

编织本例花型需要采用四踵位的织针，因此需要四条不同高度的三角跑道与踵位对应，即 A、B、C 和 D 四条三角跑道分别与踵位 A、B、C、D 对应。排三角时，应根据意匠图和针踵的排列，以及每一成圈系统编织一个花纹横列的对应原则，逐个系统排出。本例中，编织一个完全组织需要六个成圈系统。第 1 成圈系统编织第 1 横列，第 1 横列的第 1 纵行由织针 A 编织，编织方式为成圈，因此第 1 成圈系统的最低档三角跑道 A 应配置成圈三角；第 1 横列的第 2 纵行由织针 B 编织，编织方式为不编织，因此第 1 成圈系统的三角跑道 B 应配置不编织三角；第 1 横列的第 3 纵行由织针 C 编织，编织方式也为不编织，因此第 1 成圈系统的三角跑道 C 也应配置不编织三角；第 1 横列的第 4 纵行由织针 D 编织，编织方式为集圈，因此第 1 成圈系统的三角跑道 D 应配置集圈三角；依此类推，确定其他成圈系统的三角类型。图 6-5(3)为一个完全组织六个成圈系统的三角排列图，在机器上，按照六个成圈系统一个循环，排列其他成圈系统的三角，这样针筒一转，可以编织若干个花高。

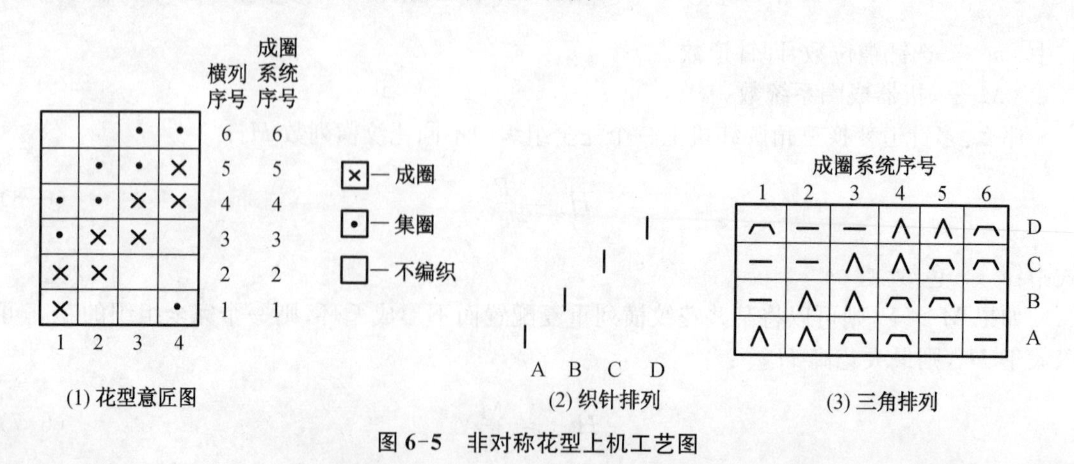

图 6-5　非对称花型上机工艺图

(二) 对称型花型设计实例

图 6-6(1)为一单面两色提花织物的花型意匠图,花宽和花高分别是 7 个纵行和 4 个横列,每一横列由两种颜色的线圈形成,即每一横列需要两根纱线编织,因此每一横列需要两个成圈系统,分别编织两种颜色的纱线,编织一个完全组织,需要八个成圈系统,图 6-6(2)为成圈系统的排列及色纱的喂入顺序,由图可见,每两个成圈系统编织一个横列,奇数成圈系统喂入色纱 1,偶数成圈系统喂入色纱 2。

图 6-6(3)为织针排列图,花宽虽然是 7 个纵行,但是由于花型左右对称,只有 4 个不同的花型纵行,因此需要四种不同踵位的织针,即四针道变换三角圆纬机,对称花型针踵呈"∧"或"∨"排列。本例织针针踵采用"∧"排列,A、B、C、D、C、B、A 七根织针一组,循环排列,排满针筒。

编织本例花型仍需要四条不同高度的三角跑道,即 A、B、C 和 D 四条三角跑道分别与踵位 A、B、C、D 对应。本例中,一个完全组织四个横列,一个横列需要两个成圈系统编织,编织一个完全组织需要八个成圈系统,以第一横列为例,说明三角的排列方法。第 1 横列由第 1、2 成圈系统编织。第 1 成圈系统编织色纱 1,色纱 1 在第 1、2、4、6、7 纵行成圈,其中第 1、7 纵行由同一踵位的织针 A 编织,因此第一成圈系统的三角跑道 A 应为成圈三角;第 2、6 纵行由同一踵位的织针 B 编织,因此第一成圈系统的三角跑道 B 也应为成圈三角;第 4 纵行由织针 D 编织,因此第 1 成圈系统的三角跑道 D 也应配置成圈三角;而色纱 1 在第 3、5 纵行不编织,对应的织针为 C,因此第 1 成圈系统的三角跑道 C 应配置不编织三角。第 2 成圈系统编织色纱 2,色纱 2 在第 3、5 纵行成圈,因此第 2 成圈系统的三角跑道 C 应配置编织三角;而色纱 2 在 1、2、4、6、7 纵行不编织,因此第 2 成圈系统的 A、B、D 跑道为不编织三角。依此类推,确定其他成圈系统的三角排列。图 6-6(4)即为一个完全组织八个成圈系统的三角排列图。

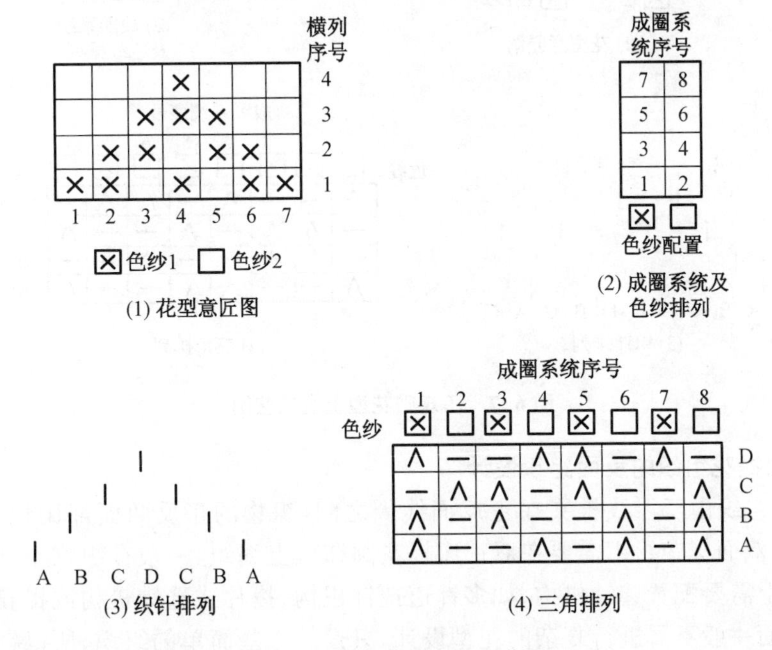

图 6-6　对称花型上机工艺图

(三) 不规则花型设计实例

图 6-7(1)为一单面两色提花织物的花型意匠图,花宽和花高分别是 10 个纵行和 4 个横

列，由花型意匠图可见，花型纵行没有明显的规律，那么织针排列的原则是：不同的花型纵行踵位不同，相同的花型纵行排同一踵位的织针。第 1、9 纵行花型一样，所以都排 A 类针，踵位最低；第 2、7 纵行花型一样，排 B 类针，第 3、5、8、10 纵行花型一样，排 C 类针，第 4、6 纵行花型一样，排 D 类针，织针的排列如图 6-7(3)所示，10 个纵行中只有四种不同的花型纵行，因此采用四针道变换三角圆纬机即可编织。每一横列由两种颜色的线圈形成，因此编织一个完全组织，需要八个成圈系统，图 6-7(2)为成圈系统的排列及色纱的喂入顺序。三角排列的原则同前所述，如第 1 成圈系统编织第 1 横列的色纱 1，第 1、9 纵行都采用 A 类针，第一横列 A 类针上色纱 1 成圈，所以对应的第一系统的 A 跑道安装成圈三角，第 2、7 纵行都采用 B 类针，第一横列 B 类针上色纱 1 不成圈，所以对应的第一系统的 B 跑道安装不成圈三角，第 3、5、8、10 纵行都采用 C 类针，第一横列 C 类针上色纱 1 也不成圈，所以对应的第一系统的 C 跑道也安装不编织三角，第 4、6 纵行都采用 D 类针，第一横列 D 类针上色纱 1 成圈，所以对应的第一系统的 D 跑道安装成圈三角，这样第一成圈系统的三角就排列完毕，再根据同样的原则排列其他成圈系统的三角，本花型一个完全组织八个成圈系统的三角排列如 6-7(4)所示。

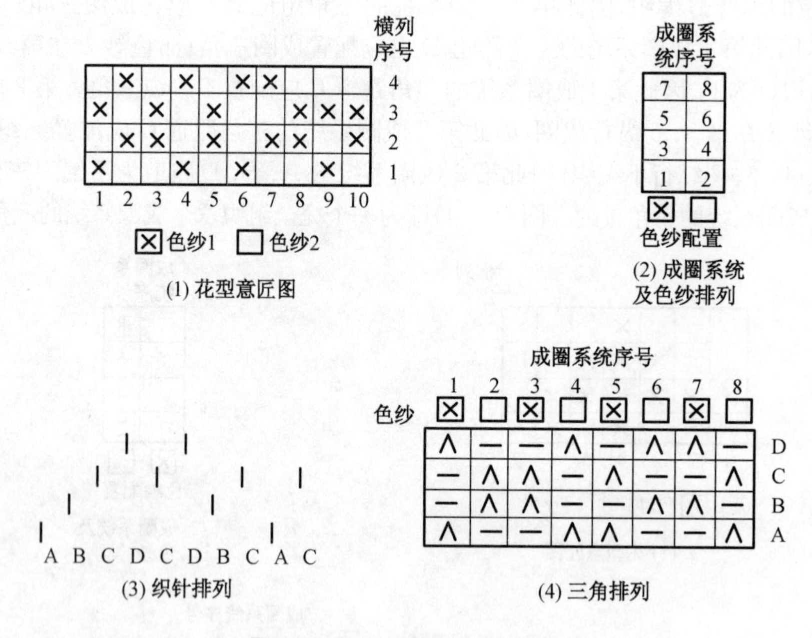

图 6-7 不规则花型上机工艺图

(四) 双面提花组织的反面组织设计

双面提花组织由于浮线被夹在正反面线圈之间，织物的正反两面都比较整洁美观，因此应用较多。双面提花组织需要在双针床提花圆纬机上编织，一般在织物正面进行花型设计，所以针筒上需要配置选针机构，如多针道选针机构、拨片式选针机构或提花轮选针机构等，织物的反面一般不需进行复杂的花型设计，只设计一些简单的组织，所以针盘上一般采用高、低两种踵位的织针，且高低踵针一般按一隔一排列，采用两针道变换三角选针机构，通过各成圈系统不同三角类型的配置，可以在织物的反面形成横条纹、纵条纹、小芝麻点和大芝麻点等效果。

1. 两色提花织物的反面组织设计

两色提花织物的反面组织可以是横条纹、纵条纹、小芝麻点或者大芝麻点。

(1) 横条纹设计。两色提花织物反面形成横条纹时，每路成圈系统所有针盘针都参加编织，即为两色完全提花组织，反面形成两色相间的横条纹，反面花型意匠图如图 6-8(1)所示。第 1 横列由成圈系统 1 编织，喂入色纱 1，高低踵针都参加编织，第 2 横列由成圈系统 2 编织，喂入色纱 2，高低踵针也都参加编织，两个成圈系统一循环，形成反面的两色横条纹，成圈系统排列如图 6-8(2)所示。针盘针采用高踵针和低踵针一隔一排列，如图 6-8(3)所示。第 1 路喂入色纱 1 时，针盘高、低踵针都参加编织，形成第 1 横列，因此第 1 成圈系统高、低三角跑道都为成圈三角，同样第 2 路喂入色纱 2，针盘高、低踵针也都要参加编织，形成第 2 横列，因此第 2 成圈系统高、低三角跑道也都为成圈三角，三角排列如图 6-8(4)所示。

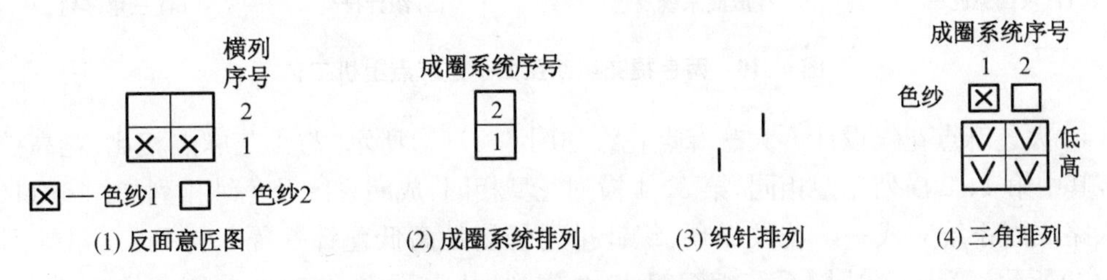

图 6-8　两色提花组织反面横条纹上机工艺

(2) 纵条纹设计。反面形成如图 6-9(1)所示的纵条纹效果，每一横列由两种色纱的线圈形成，因此一个横列需要两路成圈系统编织，此种提花组织为不完全提花组织，成圈系统及色纱排列如图 6-9(2)所示，第 1 横列由第 1、2 成圈系统编织，第 2 横列由第 3、4 成圈系统编织，其中第 1、3 成圈系统喂入色纱 1，第 2、4 成圈系统喂入色纱 2，织针的排列如图 6-9(3)所示，仍然是高踵针、低踵针一隔一排列，由于形成纵条纹，第 1 成圈系统色纱 1 编织时，高踵针成圈，因此第 1 成圈系统高三角跑道为成圈三角，低三角跑道为不编织三角；第 2 成圈系统色纱 2 编织时，低踵针成圈，因此第 2 成圈系统低三角跑道为成圈三角，高三角跑道为不编织三角，第 2 横列的编织情况与第 1 横列相同，因此第 3、4 成圈系统三角的排列与第 1、2 成圈系统相同，三角排列如图 6-9(4)所示。

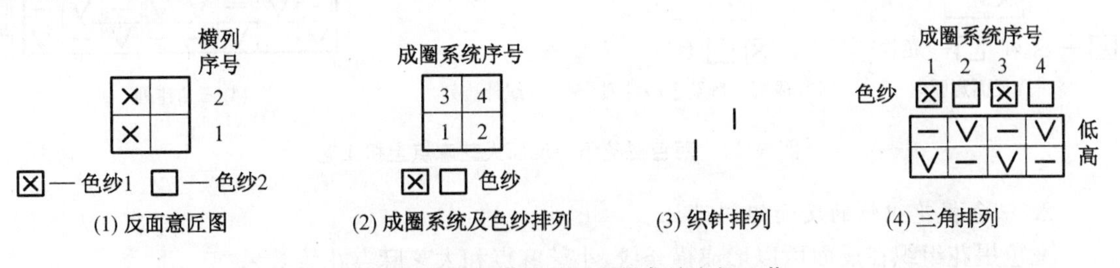

图 6-9　两色提花组织反面纵条纹上机工艺

(3) 小芝麻点花纹设计。反面形成如图 6-10(1)所示的小芝麻点花纹效果，每一横列由两种色纱的线圈形成，因此一个横列需要两路成圈系统编织，仍为不完全提花组织，成圈系统及色纱、织针的排列与纵条纹相同，第一横列的编织仍然与纵条纹一样，即第 1 成圈系统色纱 1 编织时，高踵针成圈，因此第 1 成圈系统高三角跑道为成圈三角，低三角跑道为不编织三角；

第2成圈系统色纱2编织时，低踵针成圈，因此第2成圈系统低三角跑道为成圈三角，高三角跑道为不编织三角，第2横列的编织情况与第1横列相反，第3成圈系统色纱1编织时，改为在低踵针成圈，因此第3成圈系统低三角跑道为成圈三角，高三角跑道为不编织三角；第4成圈系统色纱2编织时，高踵针成圈，因此第4成圈系统高三角跑道为成圈三角，低三角跑道为不编织三角，三角排列如图6-10(4)所示，这样就形成了两种色纱跳棋式配置的小芝麻点花纹。

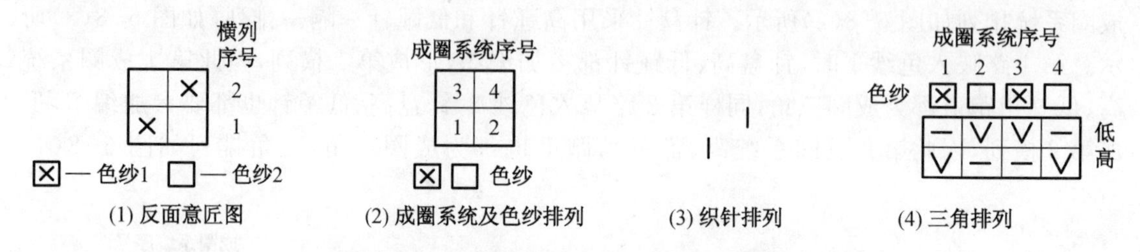

图6-10 两色提花组织反面小芝麻点上机工艺

(4) 大芝麻点花纹设计。大芝麻点花纹如图6-11(1)所示，与小芝麻点相比，花高扩大了一倍，其中第1、2横列花型相同，第3、4横列花型相同，成圈系统及色纱排列如图6-11(2)所示，八路成圈系统完成一个花纹循环，织针排列仍然是高低踵针一隔一排列，三角排列如图6-11(4)所示，第1～4成圈系统编织第1、2横列，其中第1、3成圈系统色纱1喂入，高踵针编织，因此第1、3成圈系统高三角跑道为成圈三角，第2、4成圈系统色纱2喂入，低踵针编织，因此第2、4成圈系统低三角跑道为成圈三角。第5～8成圈系统编织第3、4横列，高低踵针上喂入色纱与1～4路成圈系统发生变换，第5、7成圈系统色纱1喂入，改为低踵针编织，因此第5、7成圈系统低三角跑道为成圈三角，同理，第6、8成圈系统高三角跑道为成圈三角。

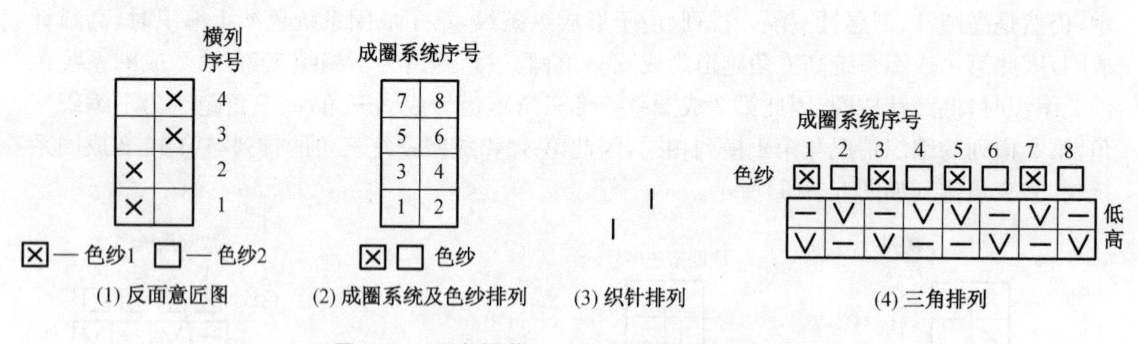

图6-11 两色提花组织反面大芝麻点上机工艺

2. 三色提花织物的反面组织设计

三色提花组织在反面可以形成横条纹、小芝麻点和大芝麻点花纹效果。

(1) 横条纹设计。三色提花织物在反面形成三色横条纹，如图6-12(1)所示，每一横列由一种色纱线圈形成，因此每一横列由一路成圈系统编织，编织一个完全组织需要三路成圈系统，分别喂入色纱1、2、3，三个成圈系统完成一个循环，成圈系统排列如图6-12(2)所示，针盘针仍然采用高踵针和低踵针一隔一排列，每路成圈系统所有高踵针、低踵针都参加编织，因此每路成圈系统高低三角跑道都安装成圈三角，三角排列如图6-12(4)所示。

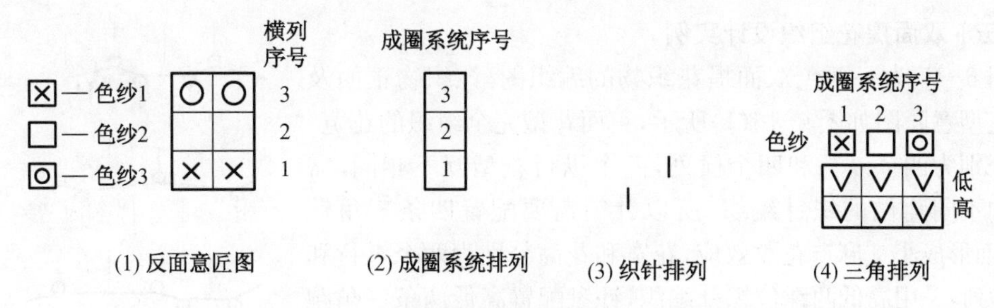

图 6-12　三色提花组织反面横条纹上机工艺

(2) 小芝麻点花纹设计。由三种色纱在反面形成三色线圈跳棋式配置的芝麻点花纹，如图 6-13(1)所示，花纹的花高为三个横列，每一横列由两种色纱的线圈形成，即每一横列由两路成圈系统编织，编织一个花高需要六路成圈系统，成圈系统排列如图 6-13(2)所示，色纱 1、2、3 交替喂入，六路成圈系统色纱循环两次，根据色纱的喂入和织针的编织情况，确定各成圈系统高低三角跑道的三角类型，三角排列如图 6-13(4)所示。

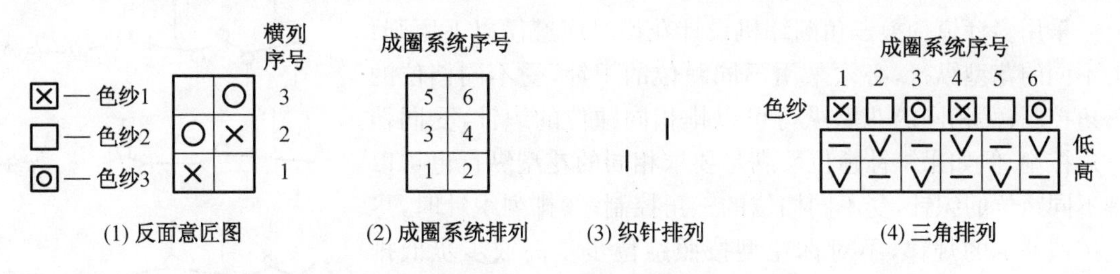

图 6-13　三色提花组织反面小芝麻点上机工艺

(3) 大芝麻点花纹设计。反面形成如图 6-14(1)所示的大芝麻点花纹，花高为六个横列，每一横列由两路成圈系统编织，编织一个花高需要十二路成圈系统，成圈系统排列如图 6-14(2)所示，根据花型意匠图、织针的排列和各成圈系统色纱的喂入情况，确定了各成圈系统的三角排列，如图 6-14(4)所示。

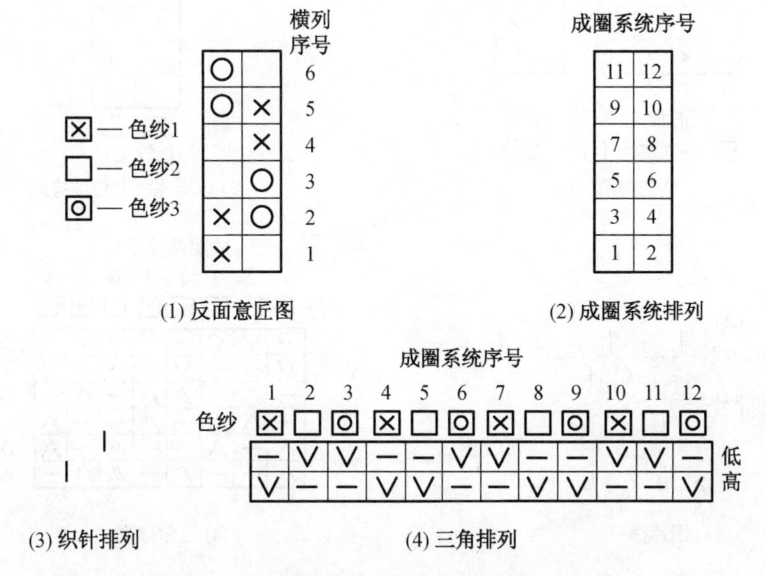

图 6-14　三色提花组织反面大芝麻点上机工艺

(五) 双面提花组织设计实例

图 6-15 为一两色双面提花织物的编织图，该织物正面及反面花型意匠图如图 6-16(1)所示，正面花型完全组织的花宽、花高分别为四个纵行和四个横列，四个纵行花型互不相同，需要四种不同踵位的织针编织，所以针筒需要配置四条三角针道，反面形成小芝麻点花纹效应，花宽和花高分别为两个纵行和两个横列，采用高低两踵位织针编织，针盘配置高低两条三角跑道即可，因此编织如图 6-15 所示的双面提花组织需在双面 2＋4 针道变换三角圆纬机上编织，编织正面一个完全组织需要八个成圈系统，成圈系统和色纱的排列如图 6-16(2)所示，针筒配置 A、B、C、D 四种踵位的织针，针盘配置高、低两种踵位的织针，织针配置如图 6-16(3)所示，根据三角排列的原则，分别做出各成圈系统针筒三角和针盘三角的配置情况，如图 6-16(4)所示。

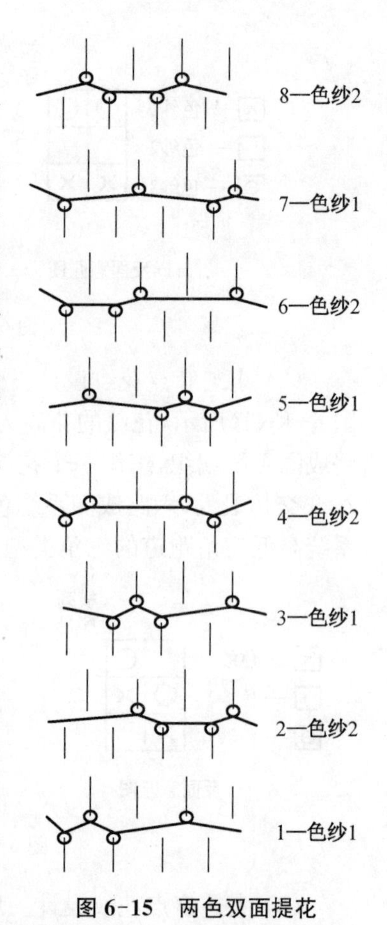

图 6-15　两色双面提花织物编织图

采用多针道变换三角圆纬机设计花型时应遵循以下原则：①不同的花型纵行，必须采用不同踵位的织针，受不同档位的三角控制；②相同的花型纵行可以排相同踵位的织针，受同档三角控制，但如果织针踵位数满足要求相同的花型纵行也可以排不同踵位的织针，受不同档位的三角控制；③排列织针时，尽量按照一定的规律，不对称花型按照踵位步步高或步步低排列，对称花型踵位按"∧"或"∨"排列；④花型的大小还要考虑机器的条件，设计的花宽应为针筒数的约数，花高要考虑机器的成圈系统数，尽量使机器一转能编织整数个花型。

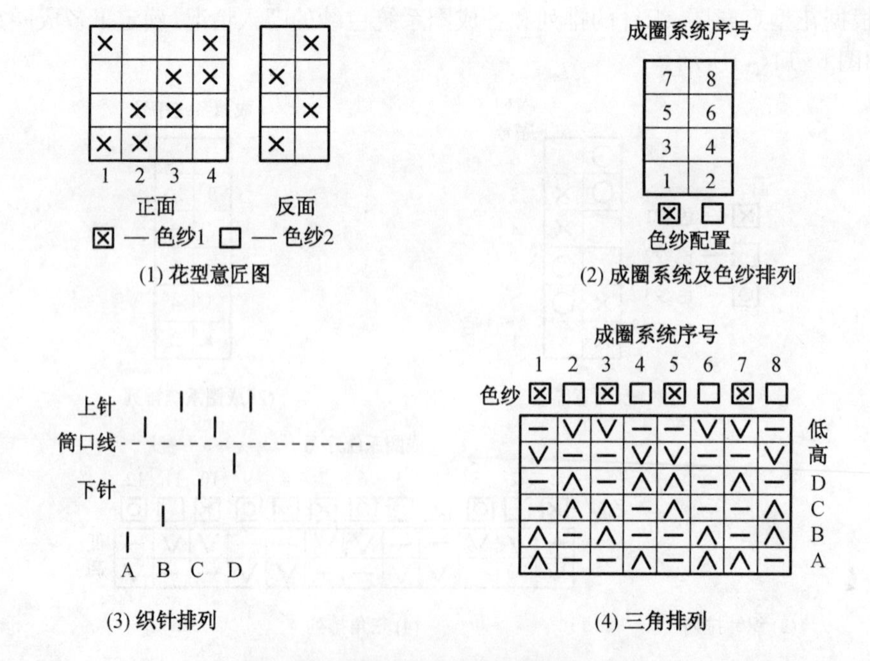

图 6-16　两色双面提花织物上机工艺

第四节　拨片式选针机构

一、拨片式选针机构的结构及选针原理

(一) 拨片式选针机构的结构

图6-17为拨片式单面提花圆纬机上成圈与选针机件的配置图。针筒1的针槽中从上到下依次插有织针2、挺针片3和提花片4,拨片式选针装置5安装在针筒的外侧。选针装置5上装有多档选针拨片6,拨片可以作用于针槽中的提花片进行选针。7为针筒三角座,安装在针筒外侧,分别作用于提花片和挺针片及织针。8为沉降片,9为沉降片三角。沉降片8安插在沉降片圆环中,受沉降片三角9的作用,配合织针成圈。10是提花片复位三角,11为导纱器。

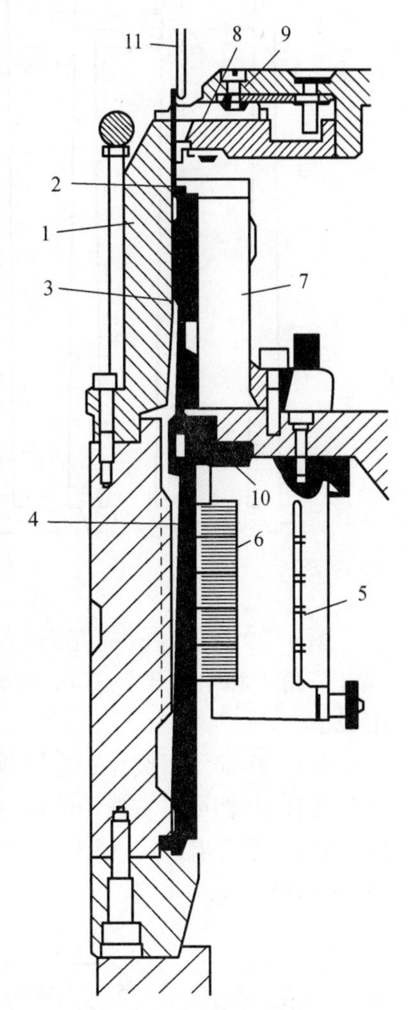

图6-17　拨片式单面提花机上成圈与选针机件配置

拨片式提花圆纬机的针筒上采用的织针结构相同,踵位相同,选针信息由中间机件挺针片和提花片传递,挺针片插在织针的下方,其结构如图6-18所示,挺针片由片头1、片踵2和片尾3组成,片头作用于织针底端,用于挺起上方的织针,片踵受挺针片三角作用,片尾与提花片啮合。挺针片的下方插有提花片4,提花片的结构如图6-19所示,提花片上有39档齿,上端的A、B两档齿为基本选针齿,每个提花片织只留一档基本选针齿,留A齿的提花片叫作A型提花片,留B齿的提花片叫作B型提花片,A齿B齿用于快速设置,图中A、B型提花片一隔一配置。在A、B齿的下面为1~37档选针齿(有的机型是25档选针齿),由高到低依次为1、2、3、…37号,每片提花片只保留其中一档选针齿,37种提花片组成37档不同高度的选针齿,用于编织提花组织时选择织针。在每片提花片的上端有一个复位踵a,在提花片进入每一成圈系统的选针区域之前,复位三角作用于复位踵,使提花片复位,选针齿露出针筒外,接受选针刀的选择。

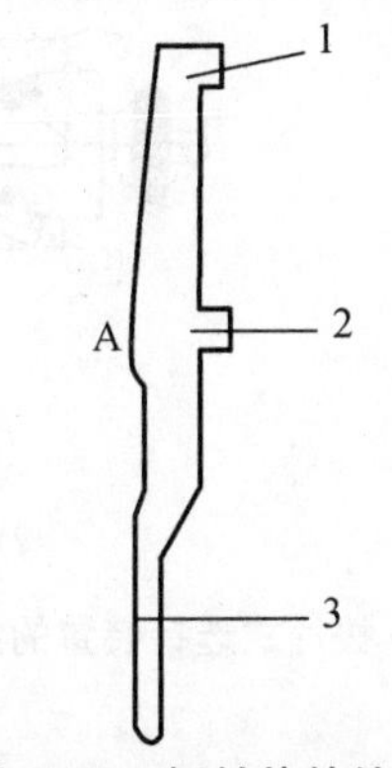

图6-18　挺针片的结构

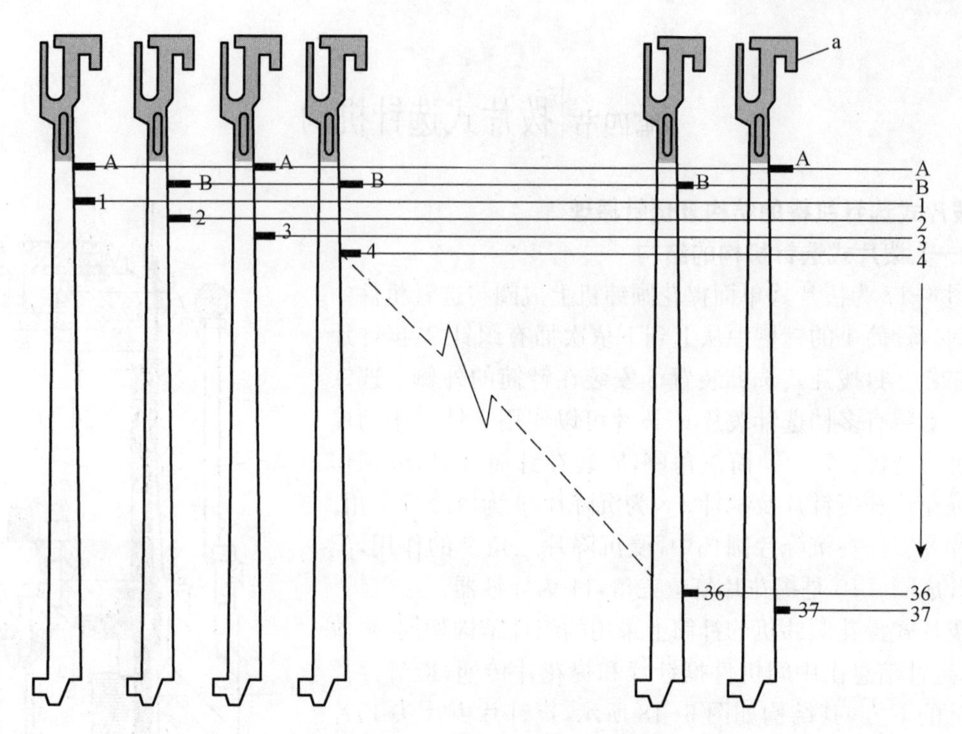

图 6-19 提花片的结构

图 6-20 为拨片式提花圆纬机的针筒三角结构，主要由挺针片起针三角 1 和织针压针三角 2、斜口 3 和不编织织针的导向三角 4 组成。

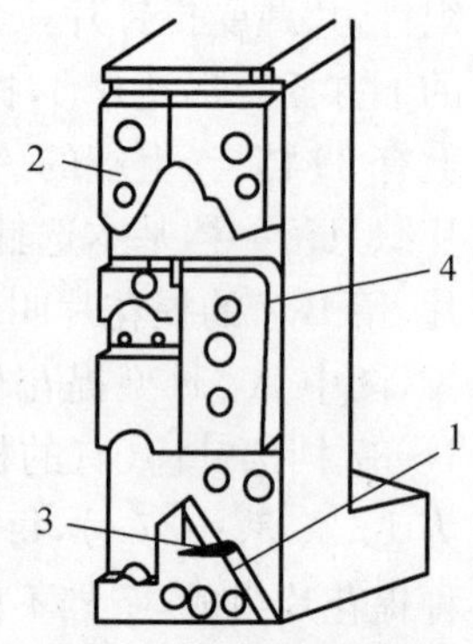

图 6-20 拨片式提花机的针筒三角结构

图 6-21 显示了拨片式选针装置的结构。每一选针装置上从上到下共装有 39 档可左右拨动的拨片 1，与提花片的 39 档选针齿一一对应，根据花型要求，每一档拨片可拨至左、中和右三个位置，如图 6-21(2)中的位置 2、3 和 4。

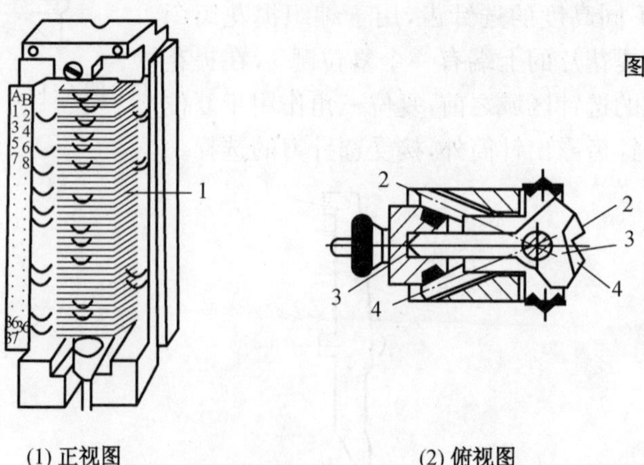

图 6-21 拨片式选针装置的结构

(二) 拨片式选针机构的选针原理

拨片式选针机构上的拨片可以处于左、中、右三个位置，拨片处于不同位置，其对应的提花片动作不同，从而使上方的织针上升高度不同，实现成圈、集圈或不编织的选择。其选针原理如图 6-22 所示，当某一档拨片置于中间位置时，拨片的前端距离针筒较远，作用不到留同一档齿的提花片，不将这些提花片压入针槽，从而使与提花片相嵌的挺针片的片踵露出针筒，在挺针片起针三角的作用下，挺针片上升，将织针推升到退圈高度，从而编织成圈。如果某一档拨片拨至右方，则拨片的右前端距离针筒较近，即 A 点位置，挺针片在挺针片三角的作用下上升，将织针推升到集圈(不完全退圈)高度(A'位置)后，与挺针片相嵌的并留同一档齿的提花片被拨片右前端压入针槽，使挺针片在此高度上沿斜口摆出，不再继续上升，从而其上方的织针集圈。如果某一档拨片拨至左方，则拨片的左前端距离针筒较近，即 B 点位置，它会在退圈一开始(B'位置)时就将留同一档齿的提花片压入针槽，使挺针片片踵埋入针筒，从而导致挺针片不上升，这样织针也不上升，即不编织。拨片式选针方式也属于三功位(成圈、集圈、不编织)选针。拨片式选针机构的选针原理可以总结为：当针筒逆时针运转时，拨片在中间位置，织针成圈，拨片在右端，织针集圈，拨片在左端，织针不编织。

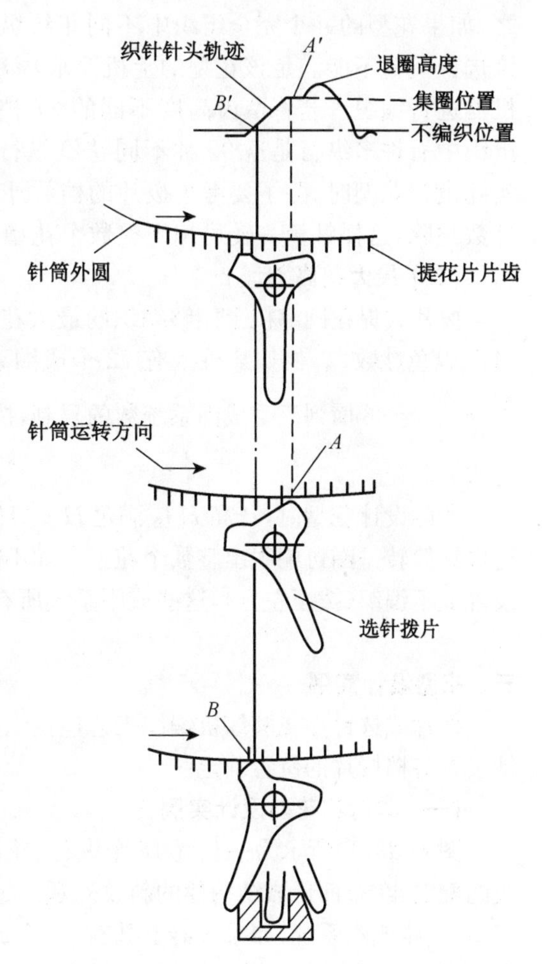

图 6-22　拨片式选针机构的选针原理

二、花型设计能力

拨片式选针装置形成花型的能力取决于拨片的档数、机器的成圈系统数、织物组织的色纱数，另外还要综合考虑针筒的总针数。

(一) 最大花纹宽度 B_{max}

由于提花片有 37 档选针齿，而且每片提花片只留一个选针齿，因此针筒上可以排列 37 种留齿高度不同的提花片，留齿高度不同的提花片对应不同档位的拨片，因此留齿档位不同的提花片运动规律可以不同，能够形成 37 种不同的花纹纵行，即 $B_0=37$。如果提花片留齿高度相同，则对应同一档位的拨片，那么上方的织针运动规律一样，形成相同的花纹纵行。在编织非对称花型时，提花片留齿呈步步高或步步低排列，则一个完全组织的最大花宽 $B_{max}=37$ 纵行。编织对称花型时，提花片留齿呈“∧”或“∨”形式的排列，则 $B_{max}=74$ 或 73 纵行。在设计花型时，相同的花纹纵行，提花片留齿高度相同或者不同，不同的花纹纵行，提花片留齿高度必须不同。根据这一原则，只要设计的花型的一个完全组织中不同花纹纵行数不大于提花片选针齿的档数(拨片档数),即可满足花型的设计与上机要求。反之,如果花型的一个完全组织中不同花纹纵行数大于提花片选针齿的档数(拨片档数),则该选针机构不能满足该花型的上机要求,需要采用提花片选针齿的档数(拨片档数)更高的机器进行编织。若将留齿高度不同的 37 档提花片按各种顺序交替重复排列,使一个完全组织中有许多纵行是这 37 种不同花纹纵行的重复,但不成循环,这样花宽可以不受限制。实际设计花型时,除了要考虑拨片的档数外,还要考虑针筒的总针数,设计的花宽应能被总针数整除,这样针筒一转可编织整数个花型。

(二) 最大花高 H_{max}

拨片式提花圆纬机上能够编织的最大花高 H_{max} 等于机器的成圈系统数(即选针装置数) M 除以色纱数 e。例如某机型有 72 个成圈系统,欲编织两色提花织物,则最大花高 $H_{max}=\frac{M}{e}=\frac{72}{2}=36$ 横列。受成圈系统数的限制,拨片式选针机构能够编织的花高较小,故又称小提花选针。

实际设计花型时,花高 H 应满足 $H \leqslant H_{max}$,所设计花型的花高 H 应尽量为 H_{max} 的约数,这样针筒转一圈可编织出整数个花型。如不能做到整除,可将余数系统选针装置的各档拨片设置成不编织(拨至左方),这些成圈系统所有织针都不参加编织。

三、花型设计实例

拨片式选针提花圆纬机编织工艺包括织物设计、成圈系统和色纱排列、提花片排列、各选针装置各档拨片的位置确定。

(一) 非对称花型设计实例

图 6-23(1)所示为一花宽 16 个纵行、花高 16 个横列的不对称花型,通过成圈、集圈和浮线的配置,在布面形成结构性的斜纹外观。每一横列由一路成圈系统编织,因此一个完全组织需要 16 路成圈系统,如果机器上共有 64 个成圈系统,则针筒一转可以编织 4 个花高。16 个花纹纵行互不相同,因此需要排 16 档不同的提花片齿,提花片齿按照步步高的方式排列,如图 6-23(2)所示,按照 16 档提花片一个循环,排满针筒。根据每一成圈系统编织的花型,确定拨片的位置,如第 1 成圈系统编织第 1 横列,第 1 横列的第 1、9 纵行织针集圈,第 1、9 纵行对应的提花片分别留第 1、9 档齿,因此第 1 成圈系统的第 1、9 档拨片位于右端。同理,第 1 横列的第 2、3、10、11 纵行织针不编织,则第 1 成圈系统的第 2、3、10、11 档拨片位于左端,第 1 横列的 4~8、12~16 纵行织针成圈,则第 1 成圈系统的 4~8、12~16 档拨片位于中间。以此类推,可以做出其他成圈系统的拨片位置,图 6-23(3)中画出了前 4 个成圈系统的拨片位置。

(二) 对称花型设计实例

图 6-24(1)所示为三色提花织物的花型意匠图,花宽为 15 个纵行,花高为 14 个横列,要在拨片式提花圆纬机上编织该花型,需做出成圈系统和色纱的排列、针筒上提花片齿的留齿情况、各成圈系统选针装置上拨片的位置。

花型为三色提花织物,每一横列由三种颜色的线圈形成,因此每一横列由三路成圈系统编织,分别喂入三种色纱,编织一个花高需要 14×3=42 路成圈系统,成圈系统排列及色纱的喂入情况见图 6-24(2)。

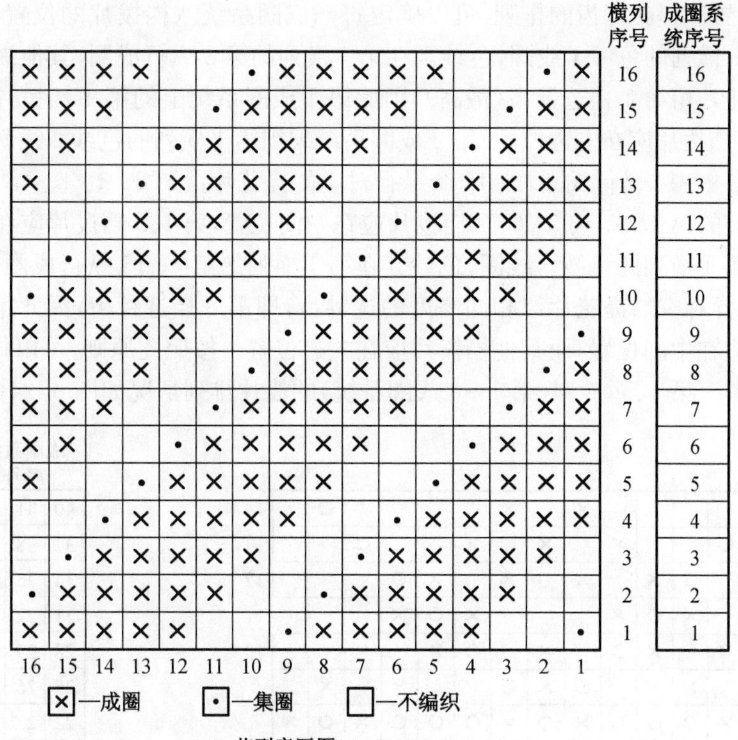

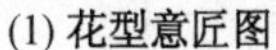

(1) 花型意匠图

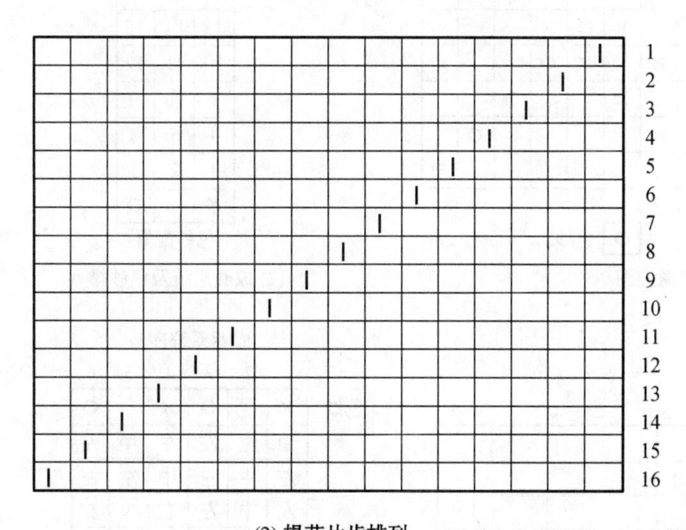

(2) 提花片齿排列

成圈系统	1	2	3	4	
	右	左	左	中	1
	左	左	中	中	2
	左	中	中	中	3
	中	中	中	中	4
	中	中	中	中	5
	中	中	中	右	6
	中	中	右	左	7
	中	右	左	左	8
	右	左	左	中	9
	左	左	中	中	10
	左	中	中	中	11
	中	中	中	中	12
	中	中	中	中	13
	中	中	中	右	14
	中	中	右	左	15
	中	右	左	左	16

(3) 拨片位置

图 6-23　非对称花型上机工艺图

由于织物花型为左右对称，在排列提花片时，提花片齿可以按“∧”或“∨”排列，即相同的花型纵行提花片留齿高度相同，由同一档拨片控制，花宽为 15 纵行的花型，提花片齿对称排列，只采用 8 档拨片即可以编织。也可以按照步步高或者步步低排列，即每一纵行由一档拨片控制，要编织本花型的话需要 15 档拨片。本例按“∧”排列，提花片齿的排列如图 6-24(3)所示。

编织本花型需要八档选针齿，对应的选针拨片也需要八档，根据织物的花型、成圈系统的排列、色纱的配置和提花片齿的排列，可以确定每一成圈系统八档拨片的位置。例如，第1成圈系统编织第1横列的色纱1线圈，色纱1在第1横列的第8纵行成圈，其他纵行不编织，第8纵行对应的提花片留第1档选针齿(最高)，因此第1成圈系统上的第1档拨片(最高)应在中间位置，而其他档拨片应在左边位置；第2成圈系统编织第1横列的色纱2线圈，色纱2在第1横列的第2～7、9～14纵行成圈，这12个纵行对应的提花片留第2、3、4、5、6、7档齿，因此第2成圈系统上的第2、3、4、5、6、7档拨片应在中间位置，第1、8档拨片应在左边位置；第3成圈系统编织第1横列的色纱3线圈，色纱3在第1横列的第1、15纵行成圈，其他纵行不编织，第1、15纵行对应的提花片留相同高度的选针齿，即第8档选针齿，因此第3成圈系统上的第8档拨片应在中间位置，而其他档拨片应在左边位置。按照此原则，可以排列出其他成圈系统的拨片位置。第1、2横列(第1～6成圈系统)的拨片排列情况如图6-24(4)所示。

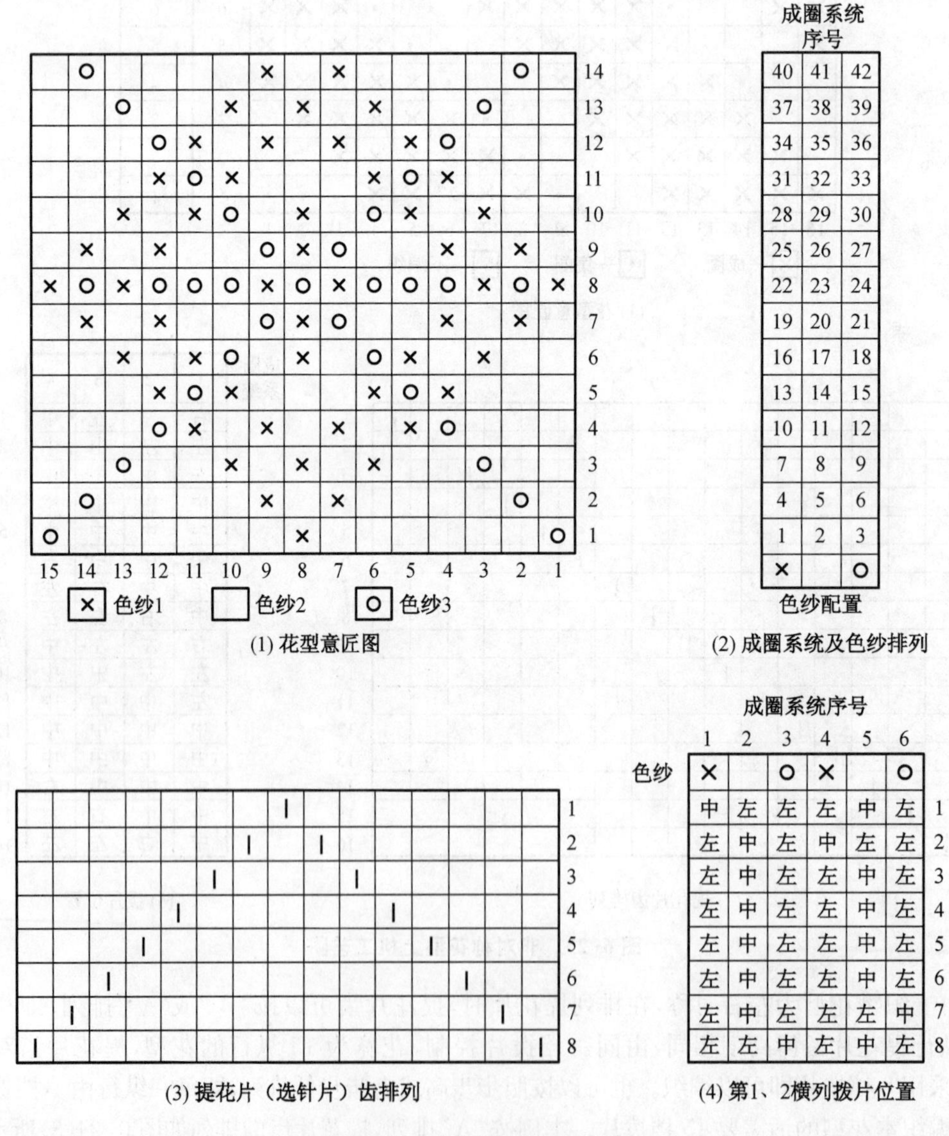

图6-24 对称花型上机工艺图

拨片式选针机构设计花型时应遵循以下原则：①不同的花型纵行，提花片必须留不同档位的选针齿，受不同档位的选针拨片控制；相同的花型纵行，提花片可以留相同档位的选针齿，受同档拨片控制，但如果拨片档位数满足要求，相同的花型纵行，提花片也可以留不同档位的选针齿。②提花片留齿时，尽量按照一定的规律，不对称花型留齿按照步步高或步步低排列，对称花型留齿按“∧”或“∨”排列。③同一花型，如果提花片齿排列改变，则拨片的位置需要重新确定。④设计花型时，花宽的选择除了要考虑拨片的档数是否满足要求外，还应确保花宽为针筒总针数的约数，设计的花高要考虑机器的成圈系统数，尽量使机器一转能编织整数个花型。

第五节 提花轮选针机构

提花轮选针机构的选针元件是提花轮，利用提花轮凹槽与织针的针踵直接接触进行选针，因此提花轮选针机构属于直接式选针机构。提花轮选针机构可以应用在单面提花圆纬机上，如果是提花轮式双面提花圆纬机，提花轮选针机构应用在针筒上，针盘上采用两针道选针机构。

一、提花轮选针机构的结构与选针原理

（一）提花轮选针机构的结构

同拨片式提花圆纬机一样，提花轮式提花圆纬机的针筒上所用织针也只有一种，每枚针上只有一个针踵，且针踵位置相同。针筒的周围装有三角系统，如图 6-25 所示，每一成圈系统的三角由起针三角 1、侧向三角 2 和压针三角 5 组成，每一成圈系统三角的外侧固装着一个提花轮 6，提花轮一般呈 20°～40°倾斜配置。

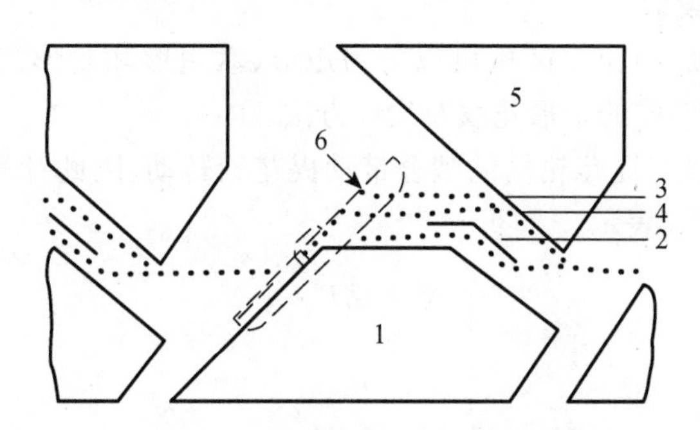

图 6-25 提花轮圆机的三角系统

提花轮的结构如图 6-26 所示，提花轮上有许多钢片 1，组成许多凹槽，提花轮的凹槽与织针的针踵一一啮合。当针筒转动时，针踵拨动提花轮，使提花轮绕自身的轴芯 2 回转。提花轮的每一个凹槽中，按照花纹的要求，可以安装高钢米 3、低钢米 4 或者不装钢米。

（二）提花轮选针机构的选针原理

提花轮的凹槽中可以安装高钢米、低钢米或不安装钢米，这样提花轮的凹槽有三种不同的高度，与针踵啮合时，使织针上升的高度不同，将织针的运动分成三条运动轨迹，实现织针成

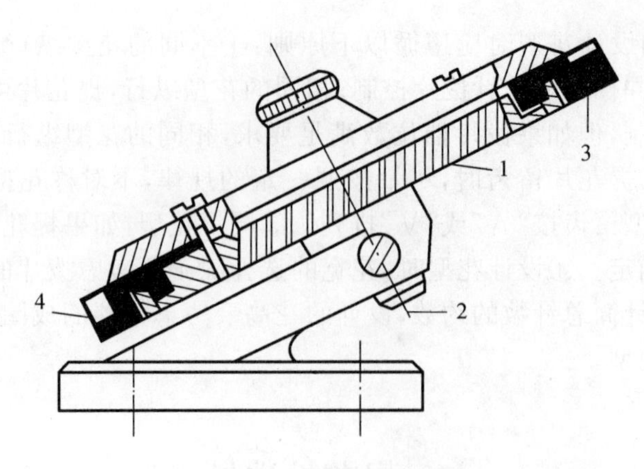

图 6-26 提花轮的结构

圈、集圈和不编织的选择。

所有织针都会沿着起针三角 1 上升到一定高度后与提花轮的凹槽啮合。当提花轮的凹槽中无钢米时，与该凹槽相啮合的针踵，即在侧向三角 2 的作用下下降(图 6-25)，使织针不上升到退圈高度，垫不上纱线，故织针不参加编织。当提花轮的凹槽中装低钢米时，与该凹槽相啮合的针踵，继续被低钢米上抬，使织针上升到集圈高度(图 6-25 中轨迹线 4)，因此织针集圈。当提花轮的凹槽中装高钢米时，与该凹槽相啮合的针踵，继续被高钢米上抬，使织针上升到退圈高度(图 6-25 中轨迹线 3)，因此织针成圈。

这种选针形式也属于三功位选针，织针可以成圈、集圈或者不编织。在利用提花轮选针机构进行花型设计时，只要根据花纹的要求，在提花轮的凹槽中安装不同类型的钢米或者不装钢米，即可实现选针。

二、矩形花纹的形成与设计

提花轮圆纬机所形成的花纹区域可以分为矩形、六边形和菱形三种，其中以矩形最为常用。下面介绍通过选针形成的矩形花纹及设计方法。

在针筒回转时，针踵与提花轮槽的啮合带动提花轮转动，因此针筒总针数 N 和提花轮槽数 T 之间的关系可用下式表示：

$$N = ZT + r \tag{6-8}$$

式中：Z——正整数；

r——余数。

根据针筒总针数可否被提花轮槽数整除，可分为下列两种情况：

(一) 余数 $r=0$

在这种情况下，针筒转一圈，提花轮自转 Z 转，始终是提花轮的第一槽和针筒的第一针啮合。因此，针筒每一转中针与提花轮槽的啮合关系始终不变，形成的花型没有横向和纵向的位移，可形成花纹的大小为：

最大花宽(纵行)：

$$B_{max} = T \tag{6-9}$$

最大花高(横列)：

$$H_{max} = \frac{M}{e} \tag{6-10}$$

式中：M——成圈系统数(等于提花轮数)；

e——色纱数(编织一个完整横列所需的纱线数，即成圈系统数)。

实际设计花型时，花宽应为提花轮槽数的约数，提花轮一转可以编织整数个花型。下面通过一个花型设计实例来说明 $r=0$ 时的花型设计方法：

假设针筒总针数 $N=1\,560$，提花轮槽数 $T=60$，成圈系统数 $M=72$，试设计一个三色花型组织。

由于 $N/T=1\,560\div60=26$，余数 $r=0$，针筒一转，提花轮转过整 26 转，针筒每转编织的花型相同。最大花宽 $B_{max}=T=60$，实际设计花型时花宽应为 60 的约数，最大花高 $H_{max}=\frac{M}{e}=72\div3=24$，实际设计花型时花高尽量为 24 的约数，设计的三色花型如图 6-27(1)所示，花宽为 10 个纵行，花高为 12 个横列，编织一个完全组织需要 36 个成圈系统，针筒一周共 72 个成圈系统，这样针筒一转可以编织 2 个花高，成圈系统和色纱的排列如图 6-27(2)所示。花宽为 10 个纵行，提花轮上 10 个凹槽编织一个花宽，提花轮一转可以编织 6 个花宽，针筒一转可以编织 156 个花宽。根据花型、成圈系统排列和色纱的喂入顺序，可以确定各个成圈系统上提花轮凹槽中的钢米类型。排列钢米时，如果针筒逆时针转动，那么提花轮中的钢米顺时针排列。表6-1中列出了前六个成圈系统的第 1～10 个凹槽中钢米的排列情况，后面的第 11～20、21～30、31～40、41～50、51～60 都是重复前 10 个凹槽中钢米的排列，不再列出。

10	9	8	7	6	5	4	3	2	1	横列序号
	×	×	○	○					×	12
		×	×	○	○			×	×	11
			×	×	○	○			×	10
				×	×	○	○			9
					×	×	○	○		8
				×	×	○	○			7
			×	×	○	○				6
		×	×	○	○					5
			×	×	○	○				4
○				×	×	○	○			3
○	○				×	×	○	○		2
○						×	×	○	○	1

□—色纱1　☒—色纱2　⊡—色纱3

(1) 花型意匠图

成圈系统序号

34	35	36
31	32	33
28	29	30
25	26	27
22	23	24
19	20	21
16	17	18
13	14	15
10	11	12
7	8	9
4	5	6
1	2	3
	×	○

(2) 色纱配置

图 6-27　花型意匠图及成圈系统和色纱排列

表 6-1 1～6 路提花轮槽钢米排列

横列序号	1			表		
成圈系统序号	1	2	3	4	5	6
色纱	□	⊠	⊡	□	⊠	⊡
钢米排列	5～9 高，1～4、10 无	3～4 高，1～2、5～10 无	1～2、10 高，3～9 无	1、6～8 高，2～5、9～10 无	4～5 高，1～3、6～10 无	2～3、9～10 高，1、4～8 无

（二）余数 $r \neq 0$

当针筒总针数 N 不能被提花轮槽数 T 整除时，提花轮槽与针的啮合关系就不会像 $r=0$ 时那样固定不变，针筒第一转时，提花轮的起始槽与针筒上的第一针啮合，当针筒第二转时，起始槽就不会与第一针啮合，使花纹产生横向和纵向的位移，形成花型的能力就与 $r=0$ 时不同。

1. 花宽的设计

当余数 $r \neq 0$ 时，为了保证针筒一周编织出整数个花型，完全组织的宽度 B 应取针筒总针数 N、提花轮槽数 T 和余数 r 三者的公约数，若 B 是三者的最大公约数，则 $B=B_{max}$。

2. 段的横移

为了便于分析，将提花轮的凹槽分成几等分，每一等分所包含的槽数等于完全组织的宽度，这个等分称为“段”。因此，提花轮中的段数 A 可用下式计算：

$$A = \frac{T}{B} \tag{6-11}$$

由于余数 $r \neq 0$，所以针筒每转过一圈，开始作用的段号就变更一次，这称为段的横移。段的横移数用 X 表示：

$$X = \frac{r}{B} \tag{6-12}$$

段的横移数就是余数中有几个花宽 B。

假设某机的总针数 $N=170$，提花轮槽数 $T=50$，成圈系统数 $M=4$，则：

$$\frac{N}{T} = \frac{170}{50} = 3 \cdots\cdots 20$$

余数 $r=20$。此时，N、T 和 r 三者的最大公约数为 10，那么设计花型的花宽为 10，需要针筒 10 枚织针编织，由提花轮的 10 个凹槽进行选针。提花轮可以分为五段，分别以罗马数字 Ⅰ、Ⅱ、Ⅲ、Ⅳ、Ⅴ代表 10 针或 10 槽组成的一段。针筒 1 转，提花轮自转 3 转加 20 槽，段的横移为两段，针筒第 1 转，与针筒上第 1 枚针啮合的是提花轮上第 1 槽（即第Ⅰ段中第 1 槽），针筒第 2 转，与针筒上第 1 枚针啮合的是提花轮上第 21 槽（即第Ⅲ段中第 1 槽），依次后移两段。那么织针和提花轮槽的啮合关系如图 6-28 所示。

3. 花高的设计

从图 6-28 可以看出，由于段的横移，这样与针筒上某一段织针啮合的提花轮区段发生交替改变。以本例为例，第 1 段的织针（1～10 针），在第 1 转与提花轮第 1 段啮合，第 2 转与提

……										成圈系统	针筒转数
……	V_4	IV_4	III_4	II_4	I_4	V_4	IV_4	III_4	II_4	I_4	4	6
……	V_3	IV_3	III_3	II_3	I_3	V_3	IV_3	III_3	II_3	I_3	3	
……	V_2	IV_2	III_2	II_2	I_2	V_2	IV_2	III_2	II_2	I_2	2	
……	V_1	IV_1	III_1	II_1	I_1	V_1	IV_1	III_1	II_1	I_1	1	
……	III_4	II_4	I_4	V_4	IV_4	III_4	II_4	I_4	V_4	IV_4	4	5
……	III_3	II_3	I_3	V_3	IV_3	III_3	II_3	I_3	V_3	IV_3	3	
……	III_2	II_2	I_2	V_2	IV_2	III_2	II_2	I_2	V_2	IV_2	2	
……	III_1	II_1	I_1	V_1	IV_1	III_1	II_1	I_1	V_1	IV_1	1	
……	I_4	V_4	IV_4	III_4	II_4	I_4	V_4	IV_4	III_4	II_4	4	4
……	I_3	V_3	IV_3	III_3	II_3	I_3	V_3	IV_3	III_3	II_3	3	
……	I_2	V_2	IV_2	III_2	II_2	I_2	V_2	IV_2	III_2	II_2	2	
……	I_1	V_1	IV_1	III_1	II_1	I_1	V_1	IV_1	III_1	II_1	1	
……	IV_4	III_4	II_4	I_4	V_4	IV_4	III_4	II_4	I_4	V_4	4	3
……	IV_3	III_3	II_3	I_3	V_3	IV_3	III_3	II_3	I_3	V_3	3	
……	IV_2	III_2	II_2	I_2	V_2	IV_2	III_2	II_2	I_2	V_2	2	
……	IV_1	III_1	II_1	I_1	V_1	IV_1	III_1	II_1	I_1	V_1	1	
……	II_4	I_4	V_4	IV_4	III_4	II_4	I_4	V_4	IV_4	III_4	4	2
……	II_3	I_3	V_3	IV_3	III_3	II_3	I_3	V_3	IV_3	III_3	3	
……	II_2	I_2	V_2	IV_2	III_2	II_2	I_2	V_2	IV_2	III_2	2	
……	II_1	I_1	V_1	IV_1	III_1	II_1	I_1	V_1	IV_1	III_1	1	
……	V_4	IV_4	III_4	II_4	I_4	V_4	IV_4	III_4	II_4	I_4	4	1
……	V_3	IV_3	III_3	II_3	I_3	V_3	IV_3	III_3	II_3	I_3	3	
……	V_2	IV_2	III_2	II_2	I_2	V_2	IV_2	III_2	II_2	I_2	2	
……	V_1	IV_1	III_1	II_1	I_1	V_1	IV_1	III_1	II_1	I_1	1	
作用段号										B	成圈系统	针筒转数

H

图 6-28　织针和提花轮槽的啮合关系

花轮第 3 段啮合，第 3 转与提花轮第 5 段啮合，第 4 转与提花轮第 2 段啮合，第 5 转与提花轮第 4 段啮合，第 6 转又重新与提花轮第 1 段啮合，针筒要转过 5 转，针筒上最后一针才与提花轮最后一槽啮合，完成一个完整的循环。如果提花轮上每段的钢米类型排列不同，那么 1～10 针前 5 转编织的横列不同。因此，花高 H 不仅与成圈系统数和色纱数有关，还和提花轮的段数有关。

当余数 $r \neq 0$ 时，花高 H 按照下式计算：

$$H = \frac{T \times M}{B \times e} = A \times \frac{M}{e} \tag{6-13}$$

式中：T——提花轮槽数；

M——成圈系统数；

B——完全组织宽度；

e——色纱数；

A——提花轮段数。

按照上例的机器条件，如果编织单色提花组织，花高 H：

$$H=\frac{50\times 4}{10\times 1}=20$$

如果编织两色提花组织，花高 H：

$$H=\frac{50\times 4}{10\times 2}=10$$

由于针筒每转过 A(提花轮的段数)转，织针与提花轮的啮合完成一个循环。根据这个原则，可以确定针筒某转时开始作用的提花轮段号。

以上面的例子来说，当针筒第 1 452 转时作用的段号是多少，可以用

1 452÷5=290 余 2，即针筒第 1 452 转时，作用段号与第 2 转作用段号相同，即第 3 段。

也可以利用公式计算，当针筒第 P 转时，开始作用的提花轮槽段号 S_P：

$$S_P=[(p-1)X+1]-KA \tag{6-14}$$

式中：p——针筒回转数；

X——段的横移数；

A——提花轮段数；

K——正整数。

其中，K 的取值满足 $S_P\leqslant A$ 才有效。

利用式 6-14 求上例中针筒第 1 452 转时作用的段号：

$$S_P=[(p-1)X+1]-KA=(1\,452-1)\times 2+1-580\times 5=3$$

即针筒第 1 452 转时作用的段号为第 3 段。

4. 花纹的纵移

两个相邻的完全组织在垂直方向上的位移称为纵移，用 Y 表示。从图 6-28 可以看出，左面一个完全组织的第一横列比其相邻的右面一个完全组织的第一横列升高两转，再考虑机器的成圈系统数 M 和编织的色纱数 e(以单色提花组织为例)，则花纹的纵移 $Y=2\times M/e=2\times 4/1=8$ 个横列。

在同一横列上，花纹的第 1 段总是紧接着最后一段(本例为第Ⅴ段)，在计算花纹的纵移时，只要确定同一个完全组织中最后一段(本例为第Ⅴ段)比第 1 段升高的转数，再乘以 M/e 即可计算出花纹的纵移值。

也可以通过下面的公式计算花纹的纵移：

$$Y=\frac{H(K+1)-\frac{M}{e}}{X} \tag{6-15}$$

假设为单色提花组织，利用公式计算上例中的花纹纵移 Y：

$$Y=\frac{H(K+1)-\frac{M}{e}}{X}=\frac{20\times(0+1)-\frac{4}{1}}{2}=8$$

K 值为整数，所取 K 值应使 $Y<H$ 才有效。

三、花型设计实例

下面通过一个例子来说明当 $r\neq0$ 时，矩形花型的设计步骤与制定上机工艺的方法。

(一) 已知条件

提花轮选针圆纬机的总针数 $N=656$，提花轮槽数 $T=64$，成圈系统数 $M=12$，色纱数 $e=2$。

(二) 求花型完全组织宽度 B

$$\frac{N}{T}=\frac{656}{64}=10\cdots\cdots16$$

即余数 $r=16$

N、T、r 的最大公约数为 16，取花宽为 16 纵行。

(三) 求花型完全组织高度 H

$$H=\frac{T\times M}{B\times e}=\frac{64}{16}\times\frac{12}{2}=24$$

(四) 花型图案设计

根据计算的花宽和花高设计两色提花花型，花型如图 6-29 所示。

(五) 求段数 A 和段的横移数 X

$$A=\frac{T}{B}=\frac{64}{16}=4$$

$$X=\frac{r}{B}=\frac{16}{16}=1$$

由于段的横移数 $X=1$，所以针筒第一转开始作用提花轮段号为第Ⅰ段，针筒第二转开始作用提花轮段号为第Ⅱ段，针筒第三转开始作用提花轮段号为第Ⅲ段，针筒第四转开始作用提花轮段号为第Ⅳ段，针筒第五转开始作用提花轮段号又回到第Ⅰ段，即针筒每转四转提花轮作用的段号完成一个循环，编织一个完全组织。

(六) 花纹的纵移 Y

$$Y=\frac{H(K+1)-\frac{M}{e}}{X}=\frac{24\times(0+1)-\frac{12}{2}}{1}=18$$

(七) 绘制上机工艺图

提花轮顺序(即成圈系统顺序)的编排，由于是两色提花织物，所以按两路编织一个横列的规律排列，其中奇数路配置"☒"色纱，偶数路配置"□"色纱。针筒每一转编织 6 个横列，针筒 4 转编织一个完全组织。针筒转数、提花轮序号、提花轮段号、色纱配置如图 6-29 所示。

根据每个提花轮上各段所对应的花型意匠图中的横列及色纱的喂入情况，排列提花轮上的钢米。例如，1 号提花轮编织"☒"色纱的线圈，其第Ⅰ段(第 1～16 槽)对应意匠图中的第 1 横列，所以第 1～4、6～11、13～16 槽应排高钢米，第 5、12 槽不排钢米；第Ⅱ段对应于意匠图

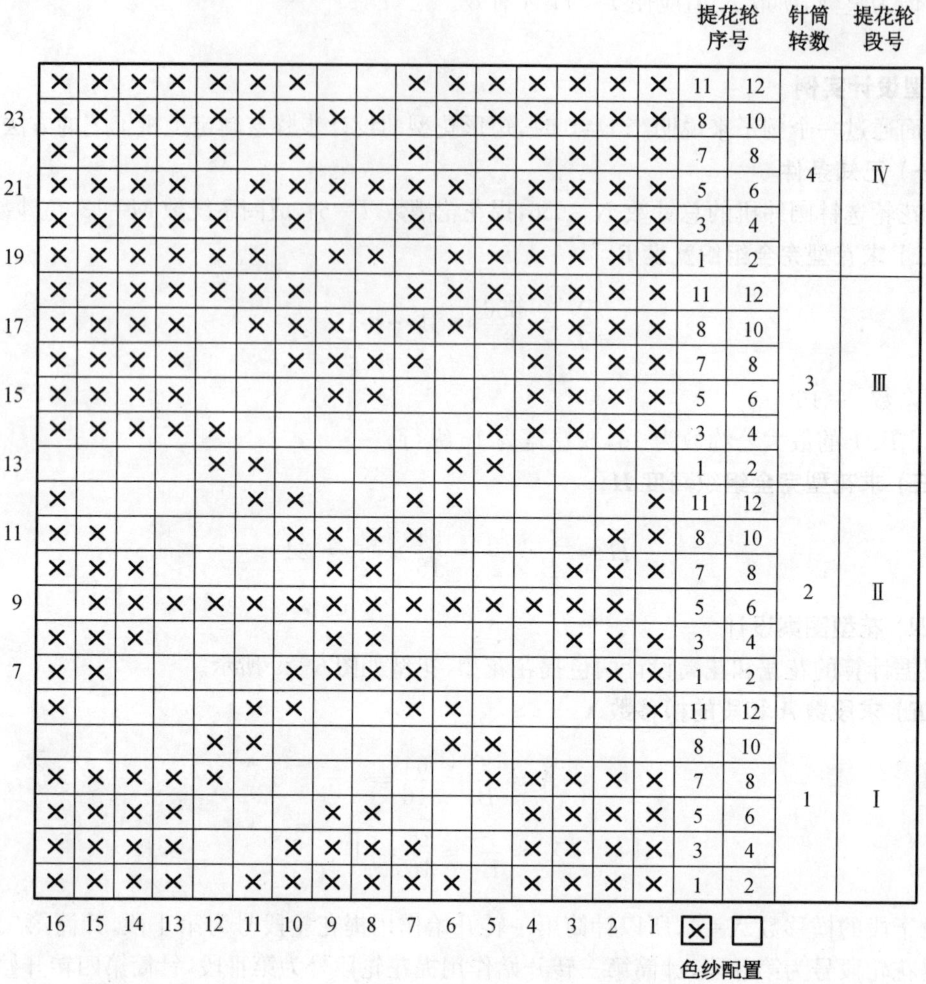

	16	15	14	13	12	11	10	9	8	7	6	5	4	3	2	1	提花轮序号	针筒转数	提花轮段号
	×	×	×	×	×	×	×			×	×	×	×	×	×	×	11	12	
23	×	×	×	×	×	×		×	×		×	×	×	×	×	×	8	10	
	×	×	×	×	×		×			×		×	×	×	×	×	7	8	
21	×	×	×	×		×	×	×	×	×	×		×	×	×	×	5	6	4	Ⅳ
	×	×	×	×	×		×			×		×	×	×	×	×	3	4	
19	×	×	×	×	×	×		×	×		×	×	×	×	×	×	1	2	
	×	×	×	×	×	×	×			×	×	×	×	×	×	×	11	12	
17	×	×	×	×		×	×	×	×	×	×		×	×	×	×	8	10	
	×	×	×	×			×	×	×	×			×	×	×	×	7	8	
15	×	×	×	×				×	×				×	×	×	×	5	6	3	Ⅲ
	×	×	×	×	×							×	×	×	×	×	3	4	
13					×	×					×	×					1	2	
	×					×	×			×	×					×	11	12	
11	×	×					×	×	×	×					×	×	8	10	
	×	×	×					×	×					×	×	×	7	8	
9		×	×	×	×	×	×	×	×	×	×	×	×	×	×		5	6	2	Ⅱ
	×	×	×					×	×					×	×	×	3	4	
7	×	×					×	×	×	×					×	×	1	2	
	×					×	×			×	×					×	11	12	
					×	×					×	×					8	10	
	×	×	×	×	×							×	×	×	×	×	7	8	
	×	×	×	×				×	×				×	×	×	×	5	6	1	Ⅰ
	×	×	×	×			×	×	×	×			×	×	×	×	3	4	
	×	×	×	×		×	×	×	×	×	×		×	×	×	×	1	2	

⊠ □ 色纱配置

图 6-29 花型意匠图与上机工艺图

中的第 7 横列，所以第Ⅱ段的 1、2、7～10、15、16 槽应排高钢米，第 3～6、11～14 槽不排钢米；第Ⅲ段对应意匠图中第 13 横列，所以第Ⅲ段的第 5、6、11、12 槽应排高钢米，第 1～4、7～10、13～16 槽不排钢米；第Ⅳ段对应意匠图中第 19 横列，所以第Ⅳ段的第 1～6、8、9、11～16 槽应排高钢米，第 7、10 槽不排钢米。按照同样的原则，可以确定其余各个提花轮凹槽中的钢米排列，12 个提花轮各段的钢米排列如表 6-2 所示。

表 6-2 提花轮槽钢米排列表

提花轮段号 / 提花轮序号	Ⅰ	Ⅱ	Ⅲ	Ⅳ
1	1～4、6～11、13～16 高，5、12 无	1、2、7～10、15、16 高，3～6、11～14 无	5、6、11、12 高，1～4、7～10、13～16 无	1～6、8、9、11～16 高，第 7、10 无
2	1～4、6～11、13～16 无，5、12 高	1、2、7～10、15、16 无，3～6、11～14 高	5、6、11、12 无，1～4、7～10、13～16 高	1～6、8、9、11～16 无，第 7、10 高

（续 表）

提花轮段号 提花轮序号	Ⅰ	Ⅱ	Ⅲ	Ⅳ
3	1～4、7～10、13～16高,5、6、11、12无	1～3、8、9、14～16高,4～7、10～13无	1～5、12～16高,6～11无	1～5、7、10、12～16高,6、8、9、11无
4	1～4、7～10、13～16无,5、6、11、12高	1～3、8、9、14～16无,4～7、10～13高	1～5、12～16无,6～11高	1～5、7、10、12～16无,6、8、9、11高
5	1～4、8～9、13～16高,5～7、10～12无	2～15高,1、16无	1～4、8～9、13～16高,5～7、10～12无	1～4、6～11、13～16高,5、12无
6	1～4、8～9、13～16无,5～7、10～12高	2～15无,1、16高	1～4、8～9、13～16无,5～7、10～12高	1～4、6～11、13～16无,5、12高
7	1～5、12～16高,6～11无	1～3、8、9、14～16高,4～7、10～13无	1～4、7～10、13～16高,5、6、11、12无	1～5、7、10、12～16高,6、8、9、11无
8	1～5、12～16无,6～11高	1～3、8、9、14～16无,4～7、10～13高	1～4、7～10、13～16无,5、6、11、12高	1～5、7、10、12～16无,6、8、9、11高
9	5、6、11、12高,1～4、7～10、13～16无	1、2、7～10、15、16高,3～6、11～14无	1～4、6～11、13～16高,5、12无	1～6、8、9、11～16高,第7、10无
10	5、6、11、12高,1～4、7～10、13～16无	1、2、7～10、15、16无,3～6、11～14高	1～4、6～11、13～16无,5、12高	1～6、8、9、11～16无,第7、10高
11	1、6、7、10、11、16高,2～5、8、9、12～15无	1、6、7、10、11、16高,2～5、8、9、12～15无	1～7、10～16高,8、9无	1～7、10～16高,8、9无
12	1、6、7、10、11、16无,2～5、8、9、12～15高	1、6、7、10、11、16无,2～5、8、9、12～15高	1～7、10～16无,8、9高	1～7、10～16无,8、9高

（八）花纹的分布

由于$r\neq0$,产生了段的横移,形成了花纹的纵移,使花纹呈螺旋形分布,如图6-30所示。成圈系统数愈多,花纹的纵移愈大,螺旋形分布也愈明显。只有在$r=0$时,花纹的螺旋形分布才会消失。

当$r\neq0$时,为了获得美观的花型分布效果,在设计花纹图案时,应对花纹的尺寸、位置布局、纵移和段的横移情况做全面考虑,使相邻的两个完全组织能合理配置,首尾衔接,形成比较自然的45°左右的螺旋形分布,这样比较合乎一般审美习惯。

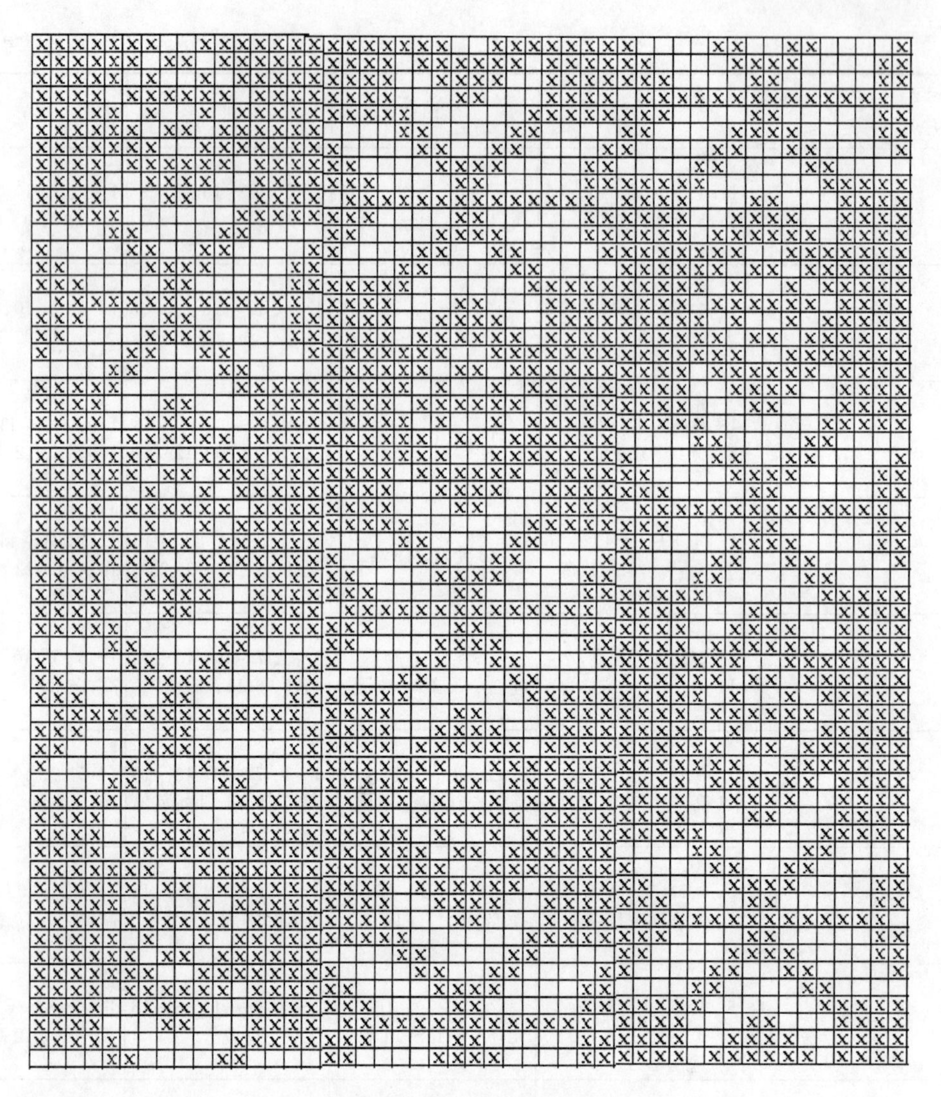

图 6-30 花纹的螺旋形分布

第六节 电子选针机构

随着计算机应用技术和电子技术的迅速发展，以及针织机械制造加工水平的不断提高，越来越多的针织机采用电子选针装置，辅以计算机辅助花型准备系统，大大提高了针织机的花型编织能力和设计、变换花型的速度。

目前纬编针织机采用的电子选针装置主要有两类：单级式与多级式。

一、多级式电子选针原理

图 6-31 为多级式电子选针器的外形。它主要由多级（一般六或八级）上下平行排列的选针刀 1、选针电器元件 2 以及接口 3 组成。每一级选针刀片受与其相对应的同级电器元件控

制，可上下摆动以实现选针与否。选针电器元件有压电陶瓷和线圈电磁铁两种。前者具有工作频率较高，发热量与耗电少和体积小等优点，因此圆纬机上一般使用压电陶瓷选针原件。选针电器元件通过接口和电缆接收来自针织机电脑控制器的选针脉冲信号，发出选针动作。

由于电子选针器可以安装在多种类型的针织机上，因此机器的编织和选针机件的形式与配置可能不完全一样，但其选针原理还是相同的。下面以某种电脑针织机为例说明选针原理。

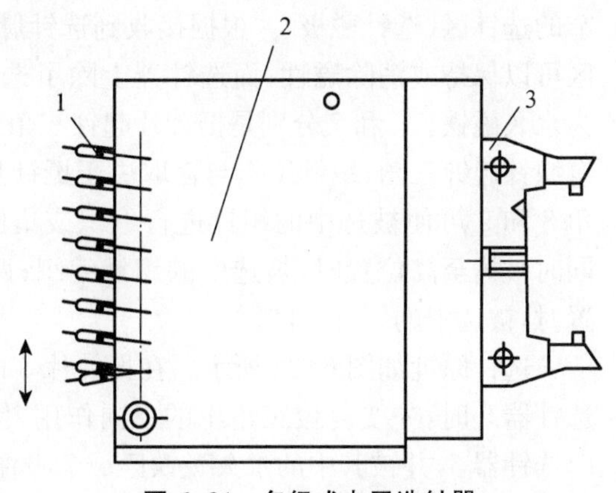

图 6-31　多级式电子选针器

图 6-32 为某种电脑控制针织机编织与选针机件的配置。图中 1 为八级电子选针器，在针筒 2 的同一针槽中，自下而上插着选针片 3、挺针片 4 和织针 5。选针片 3 上有八档齿，高度与八级选针刀片一一对应。每片选针片只保留一档齿，留齿呈步步高"/"或步步低"\"排列，并按八片一组重复排满针筒一周。如果选针器中某一级电器元件接收到不选针编织的脉冲信号，它控制同级的选针刀向上摆动，刀片可作用到留同一档齿的选针片 3 并将其压入针槽，通过选针片 3 的上端 6 作用于挺针片 4 的下端，使挺针片的下片踵没入针槽中。因此，挺针片不走上挺针片三角 7，即挺针片不上升，那么挺针片上方的织针也不上升，即不编织。如果某一级选针电器元件接收到选针编织的脉冲信号，它控制同级的选针刀片向下摆动，刀片作用不到留同一档齿的选针片，选针片不被压入针槽。在弹性力的作用下，选针片的上端和挺针片的下端向针筒外侧摆动，使挺针片下片踵能走上挺针片三角 7，这样挺针片上升，并推动在其上方的织针也上升进行编织。三角 8 和 9 分别作用于挺针片的上片踵和针踵，将挺针片和织针向下压至起始位置。

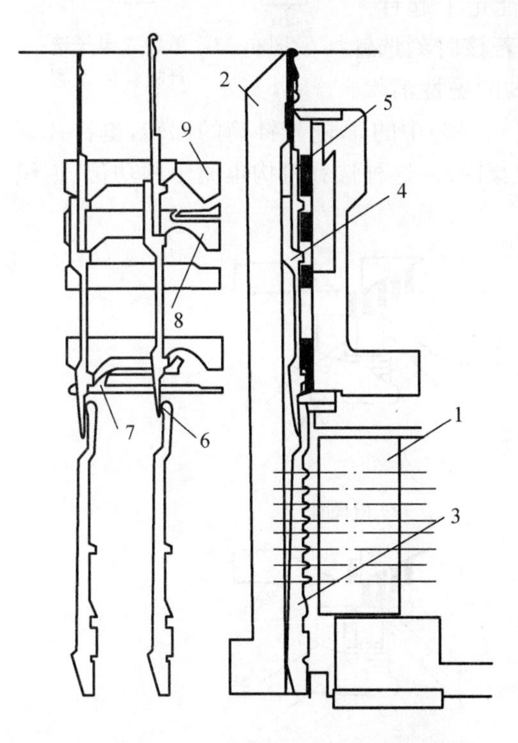

图 6-32　多级式电子选针机件的配置

对于八级电子选针器来说，在针织机运转过程中，每一选针器中的各级选针电器元件在针筒每转过八个针距都接收到一个信号，从而实现连续选针。选针器级数的多少与机号和机速有关。由于选针器的工作频率（即选针刀片上下摆动频率）有一上限，所以机号和机速愈高，需要级数愈多，致使针筒高度增加。

二、单级式电子选针器与选针原理

图 6-33 为某种单级电子选针针织机的编织与选针机件的配置。针筒的同一针槽中，自上而下安插着织针 1、导针片 2 和带有弹簧 4 的挺针片 3。选针器 5 是一永久磁铁，其中有一狭

窄的选针区(选针磁极)。根据接收到选针脉冲信号的不同,选针区可以保持或消除磁性,而选针器上除了选针区之外,其他区域为永久磁铁。6 和 7 分别是挺针片起针三角和复位三角。该机没有织针起针三角,织针工作与否取决于挺针片是否上升。活络三角 8 和 9 可使被选中的织针进行编织或集圈。活络三角 8 和 9 同时被拨至高位置时,被选中的织针编织;两者同时被拨至低位置时,被选中的织针集圈。

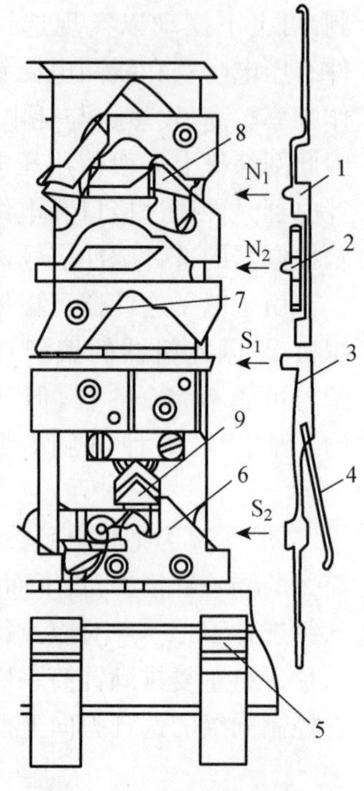

图 6-33 单级式电子选针机件的配置

选针原理如图 6-34 所示。在挺针片 3 即将进入每一系统的选针器 5 时,先受复位三角 1 的径向作用,使挺针片片尾 2 被推向选针器 5,并被其中的永久磁铁区域 7 吸住。此后,挺针片片尾贴住选针器表面继续横向运动。在机器运转过程中,针筒每转过一个针距,从电脑控制器发出一个选针脉冲信号给选针器的狭窄选针磁极 8。当某一挺针片运动至磁极 8 时,若此刻选针磁极收到的是低电平的脉冲信号,则选针磁极保持磁性,挺针片片尾仍被选针器吸住,如图 6-34(2)中的 4。随着片尾移出选针磁极 8,仍继续贴住选针器上的永久磁铁 7 区域横向运动。这样,挺针片的下片踵只能从起针三角 6 的内表面经过,而不能走上起针三角,因此挺针片不推动织针上升,即织针不编织。若该时刻选针磁极 8 收到的是高电平的脉冲信号,则选针磁极 8 的磁性消除。挺针片在弹簧的作用下,片尾 2 脱离选针器 5,如 6-34(3)中的 4,随着针筒的回转,挺针片下片踵 6 走上起针三角 6,推动织针上升工作(编织或集圈)。这种选针机构也属于两功位(编织或集圈、不编织)方式。

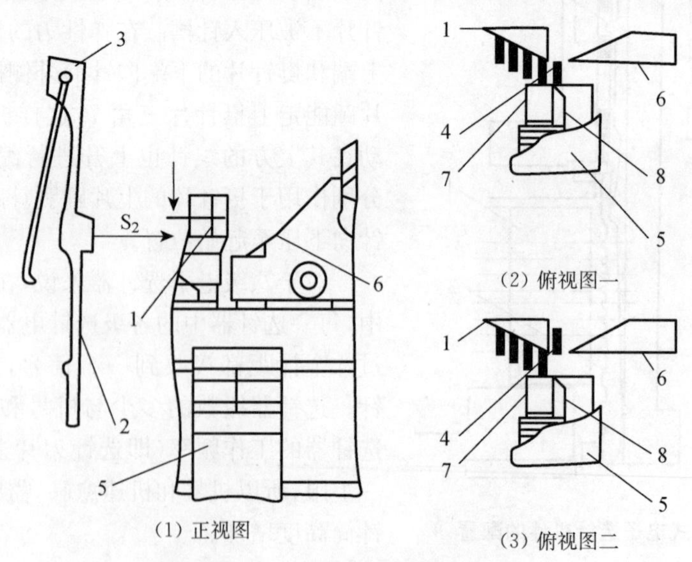

图 6-34 单级式电子选针原理

与多级式电子选针器相比,单级式电子选针具有以下优点:

(1) 选针速度快,可超过 2 000 针/s,能适应高机号和高机速的要求。多级式电子选针器的每一级，不管是压电陶瓷或电磁元件，目前只能做到 80～120 针/s，因此为提高选针频率，要采用六级或六级以上。

(2) 选针器体积小，只需一种挺针片，运动机件较少，针筒高度较低。

(3) 机件磨损小，灰尘造成的运动阻力也较小。

但单级式电子选针器对机件的加工精度以及机件之间的配合要求很高，否则不能实现可靠选针。

三、三功位电子选针装置

由于电子选针器发出的选针信号只有两个：选针或不选针，因此只能进行两功位选针，即编织和集圈、编织和不编织或集圈和不编织。如果要实现三功位电子选针，需要在一个系统中安装两个电子选针器，对经过该系统的所有织针进行两次选针。下面以单针筒电脑无缝内衣针织圆机为例介绍三功位电子选针原理。

在针筒的同一针槽中，自上而下安插着织针、挺针片和选针片。每片选针片上仅留一档齿，共有 16 片留不同档齿的选针片，在机器上呈“/”(步步高)排列，受相对应的 16 把电磁选针刀的控制，进行选针。

每一系统有两个电子选针装置，图 6-35 为选针装置的结构，选针装置共有上下平行排列的 16 把电磁选针刀。每把选针刀片受一双稳态电磁装置控制，可摆到高低两种位置。当某一档选针刀片摆到高位时，可将留同一档齿的选针片压进针槽，使其片踵不沿选针片三角上升，故其上方的织针不被选中。当某一档选针刀片摆至低位时，不与留同一档齿的选针片齿接触.选针片不被压进针槽，片踵沿选针片三角上升，其上方的织针被选中。

图 6-36 为该机一个成圈系统的三角装置展开图。1～9 为织针三角，10 和 11 为挺针片三角，12 和 13 分别为第一和第二选针区的选针三角，14 和 15 分别为第一和第二选针区的电子选针装置。该机在每一成圈系统有两个选针区。图中的黑色三角为活动三角，可以由程序控制，根据编织要求处于不同的工作位置；其他三角为固定三角。

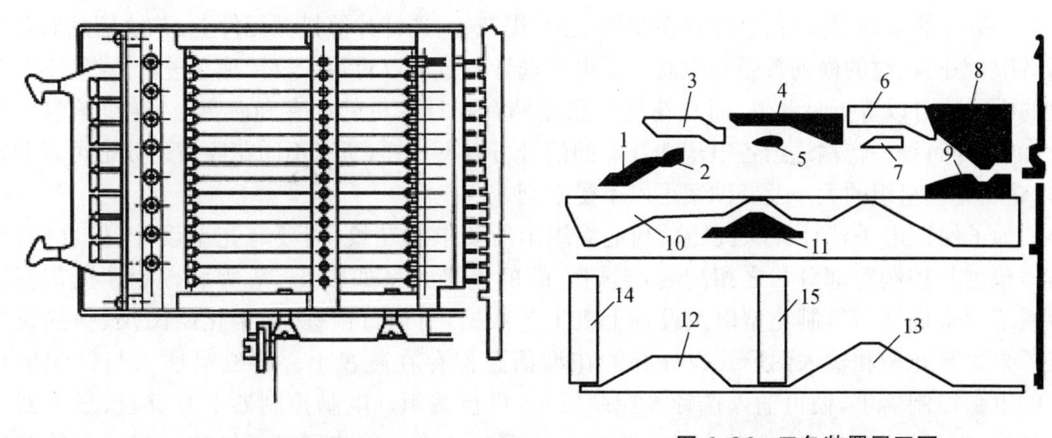

图 6-35　选针装置的结构

图 6-36　三角装置展开图

当选针装置不工作时，可以通过三角的进出实现织针的成圈、集圈和不编织。集圈三角 1 和退圈三角 2 都进入工作时，所有织针在此处上升到退圈高度。当集圈三角 1 进入工作而退圈三角 2 退出工作时，所有织针在此处只上升到集圈高度。当集圈三角 1 和退圈三角 2 都退出工作时，织针在此处不上升，需经过选针装置进行选针编织。

参加成圈的织针在上升到退圈最高点后，在收针三角 3、4、6 和成圈三角 8 的作用下下降，垫纱成圈。收针三角 3、4、6 还可以防止织针上窜。其中三角 4 和 5 为活动三角，可沿径向进出运动。当三角 4、5 退出工作时，在第一个选针区被选中的织针在经过第二个选针区时，仍然保持在退圈高度，直至遇到第二个选针区的收针三角 6 和成圈图三角 8 时，才被压下垫纱成圈。成圈三角 8 和 9 可上下移动，以改变弯纱深度，从而改变线圈长度。

挺针片三角 10 为固定三角，它可以将被选中上升的挺针片压回到起始位置，也可以防止挺针片向上窜动。挺针片三角 11 作用于挺针片的片踵，可以使经第一选针区选中的挺针片继续上升。选针片三角 12 和 13 位于针筒座最下方，为固定三角，可分别使被选针装置 14 和 15 选中的选针片沿其上升，从而通过其上的挺针中间片推动织针上升。其中选针片三角 12 只能使被选中的织针上升到集圈高度，而选针片三角 13 可使被选中的织针上升到退圈最高点。

当选针装置 14 和挺针片三角 11 进入工作时，在第一选针区不被选中的选针片，其上方的织针不编织，而被选中的选针片顶起上方的织针，使织针到达集圈高度，在挺针片三角 11 的作用下，在第一选针区被选中的处于集圈高度的织针继续上升到退圈高度，可以实现编织和不编织的两功位选针。当中间片挺针三角 11 径向退出工作时，在第一选针区被选中的织针只能上升到集圈高度，可以实现集圈和不编织两功位选针。

当集圈三角 1、退圈三角 2 和中间片挺针三角 11 都径向退出工作，选针装置 14 和 15 都进入工作，可以在一个成圈系统实现编织、集圈和不编织三功位选针：经过选针装置 14 和 15 都不被选中的织针不编织，仅在选针装置 14 被选中的织针集圈，仅在选针装置 15 被选中的织针成圈。

四、电子选针的特点

在机械选针装置的普通针织机上，不同花纹的纵行数受到针踵位数、提花轮槽数、选针片片齿档数等的限制，花纹信息储存在变换三角、提花轮、选针片等机械元件上，花纹信息储存容量有限，不同花纹的横列数受到限制。而电子选针装置可以对每一枚针独立进行选择，不同花纹的纵行数可以等于总针数，而且花纹信息是储存在计算机的内存和磁盘上，花纹信息容量大，而且针筒每一转输送给各电子选针器的信号可以不一样，所以不同花纹横列数也可以非常多，花纹完全组织的大小及其图案可以不受限制。

为了保证电子选针针织机能顺利地编织出所要求的花纹，需要有花型设计、信息储存、信号检测与控制等部分与之相配套，它们之间的连接关系如图 6-37 所示。计算机花型准备系统用来设计与绘制花型以及设置上机工艺数据，可通过鼠标、数字化绘图仪、扫描仪等装置来绘制花型和输入图形。设计好的花型信息保存在磁盘上。将磁盘插入与针织机相连的电脑控制器中，便可输入选针等控制信息，进行编织。电脑控制器上有键盘、显示器和开关等，也可在其上直接输入比较简单的花型或对已输入的花型进行修改。起始点传感器（也称同步接触开关等）用来确定选针的起始位置；针槽传感器（有的机器用同步电动机）用来实现选针速度与机器回转速度的同步。有了这两个装置，可以保证针筒每转一个针距，电脑控制器根据花纹信息向每一个电子选针器中的每一选针电器元件输送一个选针脉冲信号，确保选针的准确性。

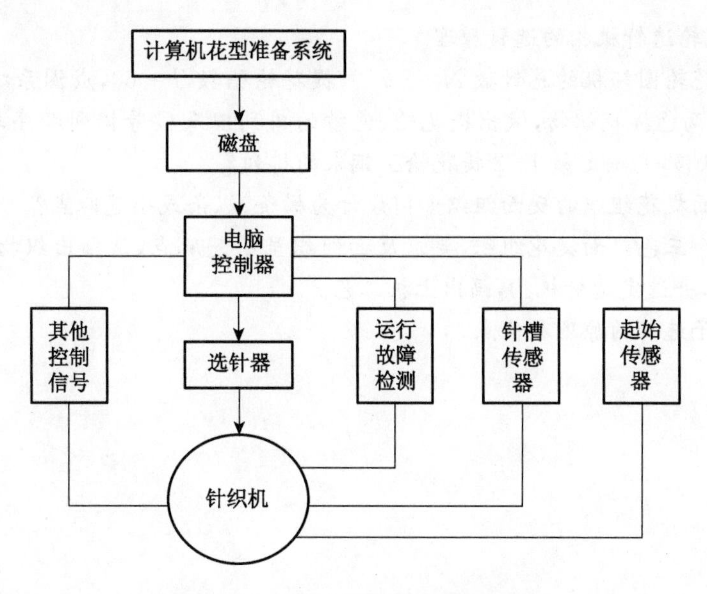

图 6-37　电子选针圆纬机各部分组成

思考练习题

1. 选针机构分为哪几种类型？各有何特点？

2. 分针三角选针的原理是什么？有何特点？

3. 多针道变换三角选针机构的选针原理是什么？其花型设计能力如何确定？

4. 如果采用多针道针织机编织图 5-69 和图 5-70 所示织物组织，应分别采用几针道的针织机？画出织针的排列和三角的配置情况。

5. 图 5-74 和 5-75 在多针道针织机上如何编织？

6. 简述拨片式选针机构的机件配置及选针原理。

7. 拨片式选针机构的花型能力与哪些因素有关？

8. 已知拨片式单面提花圆机，成圈系统数 72，拨片档数 $n=37$，根据下图所给两色均匀提花组织花纹意匠图，制定该提花织物的上机工艺(排出成圈系统、色纱喂入、提花片及 5 和 6 系统的拨片位置)。

<table>
<tr><td></td><td>×</td><td></td><td></td><td></td><td>×</td><td>×</td><td></td><td></td><td></td><td>×</td><td></td></tr>
<tr><td>×</td><td></td><td></td><td></td><td>×</td><td></td><td></td><td>×</td><td></td><td></td><td></td><td>×</td></tr>
<tr><td>×</td><td></td><td></td><td>×</td><td></td><td>×</td><td>×</td><td></td><td>×</td><td></td><td></td><td>×</td></tr>
<tr><td></td><td></td><td>×</td><td></td><td>×</td><td>×</td><td>×</td><td>×</td><td></td><td>×</td><td></td><td></td></tr>
<tr><td></td><td>×</td><td></td><td>×</td><td>×</td><td></td><td></td><td>×</td><td>×</td><td></td><td>×</td><td></td></tr>
<tr><td>×</td><td></td><td>×</td><td>×</td><td>×</td><td></td><td></td><td>×</td><td>×</td><td>×</td><td></td><td>×</td></tr>
<tr><td>×</td><td></td><td></td><td></td><td>×</td><td></td><td></td><td>×</td><td></td><td></td><td></td><td>×</td></tr>
<tr><td></td><td>×</td><td></td><td></td><td>×</td><td>×</td><td>×</td><td>×</td><td></td><td></td><td>×</td><td></td></tr>
<tr><td></td><td></td><td>×</td><td></td><td>×</td><td>×</td><td>×</td><td>×</td><td></td><td>×</td><td></td><td></td></tr>
<tr><td>×</td><td></td><td></td><td>×</td><td></td><td></td><td></td><td></td><td>×</td><td></td><td></td><td>×</td></tr>
<tr><td></td><td>×</td><td></td><td></td><td>×</td><td></td><td></td><td>×</td><td></td><td></td><td>×</td><td></td></tr>
<tr><td></td><td></td><td>×</td><td></td><td></td><td>×</td><td>×</td><td></td><td></td><td>×</td><td></td><td></td></tr>
</table>

9. 简述提花轮选针机构的选针原理。

10. 已知提花轮圆纬机的总针数 $N=2\ 770$，提花轮槽数 $T=60$，成圈系统数 $M=8$，色纱数 $e=2$。试设计两色提花织物，做出提花轮、色纱的排列以及段号排列顺序与针筒转数的关系，计算花纹的纵移，并确定第1、2提花轮上钢米的排列。

11. 两色双面提花组织的反面组织如何设计为横条、纵条或小芝麻点？

12. 设计一个三色双面提花组织，要求反面组织呈小芝麻点，试画出织物的编织图及正、反面的花型效果，并选定选针机构，画出上机工艺。

13. 简述电子选针的原理和优点。

第七章 几种纬编特殊技术

第一节 沉降片双向运动技术

在一般的单针筒舌针圆纬机中，沉降片除了随针筒同步回转外，只在水平方向做径向运动。在某些新型圆纬机中，沉降片除了可以径向运动外，还能沿垂直方向与织针配合做相对运动，从而降低织针的运动动程，增加成圈系统数量，提高圆纬机的生产效率。沉降片双向运动视机型不同而有多种形式，但其基本原理相同。

一、沉降片双向运动的几种形式

（一）垂直配置的双向运动沉降片

图 7-1 显示了某种单针筒圆纬机的成圈机件配置。该机取消了传统的水平配置的沉降片圆环，在针筒中织针 1 的旁边垂直安装着沉降片 2，沉降片 2 具有三个片踵，3 和 5 分别为向针筒中心和针筒外侧摆动踵，4 为升降踵，6 为摆动支点。沉降片三角 9 和 10 分别作用于片踵 3 和 5，使沉降片以支点 6 做径向摆动，以实现辅助牵拉作用。片踵 4 受沉降片三角 7 的控制，在退圈时下降和弯纱时上升，与针形成相对运动。针踵受织针三角 8 控制做上下运动。该机改变弯纱深度不是靠调节压针三角高低位量，而是通过调节沉降片升降三角 7 来实现。由于该机去除了沉降片圆环，易于对成圈区域和机件进行操作与调整。

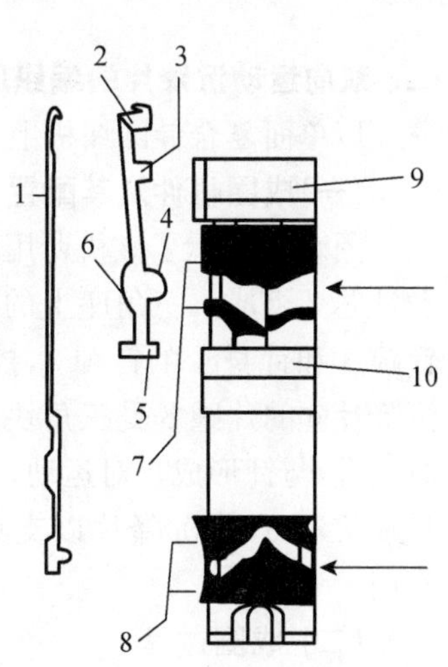

图 7-1 垂直配置的双向运动沉降片

（二）水平配置的双向运动沉降片

图 7-2 是一种水平配置的双向运动沉降片。沉降片与传统机器中的一样，水平配置在沉降片圆环内，但它具有两个片踵，分别由两组沉降片三角控制。片踵 1 受三角 2 的控制使沉降片做径向运动。片踵 4 受三角 3 的控制使沉降片做垂直运动，实现了沉降片的双向运动。

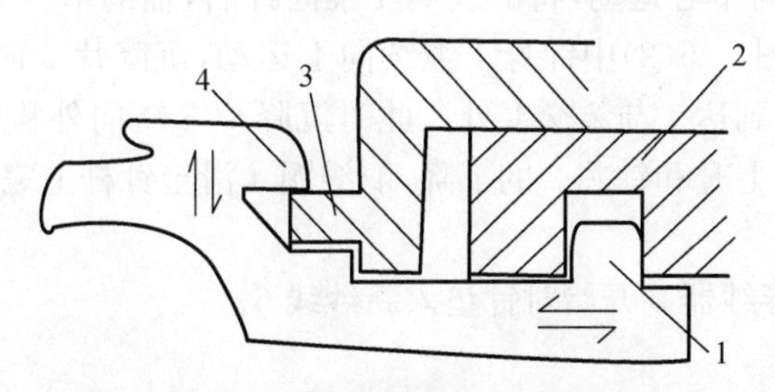

图 7-2 水平配置的双向运动沉降片

(三) 斜向运动的双向运动沉降片

图 7-3 是一种斜向运动形式的双向运动沉降片，也称为 Z 系列双向运动沉降片，它配置在与水平面呈 α 角（一般约 20°）倾斜的沉降片圆环中。当沉降片受沉降片三角控制沿斜面移动一定距离 c 时，将分别在水平径向和垂直方向产生动程 a 和 b。

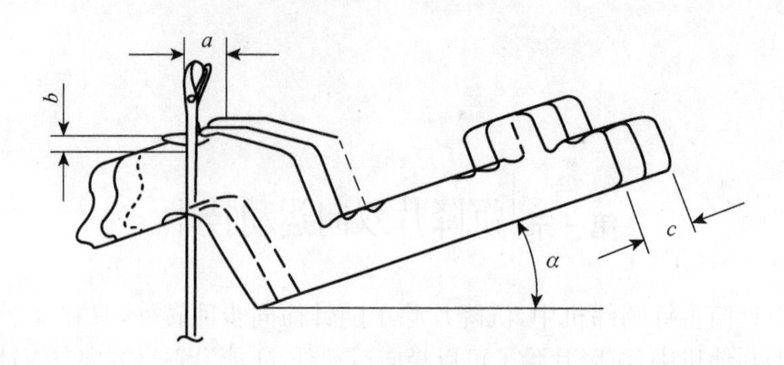

图 7-3 Z 系列双向运动沉降片

二、双向运动沉降片的编织原理

以单面复合针圆纬机上平针组织的编织工艺为例介绍双向运动沉降片的工作原理。

(一)成圈机件及其配置

图 7-4 显示了该机所用的针、沉降片和三角。复合针由针身 1 和针芯 2 组成。三角座上的三角块 12 和 13 分别作用于针芯 2 的针踵 3 和针身 1 的针踵 4，控制针芯和针身按一定规律上下运动。沉降片 6 的片踵 8 受三角块 10、11 的控制，在退圈时下降和弯纱时上升，与针形成相对运动。三角块 14 和 15 分别作用沉降片 6 的片踵 7 和 9，使沉降片以支点 5 做径向摆动，以实现辅助牵拉等作用。

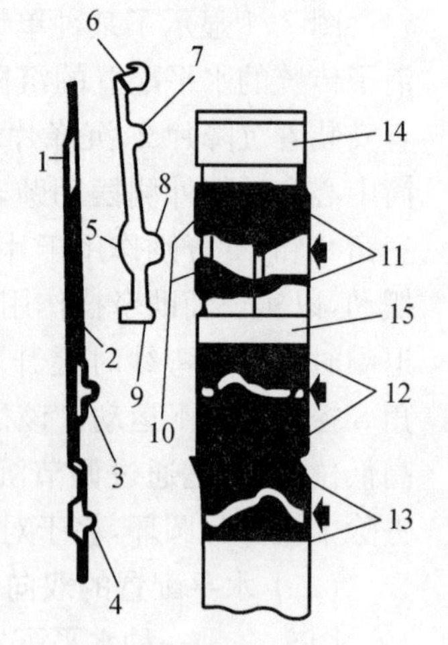

图 7-4 单面复合针圆机成圈机件

(二) 成圈过程

图 7-5 为织针与双向运动沉降片配合编织平针组织的成圈过程，也包括退圈、垫纱、闭口、套圈、弯纱、脱圈、成圈、牵拉，不同的是沉降片要配合针的运动做升降运动。

1. 退圈

如图 7-5(1)所示，针身 1 上升，针芯 2 保持不动，针口打开，准备退圈。沉降片 3 向针筒中心运动，将旧线圈 4 推向针后，辅助牵拉和防止退圈时重套。图 7-5(2)中针身 1 继续向上运动，沉降片 3 向下运动，使在针头中的旧线圈 4 向针身下方移，到达 1 与 2 交汇处。此时沉降片 3 略向外移，放松线圈。图 7-5(3)中，随着针身 1 的进一步上升和针芯 2 的下降，旧线圈 4 滑至针杆上完成了退圈。

2. 垫纱

如图 7-5(3)所示，导纱器 5 开始对针垫入新纱线 6。

3. 闭口、套圈、弯纱

如图 7-5(4)所示，针身 1 下降，针芯 2 上升，针口开始关闭，旧线圈 4 移至针芯 2 外开始套圈。新纱线 6 接触针钩后开始弯纱。

4. 脱圈与成圈

如图 7-5(5)所示，随着针身 1 和针芯 2 的进一步下降与上升，针口完全关闭。与此同时沉降片 3 向上向外运动，使旧线圈脱圈，新纱线弯成封闭的新线圈 7。然后针身 1 和针芯 2 同步上升，放松新线圈 7，使新线圈处于握持位置，如图 7-5(6)所示。

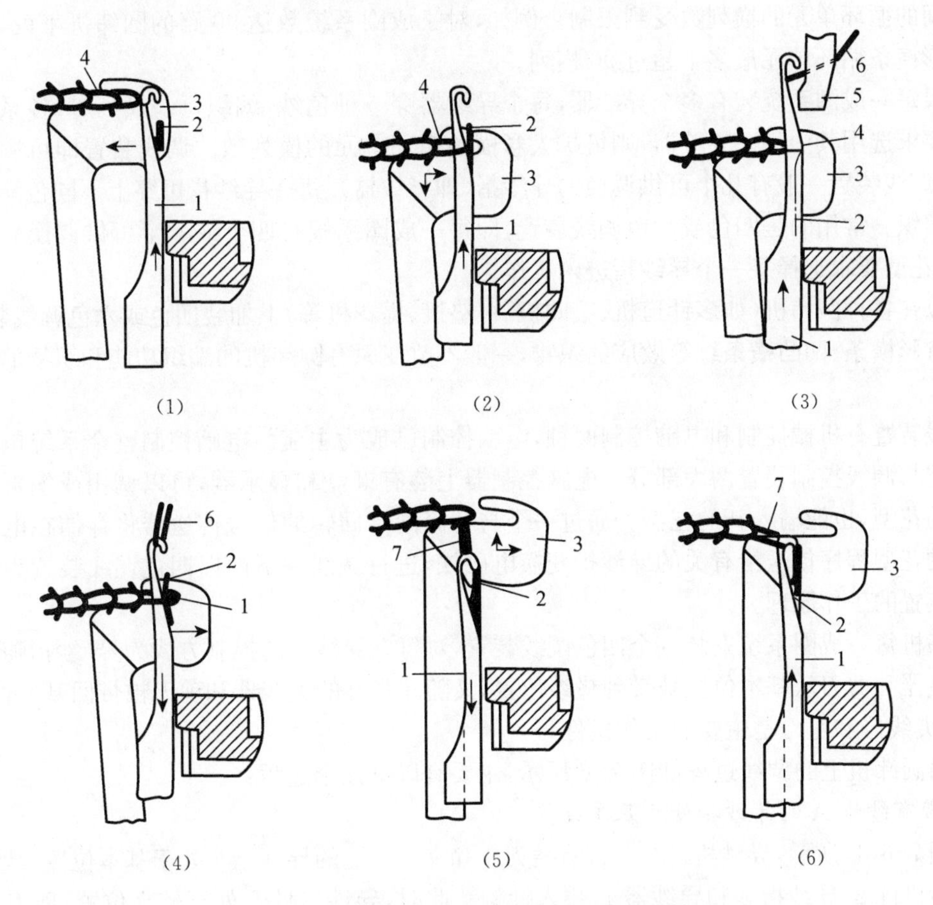

图 7-5　双向运动沉降片圆纬机的成圈过程

三、双向运动沉降片的特点

由于针与沉降片在垂直方向的相对运动，使得织针在成圈过程中的动程相应减小。如果三角的角度不变，则同一三角系统所占宽度可相应减小，这样可增加机器的成圈系统数量。如果每一三角系统的宽度不变，则可减小三角的角度，使得织针和其他成圈机件受力更加合理，有利于提高机速，使圆纬机的生产效率提高 30%～40%。但是，成圈系统数量增加，对制造精度和机件之间的配合提出了更高的要求。

第二节 调线装置

彩色横条针织物是制作T恤衫、运动衣的理想面料。在普通圆纬机上，只要按一定的规律，在各个成圈系统的导纱器穿入不同的色纱，就可编织出彩横条织物。但由于普通圆纬机各成圈系统只有一个导纱器，一般只能穿一根色纱，而且成圈系统数量有限，所以织物中一个彩横条相间的循环单元的横列数受到限制。例如，对于成圈系统数达90路的圆纬机来说，所能编织的彩横条循环单元最多不超过90横列。

如果每一成圈系统装有多个导纱器，每个导纱器穿一种色纱，编织每一横列时，各系统根据花型要求选用其中某一导纱器，则可扩大彩横条循环单元的横列数。调线装置即可满足这一功能，调线装置一般有几个可供调换的导纱指(即导纱器)，每一导纱指可穿上不同色泽的纱线进行编织。常用的是四色或六色调线装置，即每一成圈系统有四个或六个可供调换的导纱指，按照花型要求选择某一个导纱指进入工作。

可以在各种圆纬机(如多针道机、毛圈机、衬垫机、提花机等)上加装四色或六色调线装置，编织具有彩横条、凹凸横条纹等效应的织物，一般不改变原有圆纬机的编织功能和织物的组织结构。

调线装置有机械控制和电脑控制两种，电脑控制已成为主流。电脑控制整个系统包括电脑控制器与调线控制装置两大部分。电脑控制器上装有键盘和显示器，可以调用或编辑电脑中存储的花型，也能输入新的花型。通过一个与针筒同步回转的信号传送器将存储在电脑控制器中的花型程序传送给有关的导纱指变换电磁铁，进行调线。下面以四色调线装置为例介绍调线装置的工作原理。

圆纬机每一成圈系统安装一个四色调线装置，对每一导纱指的控制方式为：导纱指随同关闭的夹线器和剪刀从基本位置被带到垫纱位置，又随同张开的夹线器和剪刀被带回基本位置。导纱指、夹线器和剪刀是主要的工作机件。

普通圆纬机上的调线过程如图7-6所示，主要有以下几个过程：

1. 带有纱线A的导纱指处于基本往置

如图7-6(1)所示，导纱机件2与带有剪刀4和夹线器5的导纱指3处于基本位置，纱线A穿过导纱机件2、导纱指3和导纱器1，垫入针钩。此时，导纱机件2处于较高位置，剪刀4和夹线器5张开。

2. 带有纱线B的导纱指摆向针背

如图7-6(2)所示，另一导纱指7带着夹线器9、剪刀8和纱线B摆向针背。

3. 带有纱线B的导纱指进入垫纱位置

如图7-6(3)所示，带着夹线器9、剪刀8和纱线B的导纱指7与导纱机件6一起向下运动，进入垫纱位置。纱线B进入6～10 mm宽的不插针区域，如图7-6(5)(其为局部区域俯视图)所示，为垫纱做准备。

4. 完成调线

如图7-6(4)所示，当纱线B在调线位置被可靠地编织了二三针后，夹线器9和剪刀8张开，放松纱端。在基本位置的导纱指3上的夹线器5和剪刀4关闭，握持纱线A并将其剪断。

至此调线过程完成。

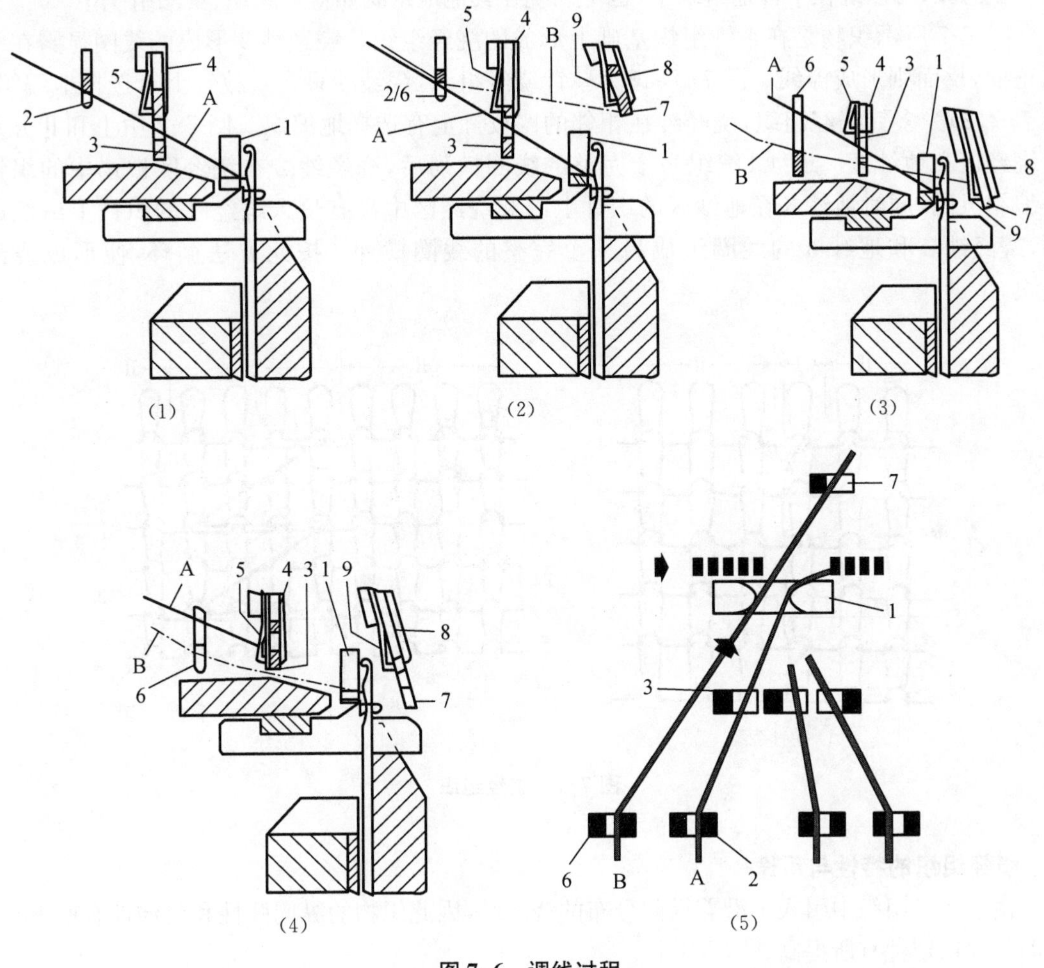

图 7-6 调线过程

第三节 绕经装置

单面圆纬机可形成多种提花及彩横条织物，在形成纵条花纹时，因反面具有浮线，影响了设计的灵活性和织物的服用性能。在单面圆机上加装绕经装置，通过选针机构选针，使某些织针按花纹要求钩取绕经纱线，形成纵条效应花纹。绕经装置通常装在单面四针道和单面插片式提花圆机上，派生出单面绕经提花机。绕经装置又称吊线装置，所形成的组织叫作绕经组织或吊线织物。

一、绕经组织的结构

绕经组织是在某些纬编单面组织的基础上，引入绕经纱而形成的一种花色组织。绕经纱沿着纵向喂入，并在织物中呈线圈和浮线。

在绕经编织过程中，绕经纱可以垫在一枚针上，也可以垫在几枚针上，可以形成线圈，也可以形成悬弧；可以绕在平针地组织中，也可以绕在其他地组织如衬垫组织、集圈组织中。

图 7-7 所示织物是在平针组织基础上形成的绕经组织。绕经纱 2 形成的线圈显露在织物正面，反面则形成浮线。图 7-7(1)为单针绕经组织，绕经纱只在一枚针上有选择地编织。图 7-7(2)为多针绕经组织，绕经纱在相邻的四枚针上有选择地编织。图 7-7 中 Ⅰ 和 Ⅱ 分别是绕经区和地纱区。地纱 1 编织一个完整的线圈横列后，绕经纱 2 在绕经区被选中的织针上编织成圈，同时地纱 3 在地纱区的织针上以及绕经区中没有垫入绕经纱的织针上编织成圈，绕经纱 2 和地纱 3 的线圈组成另一个完整的线圈横列。按此方法循环，便形成绕经组织。

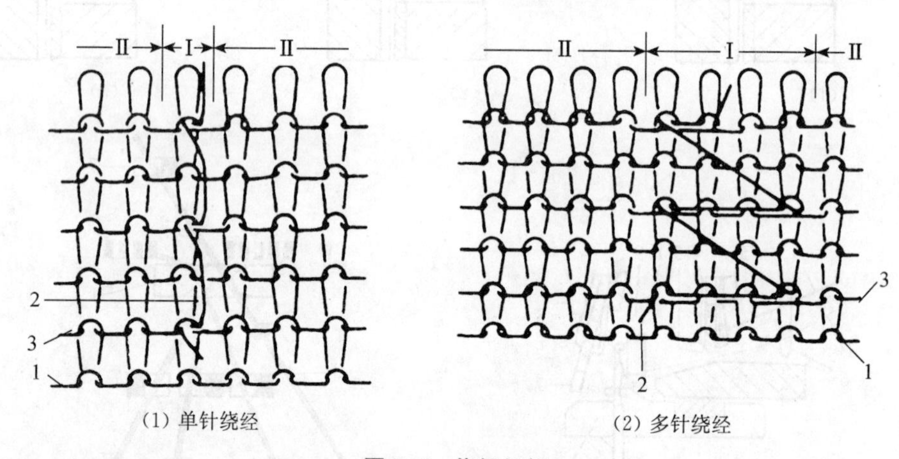

图 7-7　绕经组织

二、绕经组织的特性与用途

由于绕经组织中引入了沿着纵向分布的绕经纱，因此织物的纵向弹性和延伸性有所下降，纵向尺寸稳定性有所提高。

一般的纬编组织难以产生纵条纹效应，利用绕经结构，并结合不同颜色、细度和种类的纱线，可以方便地形成色彩和凹凸的纵条纹，再与其他花色组织结合，可形成方格等效应。绕经组织除了用作 T 恤衫、休闲服饰等面料外，还可生产装饰织物。

三、绕经组织的编织工艺

编织绕经织物的圆纬机，三个成圈系统为一个循环，分别为地纱系统、绕经纱系统和辅助系统，分别编织如图 7-7 所示的地纱 1、绕经纱 2 和地纱 3。地纱和辅助系统均采用固定的普通导纱器，绕经纱导纱装置(俗称吊线装置)随针筒同步回转，并配置在绕经区附近，将纵向喂入的花色经纱垫绕在被选中的织针上。绕经纱的垫纱过程如图 7-8 所示。首先，绕经导纱器 1 在其控制机构作用下，带着绕经纱 2 从针背摆向针前；然后，绕经导纱器做横向摆动。此时，织针 3 被选中并上升到挺针最高点，绕经纱 2 被绕在织针 3 的针钩里，在经纱已经可靠地垫入针钩里之后，被选上的织针在弯纱三角的作用下下降，弯纱成圈。织针 4 和 5 不被选中上升，则垫不上绕经纱。完成垫纱运动的绕经导纱器重新摆回到针背后，以待下次绕经运动。在绕经过程中，如果被选上的织针上升到集圈高度，旧线圈仍挂在针舌上，绕经纱形成的则是集圈悬弧。

针筒上织针的排列分为地组织区和绕经区。该机采用的织针如图 7-9 所示，共有五种不同踵位的织针（用数字 0～4 代表），每一根织针有一个压针踵 5 和一个起针踵（0～4）。每一成圈系统有五档高度不同的可变换三角（可在成圈、集圈或不编织三种三角中进行变换），即五针道，以控制五种不同踵位的织针。

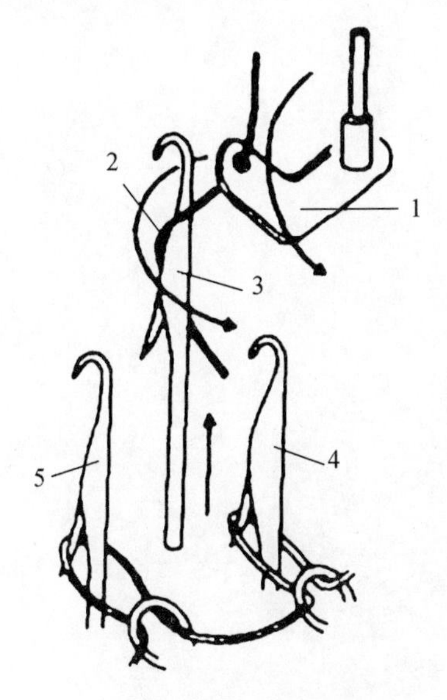

图 7-8　绕经纱的垫纱过程

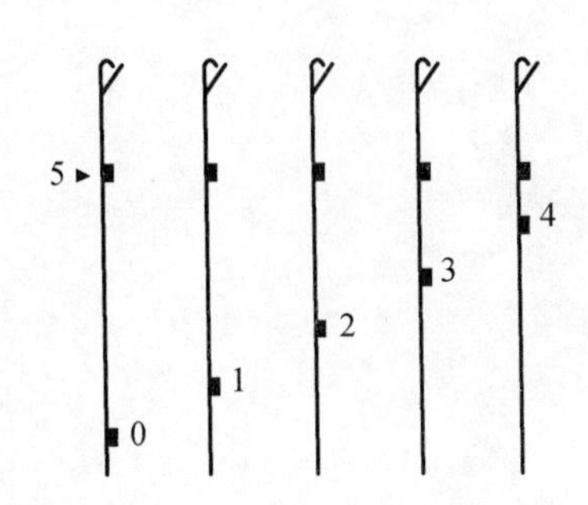

图 7-9　织针的结构

图 7-10 表示某一循环的三个成圈系统 A、B 和 C 的走针轨迹。在地纱系统 A，五档高度不同的三角均为成圈三角，0～4 号织针都被选中，垫入地纱成圈。在绕经系统 B，最低档的三角为成圈三角，其余各档为不编织三角。因此，0 号织针被选中垫入绕经纱成圈，而 1～4 号织针未被选中不编织。在辅助系统 C，最低档的三角为不编织三角，其余各档为成圈三角。因此，0 号织针未被选中不编织，而 1～4 号织针被选中垫入地纱成圈。这样，经过三个系统一个循环，编织了两个横列。如绕经纱采用与地纱不同的颜色，则可以形成彩色纵条纹。也可根据结构和花型的要求，按一定规律配置变换三角，使 0～4 号织针在三个系统中进行成圈、集圈和不编织。

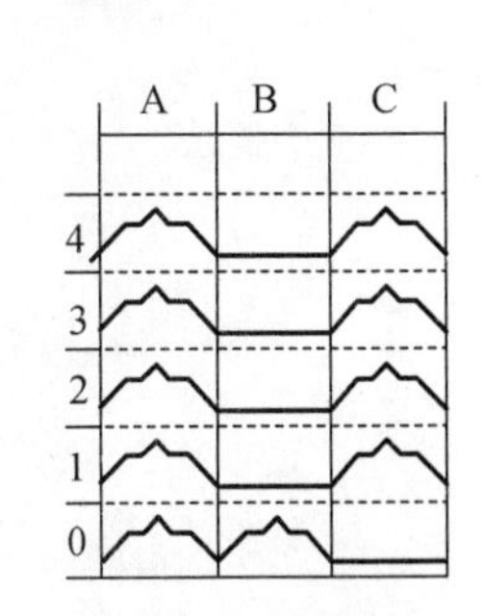

图 7-10　一组成圈系统的走针轨迹

绕经组织的每一花纹宽度包括绕经区和地纱区。绕经区取决于一个绕经导纱器所能垫纱的最大针数。地纱区由两个绕经导纱器或两个绕经区之间的针数决定。绕经区和地纱区的总针数不变，如果绕经区针数减少，则地纱区针数相应增加。例如对于机号 E28 的圆机来说，花宽为 24 针，其中绕经纱垫纱的最大宽度为 12 针。

思考练习题

1. 简述采用双向运动沉降片的意义。

2. 简述双向运动沉降片的几种形式及其工作原理。
3. 调线装置的作用是什么？简述其工作原理。
4. 绕经导纱器的配置和垫纱与普通导纱器有何不同？
5. 简述绕经组织的结构及其编织原理。

参考文献

[1] 龙海如.针织学[M].北京:中国纺织出版社,2008.

[2] 贺庆玉.针织工艺学(纬编分册)[M].北京:中国纺织出版社,2000.

[3] 许瑞超.针织技术[M].上海:东华大学出版社,2009.

[4] 蒋高明.针织学[M].北京:中国纺织出版社,2012.

[5] 杨尧栋,宋广礼.针织物组织与产品设计[M].北京:中国纺织出版社,1998.

[6] 宋广礼,蒋高明.针织物组织与产品设计[M].北京:中国纺织出版社,2008.

[7] 许瑞超,张一平.针织设备与工艺[M].上海:东华大学出版社,2005.

[8] 陈国芬.针织产品与设计[M].上海:东华大学出版社,2010.

[9] 刘艳君.新型针织物设计与实例[M].上海:东华大学出版社,2005.

[10]《针织工程手册》编委会.针织工程手册(纬编分册)[M].北京:中国纺织出版社,2011.

[11] 张佩华,沈为.针织产品设计[M].北京:中国纺织出版社,2008.

[12] 许吕崧,龙海如.针织工艺与设备[M].北京:中国纺织出版社,2005.

[13] 张卫红.吊线圆纬机结构原理与产品设计[J].纺织导报,2002(4):19-21.

[14] 潘存祥.纬平针织物线圈歪斜影响因素及其改善方法[J].纺织科技进展,2013(3):48-50.

[15] 王海燕.纬平针组织的重构及在毛衫设计中的应用[J].毛纺科技,2015(2):21-27.